中国电子教育学会高教分会推荐

普通高等教育新工科电子信息类课改规划教材

C++语言程序设计案例与实践辅导

刘瑞芳　肖波　许桂平　孙勇　徐惠民　编著

西安电子科技大学出版社

内 容 简 介

本书是《C++语言程序设计》的学习辅导书。全书共 14 章，第 1 章介绍在 VC2015 环境下编程的步骤和各种平台上的 C++程序编译方法，第 2 章至第 11 章与教材《C++语言程序设计》对应，包括教材各章的习题及答案、编程案例及参考例程和实践题目。第 12 章至第 14 章作为课程设计的内容，讲解了窗口程序设计的方法、Visual Studio 环境下开发网络通信的案例和 QT Creator 环境下跨平台开发信息处理系统的案例。

本书为读者学习 C++语言程序设计提供了丰富的内容，适合作为大学各专业的 C++程序设计课程的辅导书和 C++课程设计的教材，也可供编程爱好者自学使用。

图书在版编目(CIP)数据

C++语言程序设计案例与实践辅导/刘瑞芳等编著. —西安：
西安电子科技大学出版社，2017.1(2020.7 重印)
ISBN 978–7–5606–4395–3

Ⅰ. ① C… Ⅱ. ① 刘… Ⅲ. ① C 语言—程序设计 Ⅳ. ① TP312.8

中国版本图书馆 CIP 数据核字(2016)第 323925 号

策划编辑 毛红兵
责任编辑 万晶晶
出版发行 西安电子科技大学出版社(西安市太白南路 2 号)
电　　话 (029)88242885　88201467　　邮　　编　710071
网　　址 www.xduph.com　　　　电子邮箱　xdupfxb001@163.com
经　　销 新华书店
印刷单位 陕西天意印务有限责任公司
版　　次 2017 年 1 月第 1 版　　2020 年 7 月第 3 次印刷
开　　本 787 毫米×1092 毫米　1/16　印　张　23.25
字　　数 551 千字
印　　数 5001～7000 册
定　　价 52.00 元

ISBN 978–7–5606–4395–3/TP

XDUP　4687001–3

如有印装问题可调换

中国电子教育学会高教分会
教材建设指导委员会名单

前　言

　　C++ 语言是一门优秀的语言，全面兼容 C 语言，并在保留了 C 语言简洁、灵活、高效的同时，增加了面向对象程序设计的支持，从诞生以来一直受到广大编程人员的喜爱。

　　本书是《C++ 语言程序设计》的配套教材。本书编写的主要目的，是希望帮助学生提高使用 C++ 语言进行程序设计的能力，因此本书也是一本 C++ 编程指导和参考书。

　　本书内容主要包括以下 6 个方面：(1) C++ 编程环境介绍；(2) 习题答案；(3) 编程案例及参考例程；(4) 实践题目；(5) 窗口程序设计；(6) 课程设计案例。

　　全书分为 14 章，第 1 章介绍 VC2015 编程环境和各种平台上的 C++ 程序编译方法。第 2 章至第 11 章的目录和《C++ 语言程序设计》的第 2 章到第 11 章相对应。每一章都包括习题及答案、编程案例及参考例程和实践题目 3 个部分。

　　"习题及答案"部分不仅提供习题解答，还对习题的难度等级进行划分，对部分难题进行了剖析。

　　"编程案例及参考例程"是本书的重点之一。本书按照 C++ 语言的各个知识点设计了各种编程案例，把编程的思想融入例子中，目的是使读者能够对现实世界中较典型的问题用计算机语言进行描述及解决。这部分不仅有大量的编程案例，还提供了对于案例的分析、设计、参考例程以及对于例程的解释说明，力求使读者在掌握 C++ 语言的同时，能够掌握编程的思路。

　　"实践题目"每章只有一题，但是各章的题目有连贯性，由浅入深，直到最后可以作为课程设计题目。相应的程序和解析可以在第 14 章第 14.1 节中找到答案。

　　第 12 章至第 14 章作为课程设计的内容，讲解了窗口程序设计的方法，分析、设计并实现了两个案例。第 13 章是网络通信方面的案例，选用 Visual Studio 集成环境进行开发；第 14 章是信息处理方面的案例，选用 QT Creator 集成环境进行开发，支持跨平台开发、移植。这部分的内容相当有代表性，可以作为老师进行课程设计的教学参考或学生的自学参考。

　　本书可以作为学习 C++ 程序设计的参考书，更可供编程爱好者自学使用。书中如有不妥之处，欢迎广大读者批评指正。

编　者

2016 年 10 月

目　录

第1章
C++语言概述

1.1 《C++ 语言程序设计》习题及答案

1.1 在 VC 集成开发环境中，要产生一个可执行的 EXE 文件的步骤是什么？

答案：

步骤

(1) 建立一个工程；

(2) 新建或者导入源文件，然后编辑源文件；

(3) 编译源文件，产生目标文件；

(4) 将目标文件和其他库文件链接产生可执行的 EXE 文件。

难度：2

1.2 C 语言与 C++ 语言的关系是什么？

答案：C++ 包含了整个 C，C 是建立 C++ 的基础。C++ 包括 C 的全部特征、属性和优点，同时添加了对面向对象编程(OOP)的完全支持。

难度：1

1.3 结构化程序设计与面向对象程序设计有什么异同点？

答案：结构化程序设计的主要思想是功能分解并逐步求精。面向对象程序设计的本质是把数据和处理数据的过程当成一个整体对象。

难度：2

1.4 面向对象程序设计的基本特征是什么？

答案：封装性、继承性、多态性。

难度：1

1.5 为了编辑和运行 C++ 程序，在 VC 环境下已经建立了一个工程 Proj01，也建立了一个 C++ 文件 file01.cpp。现在有一个 C++ 程序 input.cpp，希望调入到这个工程中编译和运行，应该如何操作？

答案：方法有多种：

(1) 用 input.cpp 的内容替换 file01.cpp 内容，再编译和运行；

(2) 选择"项目"→"添加现有项"菜单项，将 input.cpp 添加到工程中，然后将原来的 fie01.cpp 从工程中移除，再编译和运行。

难度：3

1.6　C++ 是否可以输出中文字符串？仿照例 1-1 编写程序，实现在屏幕上显示"北京欢迎你"。

答案：C++ 可以输出中文字符串。

仿照例 1-1 编写程序如下：

```
#include <iostream>
using namespace std;
void main()
{
    cout<<"北京欢迎你"<<endl;
}
```

难度：2

1.2　VC2015 集成开发环境简介

较早期程序设计的各个阶段都要用不同的软件来进行处理，如先用字处理软件编辑源程序，再用编译程序进行编译，然后用链接程序进行函数、模块链接，开发者必须在几种软件间来回切换操作。为了使开发者便利、高效地开发各种应用程序，现在的编程开发软件集编辑、编译、调试等功能于一身，这样就大大方便了用户。目前大多数开发语言都有相应的集成开发环境(Integration Development Enviroment，IDE)，IDE 是一种辅助程序开发人员开发软件的应用软件，一般包括代码编辑器、编译器、调试器和图形用户界面工具，集成了代码编写功能、分析功能、编译功能、调试功能等，这样的软件可以独立运行，也可以和其他程序并用。有些 IDE 还支持多种编程语言，但一般而言，IDE 主要还是针对特定的编程语言量身打造的。

Visual Studio 是一套完整的开发工具集，用于生成 ASP.NET Web 应用程序、XML Web Services、桌面应用程序和移动应用程序。Visual Basic、Visual C++、Visual C#和 Visual J# 等全都使用相同的集成开发环境，利用此 IDE 可以共享工具且有助于创建混合语言解决方案。这里仅介绍 Visual C++(VC2015)的使用，用于开发 C++ 程序。

VC2015 集成开发环境由如下若干元素组成：菜单栏，工具栏，停靠或自动隐藏在左侧、右侧、底部以及编辑器空间的各种工具窗口。在任何给定时间，可用的工具窗口、菜单和工具栏取决于所处理的项目或文件类型。启动界面如图 1-1 所示，窗口大致被划分为 2 部分，右侧是项目工作区窗口，左侧是编辑窗口。

可以从起始页开始工作，其中，"最近"这一栏表示最近几次使用 VC2015 打开的 C++ 项目目录，鼠标单击其中之一即进入到该开发项目中，或者单击"开始"这一栏下面的"新建项目"建立一个新项目，也可以从菜单栏中选择"文件"→"新建"或"文件"→"打开"开始工作。

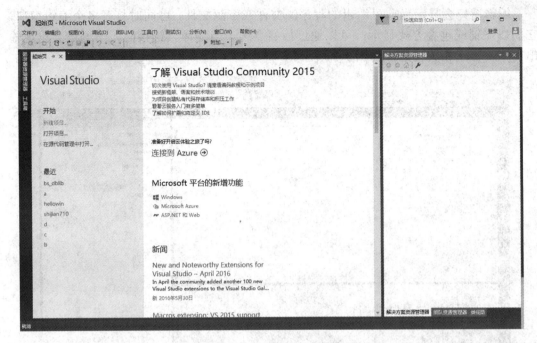

图 1-1　VC2015 开始界面

　　右侧的项目工作区窗口一般由解决方案资源管理器、团队资源管理器、类视图 3 个标签组成，如图 1-2 所示。一个解决方案中可以包含几个项目，一个项目是一个完整的程序，可以编译、链接，生成可执行程序，且一个项目最多只能有一个 main 函数。所以在任一时刻，解决方案中的几个项目只能有一个是激活的。单击类视图标签可以看到各项目中的所有类，以树形结构显示，然后单击相应的类进行编辑。

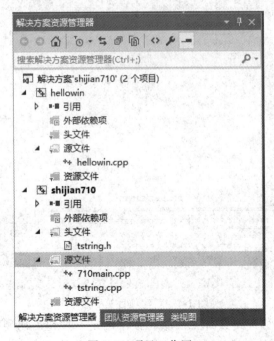

图 1-2　项目工作区

　　编辑窗口会显示当前可编辑的程序源文件或资源文件，可同时打开多个编辑窗口，它们以平铺或重叠方式显示，可以通过标签点选。当编译、链接时，下侧还会出现输出窗口，显示相关信息，如图1-3所示。

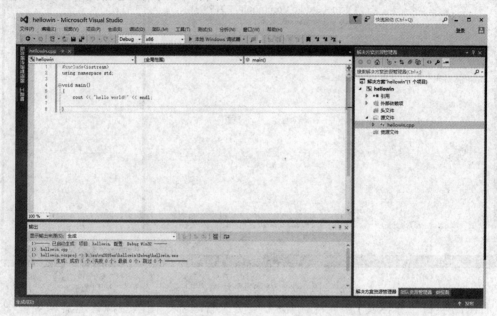

图 1-3　编辑窗口

按照下面步骤建立一个 Win32 控制台应用程序。

(1) 在窗口中选择"文件→新建→项目"，会弹出如图1-4所示的窗口。

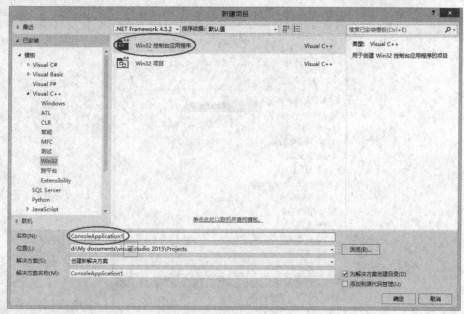

图 1-4　新建项目第一步

　　(2) 输入工程的名称，不必加上后缀。按"确定"按钮后出现如图1-5所示窗口，然后按"下一步"按钮。

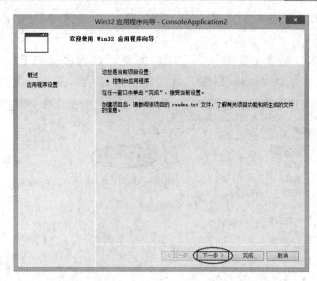

图 1-5　新建项目第二步

(3) 在弹出的如图 1-6 所示的窗口中，选择"空项目"，最后按"完成"按钮。

图 1-6　新建项目第三步

(4) 这时候在"解决方案"上看到"源文件"，如图 1-7 所示。

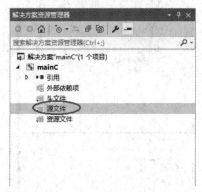

图 1-7　新建项目第四步

(5) 鼠标右键单击"源文件"后选择"添加"→"新建项",弹出一个对话框,如图 1-8 所示。

(6) 输入文件名,这个文件名加上后缀。如果写 C 程序就加上 .c 后缀,写 C++ 程序后缀加不加都行,默认是 .cpp 后缀。这时就可以在编辑窗口中编写源文件了。

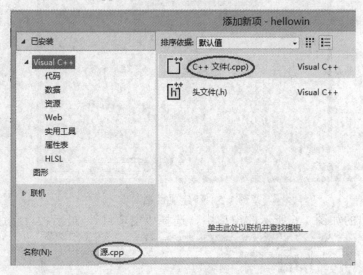

图 1-8　新建项目第五步

在编辑含有类的开发项目时,可以单击类视图标签查看各个项目下的类结构,即其数据属性与方法属性,如图 1-9 所示。其中,"宏和常量"即当前项目中定义的所有宏与常量;"全局 Using 别名和 Typedef"即用户使用 typedef 命令声明的一些别名;"全局函数和变量"即在当前项目下所有文件中都可见的函数和变量;一些三色方框对应的名称即在当前项目中定义的类;花括号"{}"表示当前项目中定义的命名空间,打开其下拉内容后,会展示所有在该命名空间的类视图。用鼠标单击其中任意内容,即可查看该类别下的所有对象。

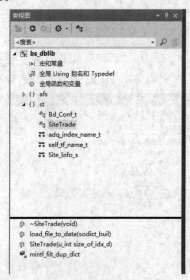

图 1-9　类视图窗口

例如，图 1-9 中选中了类 "SiteTrade"，在其下方的方框中，分别展示了该类中声明的所有成员函数与数据属性，对应如下：

  ~SiteTrade(void)

  load_file_to_data(sodict_buil)

  SiteTrade(u_int size_of_idx_)

  mintf_filt_dup_dict

函数与数据由不同的图标表示。使用鼠标左键双击对应方法或属性，则跳到源代码中对应的行，非常便于阅读较大型的程序。

1.3　各种平台上的 C++ 程序编译

C/C++ 程序除了在 Windows 平台上开发外，还可在其他操作系统平台上开发。本节主要介绍在 Linux 操作系统上编译、链接 C/C++ 程序的方法。

1.3.1　Linux 操作系统的编译与链接

Linux 操作系统 C/C++ 程序常用的编译链接命令为 gcc 和 g++。通常认为 gcc 编译 C 程序，g++ 编译 C++ 程序，实际上两个命令都可以对 C 和 C++ 程序进行编译和链接，只是命令选项有些区别，且某些情况下 g++ 会自动调用 gcc，因此，本节主要介绍 g++ 的基本用法。

1. 编译命令

假定我们编写好的 HelloWorld 程序文件名为 hello.cpp，则使用 g++ 进行编译的方法如下：

  g++ -c hello.cpp

编译器会产生目标文件，文件名为 hello.o。其中，-c 选项表示只进行预处理、编译等工作，产生目标文件，不进行链接。若指定特定的目标文件名为 h.o，则命令如下：

  g++ -c hello.cpp -o h.o

其中，-o 选项是指定生成的目标文件名称。若没给出文件名，则默认的名称为源文件.o。

2. 链接命令

编译之后便可以对目标文件进行链接生成可执行文件了，命令如下：

  g++ hello.o

链接器会产生可执行文件，文件名默认为 a.out，若指定特定的目标文件名为 hello，则命令如下：

  g++ hello.o -o hello

其中，-o 选项是指定生成的可执行文件名称。

3. 编译与链接

若编译和链接合在一起执行，则可执行命令如下：

  g++ hello.cpp -o hello

编译器会自动对源文件进行编译并链接，生成可执行文件 hello。

若程序有多个源文件构成，如 file1.cpp，file2.cpp，则可执行命令如下：

```
g++ file1.cpp file2.cpp -o program
```

除了前面介绍的 -c、-o 外，gcc/g++ 都提供了非常丰富的功能选项，完成编译和链接等过程的不同需求。这些选项的使用，在此不再赘述，读者可使用命令"g++ --help"了解各个选项的作用。

4. makefile 文件与 make 命令

Linux 下很多软件包都提供了安装源代码,可通过 make 命令进行自动编译和链接。尤其是当软件的源代码文件比较多时，make 命令可以自动确定哪些部分需要重新编译，哪些部分可以不需要再次编译，直接使用以前编译生成的文件，可以大大减少编译所需的时间。

make 命令需要 makefile 文件的支持。makefile 文件通常会和程序源代码一起发布，它描述了程序各个文件之间的关系，提供了更新每个文件的命令。例如，源文件更新了，相应的目标文件就需要更新。目标文件更新了，相应的可执行文件就需要更新。每当源文件更新时，就可以直接运行 make 命令，使得所有需要更新的文件全部完成更新，从而得到最终的可执行程序。

下面是一个简单的 makefile 文件的例子。

```
hello:    hello.o
          g++ hello.o -o hello
hello.o: hello.cpp
          g++ -c hello.cpp -o hello.o
clean:
rm –f hello hello.o
```

makefile 文件的结构比较简单，通常包含若干目标，每个目标由对应与之相关联的其他文件名以及实现这个目标的一组命令构成。如上例所示，共定义了三个目标，分别为 hello、hello.o 和 clean。每个目标从每行开头开始写，后面跟冒号(:)。冒号后为与该目标相关的其他目标或文件，用空格隔开。如上例所示，hello 目标关联的文件为目标文件 hello.o，hello.o 目标关联的文件为源文件 hello.cpp。针对某目标的命令另起一行，若该目标有多个命令，则这些命令也可以由若干行构成。需要注意的是，每行命令必须使用 tab 键缩进，而不能使用空格。

一般情况下，使用 make 命令进行编译的方法为

```
make target
```

target 是 makefile 文件中定义的目标之一。如果省略 target，则将 makefile 文件中的第一个目标作为 target 进行处理。

如上例所示，将 makefile 文件和 hello.cpp 文件放在同一目录下，并运行：

```
make  或 make hello
```

程序会自动进行编译和链接，生成目标文件 hello.o 和可执行文件 hello。运行：

```
make clean
```

会根据 clean 对应的命令自动删除生成的文件。整个过程如图 1-10 所示。

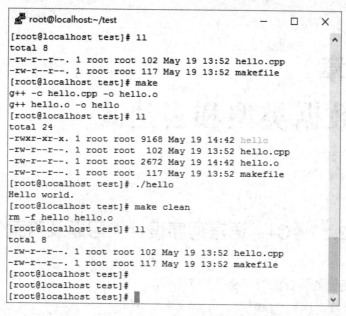

图 1-10　make 命令执行过程

　　make 命令可以使用 -f 选项指定某个要操作的 makefile 文件。若不指定，会在当前目录下按顺序寻找 GNUmakefile、makefile 和 Makefile 文件。

　　关于 makefile 文件更高级的使用在此不再赘述，请读者参考相关资料。

1.3.2　其他编译与链接工具

　　大多数操作系统都有很多 C/C++ 命令行编译链接工具或 IDE 工具，例如 Mac OS X 操作系统上可以使用 Xcode IDE 进行开发，Windows 下也可以使用 DEV-C++、MinGW 等 IDE 进行开发。

　　此外，很多 C/C++ 命令行编译链接工具或 IDE 工具是支持跨平台的。例如，QtCreator 可以在 Windows、Linux、Mac OS X 等操作系统上运行；gcc/g++、make 等命令也可以安装在 Windows 或 Mac OS X 上，使用命令行模式运行。

第2章
基本数据类型和表达式

2.1 《C++语言程序设计》习题及答案

2.1 下列变量名不合法的有哪些？为什么？

A12-3   123   m123   _ 123   While

答案：有错的是：

A12-3：变量名中不能有"-"符号。

123：变量名不能以数字开始。

_123：变量名中不能有空格。

难度：1

2.2 下列表达式不正确的有哪些？为什么？

A. int a='a';   B. char c=102;   C. char c="abc";   D. char c='\n';

答案：只有表达式 C 不正确，不能将字符串赋值给一个字符变量。

难度：1

2.3 32 位机中，int、float、double 类型在内存中各占多少字节？在 VC2015 环境下，long double 变量在内存中占用多少字节？

答案：32 位机中，int、float、double 类型在内存中分别占用 4、4、8 字节。

long double 变量在内存中占用 8 字节，和 double 相同。

难度：1

2.4 字符串 "ab\\\n" 在机器中占多少字节？

答案：字符串 "ab\\\n" 在机器中占 5 个字节。

难度：2

2.5 若有以下定义：

    char a; int b;

    float c; double d;

则表达式 a*b+d-c 值的类型是什么？

答案：是 double 类型。

难度：2

2.6　a 为整型变量，列举出可以表达数学关系 1<a<5 的 C++ 表达式。

答案：表达数学关系 1<a<5 的 C++ 表达式可以是

(1)　a>1 && a<5

(2)　a==2‖ a==3‖ a==4

(3)　!(a<=1) && !(a>=5)

难度：2

2.7　分析常量和变量的异同点。

答案：常量是常数或代表固定不变值的名字，常量的内容初始化以后一直保持不变。变量的内容可以在运行过程中随时改变。

难度：1

2.8　关系运算符有哪些？逻辑运算符有哪些？

答案：关系运算符有 ==、>、<、>=、<=、!=。

逻辑运算符有 !、&&、‖。

难度：1

2.9　下列的转义字符中哪个是错误的？为什么？

'\\'　　'\''　'\089'　'\0'

答案：'\089'是不正确的，因为 8、9 不是八进制数。

难度：2

2.10　若定义了 int a = 1, b = 2, c = 3, d = 4; 则表达式 a + d>c +b?a+b:c<d?a+c:b+d 的值是多少？

答案：4

难度：2

2.11　若定义了 double t; 则表达式 t = 1, t + 5, t++ 的值是多少？

答案：1.0

难度：2

2.12　若定义了 double x, y; 则表达式 x =2, y = x + 5 / 2 的值是多少？

答案：

4.0

难度：2

2.13　写出下列程序的运行结果。

(1)　#include　<iostream>

```
using namespace std;
void main()
{
    int a1,a2;
    int i=5,j=7,k=0;
    a1=!k;
    a2=i!=j;
    cout<<"a1="<<a1<<'\t'
```

```
            <<"a2="<<a2<<endl;
    }
(2) #include <iostream >
    using namespace std;
    void main()
    {
        int a=0;
        cout<<a++<<endl;
        cout<<++a<<endl;
        int b=10;
        cout<<b--<<endl;
        cout<<--b<<endl;
        cout<<a+++b<<endl;
    }
(3) #include <iostream >
    using namespace std;
    void main()
    {
      short i=65536;
      cout<< i<<endl;    //在 16 位机上运行
    }
(4) #include <iostream >
    #include <iomanip >
    using namespace std;
    void main()
    {
        cout<<setfill('*')
            <<setw(5)<<1<<endl
            <<setw(5)<<12<<endl
            <<setw(5)<<123<<endl;
        cout<<setiosflags(ios::left)
            <<setw(5)<<1<<endl
            <<setw(5)<<12<<endl
            <<setw(5)<<123<<endl;
    }
```

    答案：(1) a1=1 a2=1

        (2) 0

          2

          10

```
        8
        10
(3)  0
(4)  ****1
        ***12
        **123
        1****
        12***
        123**
```

难度：3

2.14　两个程序执行的结果分别是什么？为什么？

程序 1：

```
void main()
{
        short k=1000,p;
        p=k*k;
        cout<<p<<endl;
}
```

程序 2：

```
void main()
{
         short k=1000,p;
         p=k*k/k;
         cout<<p<<endl;
}
```

答案：程序 1 的结果是 16 960。因为计算结果超过 short 的最大值，溢出了。程序 2 的结果是 1000。

难度：4

2.15　以下程序的执行结果是什么？为什么？如果数据定义为 double 类型，结果又将如何？

```
void main()
{
        float a=5.0000001,b=5.0000002;
        cout<<setprecision(8) <<b-a<<endl;
}
```

答案：因为 float 数本身的精度所限，即使规定输出精度是 8 位，也只能显示为 0。定义为 double 类型后，结果是 9.999 999 9e-08。

难度：3

2.16　写出下列程序的运行结果，并解释这些位运算实现的操作。

```
#include<iostream>
#include<iomanip>
using namespace std;
void main()
{
    int x=0x98FDECBA;
    cout<<hex<<uppercase;
    cout<<(x|~0xFF)<<endl;
    cout<<(x^0xFF)<<endl;
    cout<<(x&~0xFF)<<endl;
}
```

答案：运行结果为

FFFFFFBA

98FDEC45

98FDEC00

位运算实现的操作为

x|~0xFF：取 x 的最低字节，其余位置为 1；

x^0xFF：x 的最低字节按位取反，其余位保持不变；

x&~0xFF：x 的最低字节置为 0，其余位保持不变。

难度：3

2.17　分析程序的运行结果。

```
#include <iostream>
using namespace std;
void main()
{
    int n;
    cin>>n;
    cout<<"Dec    "<<n<<endl;
    cout<<"Hex    "<<hex<<n<<endl;
    cout<<"Oct    "<<oct<<n<<endl;
}
```

答案：程序的执行结果输出 3 行，分别输出整数 n 的十进制形式、十六进制形式和八进制形式。

难度：2

2.18　从键盘读取两个字符串，把它们连接起来然后输出，要求连接后的字符串用空格隔开。

答案：

```
#include <iostream>
#include <string>
```

```
using namespace std;
int main()
{
    string s_str, str1, str2;
    cout<<"请输入字符串："<<endl;
    cin>>str1;
    cin>>str2;
    s_str=str1 + " " + str2;
    cout<<"连接后的字符串："<<s_str<<endl;
    return 0;
}
```
难度：4

2.2　编程案例及参考例程

例 2.1　设计一个程序，从键盘输入一个小写字母，将它转换成大写字母。例如，输入 a，则输出 A。

程序

```
#include <iostream>
using namespace std;
void main()
{
    char c;
    cin>>c;
    c=c-0x20;
    cout<<c<<endl;
}
```

例 2.2　设计一个程序，输入一个三位以上的整数，可以将其十位数数字输出。例如：输入 2345，则输出 4；输入 98765，则输出 6。

程序

```
#include <iostream>
using namespace std;
void main()
{
    int n;
    cin>>n;
    n = n % 100;
    n = n /10;
```

```
        cout<<n<<endl;
    }
```

例 2.3 设计一个程序，计算并显示装修一件房屋所需的壁纸数目。其中房间的长、宽和高度由键盘输入，单位是米；另外还要输入单卷壁纸所能铺设的面积，单位是平方米。

分析

(1) 首先要计算出墙面的面积，计算公式为

墙壁面积 = 周长 × 高

周长 = (长 + 宽) × 2

(2) 计算输出所需单卷壁纸的数目，计算公式为

所需单卷壁纸数目=墙壁面积/单卷壁纸的面积

程序

```cpp
#include<iostream>
using namespace std;
int main()
{
    //声明变量
    float length=0.0;
    float width=0.0;
    float height=0.0;
    float rollCoverage=0.0;
    float perimeter=0.0;
    float area=0.0;
    float rolls=0.0;
    //输入各项数据
    cout<<"输入房间的长度(米)：";
    cin>>length;
    cout<<"输入房间的宽度(米)：";
    cin>>width;
    cout<<"输入房间的高度(米)：";
    cin>>height;
    cout<<"输入单卷壁纸的面积(平方米)：";
    cin>>rollCoverage;
    //计算周长、面积及所需单卷壁纸数目
    perimeter=(length+width)*2;
    area=perimeter*height;
    rolls=area/rollCoverage;
    cout<<"所需单卷壁纸数目："<<rolls<<"(卷)"<<endl;
    return 0;
}
```

程序说明

(1) 程序中需要指定每个输入、处理、输出项的名称和数据类型，因为这些项可能含小数，因此合适的数据类型是 float。

(2) 让用户通过键盘输入所需输入项时，首先需要使用一条输出语句提示用户输入，然后再使用输入语句接受用户输入。

例 2.4　编写程序用来计算并显示学生的姓名和该学期应该支付的费用，其中费用包括学费和住宿费，学费为每小时 100 元，住宿费为每学期 1800 元。

分析

(1) 学生首先登记姓名和本学期的学时数。

(2) 费用计算方法：费用 = 学费 × 学时数 + 住宿费，其中每小时的学费和住宿费是固定的，因而用常量存储。

程序

```
//例 2.4  计算并显示学生的姓名及应支付的费用
#include<iostream>
#include<iomanip>
#include<string>
using namespace std;
int main()
{
        const int HOURFEE=100;
        const int ROOMFEE=1800;
        string sname="";
        int hours=0;
        int total=0;
        //输入各数据项
        cout<<"输入学生姓名：";
        cin>>sname;
        cout<<"输入该学生学时数：";
        cin>>hours;
        //计算该学生应支付的费用
        total=hours*HOURFEE+ROOMFEE;
        //显示学生应支付的费用
        cout<<setw(10)<<"学生姓名"<<setw(20)<<"应交费用(元)"<<endl;
        cout<<setw(8)<<sname<<setw(16)<<total<<endl;
        return 0;
}
```

程序说明

(1) 在程序执行过程中不再改变的值使用 const 定义的常量，这样如果在程序中不小心修改了该常量的值，则编译程序就会报错。另外相比于直接使用常数，使用 const

定义的常量，还可以增强程序的可读性和可维护性。

(2) 程序只能处理一名学生的相关信息，读者在学习了数组和结构类型等相关知识后，对该程序稍加修改，即可完成多名学生相关信息的处理。

例 2.5 编程实现闰年的判定。输入年份 year，判断该年是否为闰年，如果是闰年，则输出：****年是闰年；如果不是闰年，则输出：****年不是闰年。

分析

(1) 闰年确定方式：年份不能被 4 整除，不是闰年；年份是世纪年，而且不能被 400 整除，不是闰年；年份能被 400 整除，是闰年。

(2) 程序中使用条件运算符"?:"来实现判断。

程序

```
//例 2.5  判断闰年
#include<iostream>
using namespace std;
int main()
{
        int year;
        cout<<"请输入年份：";
        cin>>year;
        cout<<year<<"年";
        (((year%4==0)&&(year%100!=0))||(year%400==0))?
                cout<<"是闰年\n":cout<<"不是闰年\n";
        return 0;
}
```

程序说明

(1) 读者在学习了 if 语句后，可以用它来替换程序中的条件运算符"? :"，相比较，使用 if 语句，会使程序的结构更清晰。

(2) 程序中用来判断闰年的条件表达式也有多种表示方式，读者可以尝试写出其他几种形式。

例 2.6 IPv4 规定，Internet 使用 32 位二进制数作为 IP 地址。为便于用户使用，实际使用时用 4 个十进制数来表示 IP 地址，每个十进制数对应于 IP 地址中的 8 位二进制数的数值，十进制数之间用"."隔开，也称为点分十进制。编程实现将键盘输入的一个点分十进制格式的 IP 地址转换为二进制格式的 IP 地址，并将结果以十六进制数的形式显示在屏幕上。例如：当输入 IP 地址为 202.99.96.140 时，则屏幕显示 IP 地址为 ca63608c。

分析

(1) 定义 4 个 unsigned long int 型变量来存放键盘输入的 4 个十进制数，定义一个字符型变量来存放键盘输入的点分隔符".",定义一个 unsigned long int 变量用来存放二进制格式的 IP 地址。

(2) 地址转换采用按位运算及移位运算来实现。

程序

```
//例 2.6    十进制格式的 IP 地址转换为二进制格式的 IP 地址
#include<iostream>
#include<iomanip>
using namespace std;
int main()
{
    typedef    unsigned long int u_long;
    u_long b1,b2,b3,b4;
    char ch;
    u_long l_addr=0;
    cout<<"请输入点分十进制 IP 地址：";
    cin>>b4>>ch>>b3>>ch>>b2>>ch>>b1;
    l_addr=l_addr | b4;
    l_addr=(l_addr<<8) | b3;
    l_addr=(l_addr<<8) | b2;
    l_addr=(l_addr<<8) | b1;
    cout<<"对应的二进制格式 IP 地址为："<<hex<<l_addr<<endl;
    return 0;
}
```

程序说明

(1) 变量的类型很重要，因为它决定了数据在内存单元中如何存储，还决定了当程序中使用该变量的数据时，如何解释该数据，所以在定义变量时要正确选择类型。本题中虽然键盘输入的每一个十进制数用一个字节就可以存放，但是如果变量的类型为 unsigned char 类型，则不能正确存储键盘输入的十进制数，因为该类型存储数据时，存储的是字符的 ASCII 码值，而非其所对应的数值。

(2) 读者在学习了循环语句后，可以使用循环语句实现重复的移位操作及或操作，这样可以使程序更简洁。

(3) 题目中要求二进制格式的 IP 地址采用十六进制数显示，主要是它可以更方便地转换为二进制，以便编程者检查转换结果是否正确。程序中采用操纵符 hex 来控制显示格式，所以必须在程序中包含 iomanip 头文件，它包含了这些操纵符的说明。

例 2.7　编程将键盘输入的电文加密后保存在文件中。加密规则：字母按"字母循环后移 4 个位置"的规律进行加密，非字母不变。如字母 A 加密后为字母 E，字母 Y 加密后为字母 C。

分析

(1) 题目中要求可以输入若干个字符，当遇到文件结束符时表示输入结束，所以程序中需使用 while 语句实现循环输入。

(2) 在循环体中，对字母进行加密并将字符写入文件中，加密规则为：将字母循环后移 4 个位置，我们用模运算实现：'a'+(ch+4-'a')%26。

程序

```cpp
//例 2.7 电文加密
#include<iostream>
#include<fstream>
using namespace std;
int main()
{
    //创建文件对象并打开文件
    ofstream ofile;
    ofile.open("odata.txt");
    //确定是否成功地打开文件
    if(ofile.is_open ())
    {
        //成功打开文件，进行后续操作
        cout<<"请输入电文(Ctrl+Z 结束输入)"<<endl;
        char ch;
        while((ch=cin.get())!=EOF)
        {
            ((ch>='a')&&(ch<='z'))?ch='a'+(ch+4-'a')%26:ch;
             ((ch>='A')&&(ch<='Z'))?ch='A'+(ch+4-'A')%26:ch;
            ofile<<ch;
        }
        //关闭文件
        ofile.close();
    }
    else
    {
        //打开文件失败
        cout<<"文件不能打开！ "<<endl;
    }
    return 0;
}
```

程序说明

(1) 程序创建文件流对象，并使用 open 函数将磁盘上的实际文件与文件对象联系起来，这样就可以像完成标准的输入、输出操作一样，使用文件流对象来完成文件输入和输出操作了。

(2) 程序中用 get 函数从标准输入流对象 cin 中逐个提取字符，它提取的字符可以包括空白字符。函数的返回值就是读入的字符，若遇到输入流中的文件结束符，则函数的返回值为文件结束标志 EOF。

（3）文件使用完毕，要使用 close 函数关闭文件流对象所关联的相关文件，以防止数据遗漏。

（4）创建文件对象，必须在程序中包含 fstream 头文件，它包含 ifstream(输入文件流)类和 ofstream(输出文件流)类的定义。

例 2.8　编程将保存在文件中的加密电文解密。解密规则：字母按"字母循环前移 4 个位置"的规律进行，非字母不变。如字母 E 解密后为字母 A，字母 C 解密后为字母 Y。

分析

（1）题目中要求可以从文件中读入若干个字符，当遇到文件结束符时表示读入结束，所以程序中需使用 while 语句实现循环输入。

（2）在循环体中，首先从文件中逐个读入字符，并对字母进行解密，然后将字符输出到屏幕上。类似于加密规则，解密算法我们同样用模运算实现。

程序

```cpp
//例 2.8　电文译码
#include<iostream>
#include<fstream>
using namespace std;
int main()
{
    //创建文件对象并打开文件
    ifstream ifile;
    ifile.open("odata.txt");
    //确定是否成功地打开文件
    if(ifile.is_open ())
    {
        //成功打开文件，进行后续操作
        cout<<"电文原码："<<endl;
        char ch;
        while((ch=ifile.get())!=EOF)
        {
            ((ch>='a')&&(ch<='z'))?ch='z'-('z'-(ch-4))%26:ch;
            ((ch>='A')&&(ch<='Z'))?ch='Z'-('Z'-(ch-4))%26:ch;
            cout<<ch;
        }
        //关闭文件
        ifile.close();
    }
    else
    {
```

```
                    //打开文件失败
                    cout<<"文件不能打开！ "<<endl;
        }
        return 0;
}
```

程序说明

(1) 有关文件流对象创建及其相关函数的使用可参见题 2.7。

(2) 试图打开文件时，open 函数有可能会失败，所以在读取或写入文件之前，应该使用 is_open 函数来确定文件是否成功地打开了。

(3) 如果需打开的文件与程序文件不在同一位置，要在文件名中给出文件的完整路径。

例 2.9 编写程序，完成将整数 n 的二进制低 4 位(右 4 位)都置为 1 的功能。例如：输入 200，输出 207。

程序

```
#include<iostream>
using namespace std;
void main()
{
        int n;
        cin>>n;
        n = n | 0x0f;
        cout<<n<<endl;
}
```

2.3 实 践 题 目

编写程序，读取当前目录下的文件 data.txt 中的内容，把信息显示到屏幕上。

第 3 章
控制语句

3.1 《C++ 语言程序设计》习题及答案

3.1 程序的 3 种基本控制结构是什么？

答案：程序的 3 种基本控制结构是顺序结构、选择结构和循环结构。

难度：1

3.2 C++ 用于构成选择结构的语句有哪些？构成循环结构的语句有哪些？

答案：选择结构语句为 if-else 和 switch。循环结构语句为 for、while 和 do-while。

难度：1

3.3 以下程序执行的结果是什么？

```cpp
#include<iostream>
using namespace std;
void main( )
    {
        int   x = 3;
        do{ cout<<(x-=2)<<"   ";
        }while(!(--x));
    }
```

答案：1   −2

难度：2

3.4 以下程序执行的结果是什么？

```cpp
#include<iostream>
using namespace std;
void main()
{
    int a,b,c,x;
    a=b=c=0;
    x=35;
```

```
        if(!a) x--;
        else if(b)
                if( c ) x=3;
                else   x=4;
        cout<<x<<endl;
    }
```

答案：34

难度：2

3.5 以下程序执行的结果是什么？

```
#include<iostream>
using namespace std;
void main()
{
    int   a =2 , b = − 1 , c = 2 ;
    if( a < b )
    if ( b < 0 )   c = 0 ;
    else   c++ ;
    cout<<c<<endl;
}
```

答案：2

难度：2

3.6 写出下列程序的运行结果。

(1)
```
#include <iostream>
using namespace std;
void main()
{
    int j=10;
    for( int i=0; i<j; i++)
    {      j=j-2;
           cout<<"i="<<i<<"j="<<j<<endl;
    }
}
```

(2)
```
#include <iostream>
using namespace std;
void main()
{
    int   i=1;
    while (i<=15)
    if (++i%3!=2)
```

```
                continue;
            else
                cout<<"i="<<i<<endl;
    }
```

(3)　#include <iostream>
　　　using namespace std;
　　　void main()
　　　{
　　　　int　x=1, y=0, a=0, b=0 ;
　　　　switch(x)
　　　　{case 1 :
　　　　　if (y==0)　a=a+1;
　　　　　　else　b=b+1;
　　　　　　break;
　　　　　case　2 :
　　　　　　　a=a+1;b=b+1; break;
　　　　　case　3 :
　　　　　　　a=a+1; b=b+1;
　　　　　}
　　　　cout<<"a="<<a<<", b="<<b<<endl;
　　　}

答案：
(1)　i=0　j=8
　　　i=1　j=6
　　　i=2　j=4
　　　i=3　j=2
(2)　i=2
　　　i=5
　　　i=8
　　　i=11
　　　i=14
(3)　a=1,b=0
难度：2
3.7　写出下面每一段代码的输出结果。
　　A)
```
    int i,k;
    for (i=0,k=1; i<10; i++)
        if (i%5)
            k=i*10;
```

```
    else
        cout<<"k:"<<k;
```

B)
```
        int i,k;
        for (i=0,k=1;i<10;i++){
            if (i%5)
                k=i*10;
                cout<<"k:"<<k;
        }
```

C)
```
        int i,k;
        for (i=0,k=1;i<10;i++){
            if (i%5!=0)
                k=i*10;
        }
        cout<<"k:"<<k;
```

D)
```
        for (i=0,k=1;i<10;i++)
            if (i%5){
                k=i*10;
                cout<<"k:"<<k;
            }
```

答案：

A) k:1k:40

B) k:1k:10k:20k:30k:40k:40k:60k:70k:80k:90

C) k:90

D) k:10k:20k:30k:40k:60k:70k:80k:90

难度：3

考查知识点：if 语句与循环语句的组合使用。

解析：

对于 A 代码，当 i%5==0 时，将输出 k 值，显然每次循环 i 的值增加 1，因此将在 i=0，5 时输出 k 值。

对于 B 代码，输出语句与 if 语句构成顺序结构，因此每次循环都要执行，共输出 10 次 k 值。

对于 C 代码，输出语句与 for 语句构成顺序结构，因此 for 语句全部执行完后，才会输出 k 值。

对于 D 代码，输出语句在 if 语句内，即 i%5!=0 时，输出 k 值，因此将在 i=1，2，3，4，6，7，8，9 时输出 k 值。

3.8 分别从键盘输入 3 个整数，按下列条件输出：

(1) 按从大到小输出；

(2) 按从小到大输出；

(3) 先输出最大值，再输出最小值。

答案：

```cpp
#include<iostream>
using namespace std;
void main()
{
    int a,b,c,maxval,minval;
    cout<<"请输入三个整数： ";
    cin>>a>>b>>c;
    if(a>b)
    {
        if(b>c){ maxval=a; minval=c;}
        else if(a>c) { maxval=a; minval=b;}
        else { maxval=c; minval=b;}
    }
    else
    {
        if(a>c) { maxval=b; minval=c;}
        else if(b>c) { maxval=b; minval=a;}
        else{ maxval=c; minval=a;}
    }
    cout<<"从大到小的顺序是:"<<maxval<<" "<<a+b+c-maxval-minval<<" "<<minval<<endl;
    cout<<"从小到大的顺序是:"<<minval<<" "<<a+b+c-maxval-minval<<" "<<maxval<<endl;
    cout<<"最大值:"<<maxval<<"最小值:"<<minval<<endl;
}
```

难度：3

3.9 编程求 1! + 2! + 3! + 4! +…+ 15!。

答案：

```cpp
#include <iostream>
using namespace std;
void main()
{
    unsigned long sum(0), factorial(1);
    for(int i=1;i<=15;i++)
    {
        //分别计算每个数的阶乘
        factorial*=i;                        //得到 i 的阶乘
```

```
            sum+=factorial;              //计算阶乘的和
        }
        cout<<sum<<endl;
    }
```

难度：3

解析：

程序最终实现阶乘的和值，在计算和值之前，需要计算各阶乘的值。每计算出一个阶乘的值，就累加到原来的和值上。而计算 i 的阶乘时，只需要在 i−1 的阶乘基础上乘以 i 即可。

3.10 任意输入一个 4 位整数的年份，判断该年是否是闰年。

答案：

```
    #include <iostream>
    using namespace std;
    void main()
    {
        int year;
        cin>>year;
        if ((year % 4==0) && !((year %100 == 0) && (year % 400!=0)))
            cout<<"闰年"<<endl;
        else
            cout<<"不是闰年"<<endl;
    }
```

难度：2

3.11 编写欧几里得算法并进行测试。(欧几里得算法即使用辗转相除法求解两个自然数 m 和 n 的最大公约数，假定 m≥n)。

答案：

```
    //欧几里得算法
    #include <iostream>
    using namespace std;
    int main()
    {
        int m1, n1, m, n;
        cin >> m1 >> n1;
        m = m1>=n1?m1:n1;
        n = m1<n1?m1:n1;
        int r = m % n;
        while (r != 0){
            m = n;
            n = r;
```

```
            r = m % n;
        }
        cout << n << endl;
        return 0;
    }
```

难度：3

解析：

欧几里得算法用自然语言描述如下：

(1) 输入 m 和 n，设 m≥n；

(2) 取得 m 除以 n 的余数 r；

(3) 若 r = 0，则 n 为最大公约数，算法结束；否则执行第(4)步；

(4) 将 n 放到 m 中，r 放到 n 中；

(5) 重复执行第(2)步。

3.12　分别使用 for、while、do-while 3 种循环语句实现打印下列图形：

```
*  *  *  *  *  *  *  *
  *  *  *  *  *  *  *
    *  *  *  *  *
      *  *  *
        *
```

答案：

(1) 用 for 语句。

```
//打印图形
#include <iostream>
using namespace std;
void main()
{
    for(int i=0;i<5;i++)
    {
        int j;
        for(j=0;j<i;j++)
            cout<<" ";
        for(j=9-i*2;j>0;j--)
            cout<<"*";
        cout<<endl;
    }
}
```

(2) 用 while 语句。

```
#include <iostream>
using namespace std;
```

```
void main()
{
    int i=0;
        while(i<5)
        {
                int j=0;
                while(j<i)
                {
                        cout<<" ";
                        j++;
                }
                j=9-i*2;
    while (j>0)
        {
                cout<<"*";
    j--;
        }
                cout<<endl;
                i++;
        }
}
```

(3) 用 do-while 语句。

```
#include <iostream>
using namespace std;
void main()
{
    int i=0;
        do
        {
                int j=0;
                if (i) do
                {
                        cout<<" ";
                        j++;
                }while(j<i);
                j = 9-i*2;
                 do
                {
                        cout<<"*";
                        j--;
```

```
            } while (j>0);
            cout<<endl;
            i++;
        }while(i<5);
    }
```

难度：4

解析：

要实现该图形，一般采用双重循环，外循环控制图形的行数，循环 5 次，每次输出一行，内循环控制每行输出的内容。显然本例中，内循环可采用两个循环语句，第一个循环先输出若干空格，然后第二个循环再输出若干"*"号。

程序在设计时，需要考虑内循环的循环次数，显示不同层上的图形时，内循环的次数也不同。设打印第 i+1 层的图形(i=0 表示第一层)，则需要先打印 i 个空格，然后打印 9−i*2 个"*"号。

程序说明：

(1) for、while、do-while 3 种循环语句在实现时均可以相互替代。

(2) 使用 for 语句的程序中，for(j=9−i*2; j>0; j--)也可以写成 for(j=0;j<9−i*2;j++)，但这样会造成每次进行比较 j<9−i*2 时，都会先进行算法运算 9−i*2，而每次运算的结果是相同的，这样无疑会增加程序的用时，而程序中的语句仅对 9−i*2 执行一次，可见效率要比后者高。通过这个例子也得到一点启示，我们在编写程序时，也应考虑如何提高程序执行的效率。

(3) 使用 do-while 语句时，循环体至少要执行 1 次，而本例中，由于打印第一行图形无需打印空格，因此在内循环的第一个 do-while 语句前加了 if (i)进行控制。

3.13　编程实现：找出 100～500 之间有哪些数其各位数字之和是 5。

答案：

```
#include<iostream>
using namespace std;
void main()
{
    int a,b,c;
    for(int i=100;i<=500;i++)
    {
        a=i%10;                 //获得个位数字
        b=(i/10)%10;            //获得十位数字
        c=i/100;                //获得百位数字
        if((a+b+c)==5)
                cout<<i<<"   ";
    }
    cout<<endl;
}
```

难度：3

3.14　下列程序通过 for 语句重复相加 0.01 共 10 次，最后判定相加结果和 0.1 是否相等。请运行程序得到结果，并解释。

```cpp
#include<iostream>
using namespace std;
void main()
{
        float a=0.1,b=0.0;
        for(int i=0;i<10;i++)
                        b=b+0.01;
        cout<<b<<endl;
        if(a==b)
                        cout<<"相等"<<endl;
        else
                        cout<<"不相等"<<endl;
}
```

答案：0.1

表达式 b==0.1 虽然在数学上应该为真，但在程序中却不为真。由于浮点类型的有限精度导致在重复的累加操作中引入舍入误差，所以在程序中的结果是不相等的。

难度：3

解析：

一般在检查两个浮点数是否相等时，可以通过指定最大误差容限，来检查这两个值是否足够接近，而不是直接测试它们是否相等或不等。例如：可以先指定最大误差容限 const float Delta=0.000 01；然后把 a==b 改为 fabs(b-a)<=Delta；即可，其中使用了数学库函数 fabs()，来返回浮点参数的绝对值。

3.15　计算从键盘输入的若干个整数的和。

答案：

```cpp
#include<iostream>
using namespace std;
void main()
{
        int sum=0,value;
        while (cin>>value)
        sum += value;
        cout<<"sum is: "<<sum<<endl;
}
```

难度：3

解析：

当输入为整数时，提取运算符 ">>" 从 cin 提取数值写入变量 value 中，此时 cin

返回一个非 0 值，while 的循环条件为"真"，所以执行循环体，也就是复合赋值操作符的语句，完成数据的累加。而当输入无效数据或是 Ctrl+Z 结束符时，cin 处于出错状态，cin 返回的值为 0，while 的循环条件为"假"，所以中止 while 循环，完成累加和的输出显示。在 Windows 操作系统中，以"Ctrl+Z"组合键表示文件结束符，也可以按"F6"键来输入文件结束符。

3.16　读取保存在文件 idata.txt 中的一组整数，计算它们的和，并显示在屏幕上。

答案：

```
#include<iostream>
#include<fstream>
using namespace std;
void main()
{
        ifstream ifile("idata.txt");
            if(!ifile)
            cout<<"文件打开失败！"<<endl;
         else
        {
            int sum=0,value;
            cout<<"data: ";
            while (ifile>>value)
            {
                cout<<value<<" ";
                sum += value;
            }
            cout<<endl;
            cout<<"sum is: "<<sum<<endl;
        }
    }
```

难度：3

解析：

定义 ifstream 类的对象，来进行文件的读取操作。

3.17　从键盘读取多个字符串，把它们连接起来，输出连接后的字符串，要求连接后相邻的字符串用空格隔开。

答案：

```
#include <iostream>
#include <string>
using namespace std;
int main()
{
```

```
string s_str,str;
cout<<"请输入字符串："<<endl;
while(cin>>str)
        s_str=s_str+" "+str;
cout<<"连接后的字符串："<<s_str<<endl;
return 0;
}
```

难度：2

解析：

(1) string 类型支持长度可变的字符串，使用 string 类型进行字符串的处理很方便、安全。

(2) string 类型重新定义了运算符"+"，用来实现字符串的连接。

(3) string 类型并不是 C++ 语言的基本数据类型，它是在标准库中定义的，是一种标准库类型，所以程序中要使用 string 类型，必须把相关的头文件 string 包含进来。

3.18 设计一个程序，验证进入程序密码的正确性。仿真让用户输入 6 位数字的密码，且提供 3 次输入机会，输入正确则显示"欢迎使用财会报表程序"，否则显示"密码错，重新输入!"。连续输入 3 次错误后，则显示"拒绝使用财会报表软件"并结束程序。

答案：

```
#include <iostream>
using namespace std;
void main()
{
    int i;
    for (i=0;i<3;i++)
    {
        cout<<"请输入 6 位数字的密码:";
        int n;
        cin>>n;
        if (n==111111)
        {
            cout<<"欢迎使用财会报表程序"<<endl;
            break;
        }
        else if(i<2)
            cout<<"密码错，重新输入！"<<endl;
    }
    if (i==3)
        cout<<"拒绝使用财会报表软件"<<endl;
}
```

难度：3

3.19　设计一个程序，求出 100～999 以内的所有"水仙花数"。"水仙花数"是指一个三位数，其各位数字的立方和恰好等于该数本身。例如：370=3*3*3+7*7*7+0，在 999 以内共有 4 个水仙花数。

答案：

```
#include <iostream>
using namespace std;
void main()
{
    int x,y,z;
    for (int i=101;i<999;i++)
    {
        x=i/100;
        y=(i%100)/10;
        z=i%10;
        if (x*x*x+y*y*y+z*z*z == i)
            cout<<i<<endl;
    }
}
```

难度：3

3.2　编程案例及参考例程

例 3.1　某班共有 30 名学生参加一次考试，从键盘输入每个人的成绩，如果不低于 60 分，则显示器输出为 Passed；否则，输出 Failed。另外，还要统计全班此次考试的平均成绩。用伪代码和流程图分析题目的算法。

分析

算法流程图如图 3-1 所示，图中使用了构成流程图的常用符号，并包含了程序的 3 种基本控制结构。

算法的伪代码描述：

```
定义并初始化变量 grade、total(0)、average、num(30)、i;
i=0;
while 循环控制变量 i 小于 num do
    { 输入一个成绩 grade ;
    if grade>=60
        输出"Passed" ;
        else
        输出"Failed" ;
```

把 grade 加到 total ；

i 增加 1 ；

　　}

平均值 average=total/num ；

输出 average ；

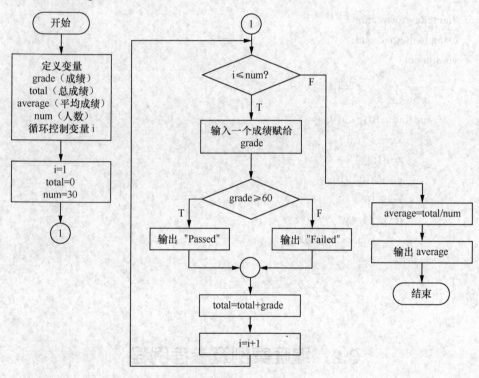

图 3-1　例 3.1 的流程图

例 3.2　设计一个简单的计算器程序，能够进行加、减、乘、除的简单运算并显示结果。运算式输入的顺序是：第 1 个操作数、算术运算符、第 2 个操作数。如果输入的运算符和操作数是合法的，则进行运算并显示结果；否则，显示错误信息。例如：

输入 25*20，则程序显示：25*20 equal 500。

如果运算符不合法，如输入 20～25，则程序显示："～是本程序不支持的操作。"

如果除法运算的除数为 0，如输入 23/0，则程序显示："除数为 0，除法不能进行。"

分析

这个简单的计算器只能进行 4 种计算，可以将 4 种运算视为 4 种选择，用 switch 语句实现。表达式的操作数为整数，表达式的运算符是一个字符。在需要实现的 4 种运算中，只有除法需要检查除数是否为 0。

用伪代码表示的算法：

开始

提示输入要计算的表达式

提取要计算的表达式，分别赋给两个操作数变量和运算符变量

检查表达式的有效性并进行计算

　　　　显示结果

　　　　结束

其中，"检查表达式的有效性并进行计算"可细化为

　　　　switch(运算符)

　　　　{

　　　　　　　⋮

　　　　　　case 某一种运算：

　　　　　　if(操作数合法)　　　　　　　　　　　　　//只对除数

　　　　　　　　　执行相应的运算

　　　　　　break;

　　　　　　　⋮

　　　　}

　　程序中，运算结果用变量 result 存储，leftOperand 和 rightOperand 表示左、右操作数，Operator 表示运算符。

　　程序

　　　　//例 3.2：实现简单的计算器程序

　　　　#include <iostream>

　　　　#include <string>

　　　　using namespace std;

　　　　void main()

　　　　{

　　　　　　cout<<"输入简单的算术表达式：(数 操作符 数)";　　　//提示输入计算表达式

　　　　　　int leftOperand, rightOperand;

　　　　　　char Operator;

　　　　　　cin>>leftOperand>>Operator>>rightOperand;　　　　　　//输入表达式

　　　　　　int result;

　　　　　　switch (Operator)　　　　　　　　　　　　//检验运算的有效性并按要求做计算

　　　　　　{case'+':

　　　　　　　　result = leftOperand + rightOperand;

　　　　　　　　 break;

　　　　　　case '-':

　　　　　　　　result = leftOperand - rightOperand;

　　　　　　　　break;

　　　　　　case '*':

　　　　　　　　result = leftOperand * rightOperand;

　　　　　　　　break;

　　　　　　case '/':

　　　　　　　　if (rightOperand!=0)

　　　　　　　　　　result = leftOperand / rightOperand;

```
        else
        {    cout<<"除数为 0，除法不能进行。"<<endl;
             return ;
        }
        break;
    default:
        cout<<Operator<<"是本程序不支持的操作。"<<endl;
        return;
    }
    //显示结果
    cout<<leftOperand <<" "<<Operator<< " "<<rightOperand<< "="<<result<<endl;
}
```

程序说明

switch 语句用 4 个 case 实现 4 种运算。对于加法、减法和乘法不必检查操作数的有效性，可以直接确定其结果。但对于除法运算，就需要检查 rightOperand 是否为 0，若非 0，则进行除法运算；否则，显示出错信息，结束程序。

例 3.3　编程实现输入一个整数，表示百分制成绩，输出相应的五分制成绩。设 90 分以上为"A"，80～89 分为"B"，70～79 分为"C"，60～69 分为"D"，60 分以下为"E"。

分析

(1) 程序首先对输入数字的范围进行判别，然后输出相应的五分制成绩，因此可使用 if 语句进行数字范围的判断。

(2) 本程序也可以使用 switch 语句进行编写，将输入的合法成绩(0～100)除以 10，将得到 0～10 共 11 个数字，则 9、10 均为"A"，8 为"B"，7 为"C"，6 分为"D"，0～5 为"E"。

使用 if 语句进行编写的程序。

```
//例 3.3 用五分制来表示百分制
#include <iostream>
using namespace std;
int main()
{
    int score;
    cout << "Please input score (0～100):" << endl;
    cin >> score ;
    if (score > 100 || score < 0)          //判断输入的百分制成绩是否合法
        cout << "Input illegal!" << endl;
    else if (score >= 90)                  //判断 score 是否介于 90～100 之间
        cout << "A" << endl;
    else if (score >= 80)                  //判断 score 是否介于 80～89 之间
```

```
            cout << "B" << endl;
        else if (score >= 70)              //判断 score 是否介于 70～79 之间
            cout << "C" << endl;
        else if (score >= 60)              //判断 score 是否介于 60～69 之间
            cout << "D" << endl;
        else                               //score 小于 60
            cout << "E" << endl;
        return 0;
    }
```

程序说明

(1) 程序中使用 if (score > 100 ‖ score < 0) 来判断输入的分数是否合法，若输入大于 100 的整数或负数均判定为不合法，给出相应的提示。

(2) 程序中使用 else if (score >= 90) 判断 score 的范围是否介于 90～100 之间，这里的条件(score >= 90)不需要写成(score >= 90 && score <= 100)，因为前一条 if 语句已经将 score >100 的条件进行了判别，因此，只要执行到 if(score >= 90)的语句，score 肯定是<=100 的。后续的每一条判别均如此。

使用 switch 语句进行编写的程序。

```
    #include <iostream>
    using namespace std;
    int main()
    {
        int score;
        cout << "Please input score (0～100):" << endl;
        cin >> score ;
        if (score > 100 ‖ score < 0)       //判断输入的百分制成绩是否合法
            cout << "Input illegal!" << endl;
        switch (score/10){
        case 10:
        case 9:
            cout << "A" << endl;           //score 介于 90～100 之间
            break;
        case 8:
          cout << "B" << endl;             //score 介于 80～89 之间
            break;
        case 7:
            cout << "C" << endl;           //score 介于 70～79 之间
                break;
        case 6:
                cout << "D" << endl;   //score 介于 60～69 之间
```

```
                    break;
      default:                        //score 介于 0～59 之间
                    cout << "E" << endl;
      }
   return 0;
}
```

程序说明

(1) switch 语句用于处理根据测试表达式的不同取值，执行不同操作的多选择问题，不能像 if 语句一样直接利用数值的不同范围进行多选择处理，因此程序中使用 switch (score/10)，将 score 的范围判断转换为数值的比较。

(2) switch 语句执行过程是将表达式的值依次与各 case 后面的常量表达式的值相比较。如果与 case 后的某个常量表达式相等，则从该 case 语句开始执行各条语句，直到遇到 break 语句才会跳出 switch 结构。因此，该程序 case10:语句后面没有 break，若输入的 score 为 100，则从 case 10 开始一直往后执行语句 cout << "A" << endl;遇到 break 后跳出 switch 结构。

例 3.4 编程显示所有的可打印 ASCII 字符。可显示字符的 ASCII 编码值为 32～126。

分析

初始设置 ch 为 32，循环条件为 ch<127，就可显示 ASCII 编码值为 32～126 的字符。

程序

```
//例 3.4：显示所有可打印 ASCII 字符
#include <iostream>
#include <iomanip>
using namespace std;
void main()
{
    int i=1;
    char ch;
    ch=32;
    while(ch<127)
    {   cout<<setw(3)<<(int)ch<<"   "<<ch<<" ";
        ch++; i++;
        if(i==10)            //每行显示 10 个字符
        {cout<<endl;
        i=1;
        }
    }
    cout<<endl;
}
```

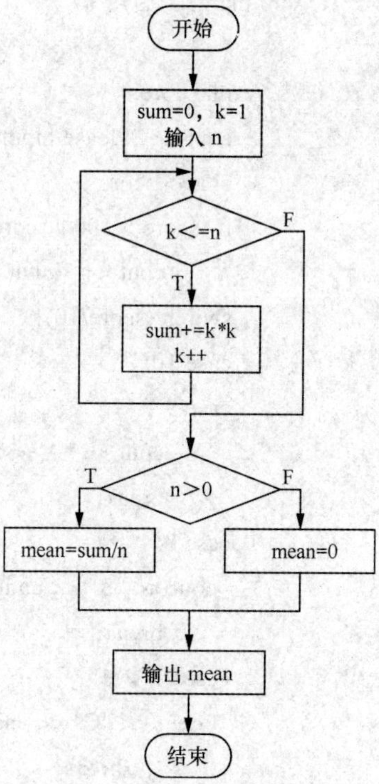

图 3-2　例 3.10 流程图

　　程序中添加了一个整型变量 i 来控制每行显示的字符数，当 i=10 时，输出换行符，i 从 0 开始重新计数。

　　例 3.5　编写程序，实现功能：输出 10～999 中每位数的乘积大于每位数的和的数。

　　分析

　　程序首先要提取数的每位数字。对于数 i，其个位数字可以用 i%10 得到，十位数字用 i/10%10 表示，百位数字用 i/100%10 表示，依此类推。本例中，所有数都是 2～3 位，因此需要 3 个变量存储各位上的数字。注意在处理 2 位数时，百位数字为 0，不能参与计算。

　　程序

```
//例 3.5 输出 10～999 中每位数的乘积大于每位数的和的数
#include <iostream>
using namespace std;
void main()
{
    int a,b,c;
    for(int i=10;i<1000;i++)
    {
        a=i%10;                    //获得个位数字
        b=i/10%10;                 //获得十位数字
        c=i/100;                   //获得百位数字，对于 2 位数，c 为 0，不参与计算比较
        if(!c&&(a*b)>(a+b) || c&&(a*b*c)>(a+b+c))
            cout<<i<<" ";
    }
    cout<<endl;
}
```

　　程序说明

　　(1) 程序获得百位上的数字使用语句 c=i/100，也可以使用 c=i/100%10。由于 i 最大为 3 位数，因此 i/100 的值在 0～9 之间，已经是小于 10 的数字了，因此可以不用再对 10 求模。

　　(2) 对于 2 位数，百位数字为 0，因此不能参与运算，所以判别语句的条件为 (!c&&(a*b)>(a+b) || c&&(a*b*c)>(a+b+c))，即 c 为 0 时，只判别 (a*b)>(a+b)；c 不为 0 时，判别 (a*b*c)>(a+b+c)。

　　例 3.6　一个人在银行存款 1000.00 元，每年利率为 2.5%。假设所有利息留在账号中，则计算 10 年间每年年末的金额并打印出来。用下列公式计算金额：

$$s = p(1 + r)^n$$

式中，p 是原存款本金，r 是年利率，n 是年数，s 是年末本息。

　　分析

　　计算 10 年的存款，是一个循环次数确定的问题，所以，程序中使用 for 循环实现重复操作。

程序

```cpp
//例 3.6：计算存款余额
#include <iostream>
#include <iomanip>
using namespace std;
void main()
{       double amount,                          //存款数额
        principal = 1000.0,                     //本金
        rate = 0.025;                           //利率
        cout << setw(4) << "年" << setw(20)<< "存款余额" << endl;
        double multiple=1.0 + rate;
        for (int year = 1; year <= 10; year++)
        {       amount = principal * multiple;
                principal=amount;
                cout << setw(4) << year << setiosflags(ios::fixed)
                        << setw(20) << setprecision(2)<< amount << endl;
        }
}
```

在输出时，通过利用操纵符，将数据的显示设置为定点小数，精度是 2 位小数。

上述程序的循环体中计算 $s = p(1 + r)^n$ 还可以直接利用标准库函数 pow (x, y)实现，程序变成：

```cpp
//用标准库函数 pow(x,y)实现计算存款余额
#include <iostream>
#include <iomanip>
#include <cmath>
using namespace std;
void main()
{       double amount,                          //存款数额
        principal = 1000.0,                     //本金
        rate =0.025;                            //利率
        cout << setw(4) << "年" << setw(20)<< "存款余额" << endl;
        for (int year = 1; year <= 10; year++ )
        {       amount = principal * pow(1.0+rate,year);
                cout << setw(4) << year << setiosflags(ios::fixed)
                        << setw(20) << setprecision(2)<< amount << endl;
        }
}
```

C++中没有指数运算符，因此使用标准库函数 pow (x, y)计算 x^y 值。在程序中使用 pow(x, y)函数，需要包含数学库函数头文件 cmath，否则编译出错。函数 pow(x, y)的

两个参数 x 和 y 都是 double 型，函数将求得的 x^y 值返回，也是 double 型的。程序中 pow(x,y)函数的返回值与 principal 相乘的结果赋给 amount。

虽然后一个程序的结构更简洁，但程序调用函数要多耗费时间和空间(函数调用时的入栈和出栈)，故第 1 个程序的执行速度应该比第 2 个程序快些。

例 3.7　编程任意输入一个整数，按位翻转输出。例如：输入 124，输出 421。

分析

按位翻转通常需要从个位数开始取每个位的数字，取出乘以 10(result*10)推到十位，也就是反转，然后再取十位数字 i，取出后将数字加到原反转后的数值后，即反转后的数值变为了 result*10+i。依此类推，直到所有数字全部取出，最终得到完整的反转后的数值。

程序

```
//例 3.7 任意输入一个整数，按位翻转输出
#include <iostream>
using namespace std;
void main()
    {
        int i, n, result=0;
        cout<<"请输入任意一个整数："；
        cin>>n;
        cout<<"按位翻转的结果为："；
        while (n!=0){
            i =n % 10;
            result=result*10+i;
            n /= 10;
        }
        cout<<result<<endl;
    }
```

例 3.8　编程任意输入一个十进制整数，分别输出其二进制、八进制、十六进制形式，如输入 13，输出 1101、015、0xd。

分析

使用 cout 输出一个整数，默认为十进制数，通过 oct 和 hex 进行控制可以分别输出其八进制和十六进制，对于输出二进制数据则需要通过算法实现。

将十进制数转换为二进制数据的算法有多种，这里使用数学上采用的一般方法，如将 13 转换为二进制数据，操作如下：

$$13÷2 = 6(商) \ldots 1 (余数)$$
$$6÷2 = 3(商) \ldots 0 (余数)$$
$$3÷2 = 1(商) \ldots 1 (余数)$$
$$1÷2 = 0(商) \ldots 1 (余数)$$

商为 0，计算结束，将余数自下而上写出，1101，即为 13 的二进制数表示。

算法实现时，每得到一个余数，就放到原来的二进制数前面，构成新的二进制数，在这里可以使用 string 类型的对象来存储二进制数，将字符'0'或'1'追加到 string 类型的对象值前面是非常简单的操作。

程序

```cpp
//例 3.8 十进制数转换为二进制数
#include <iostream>
#include <string>
using namespace std;
void main()
{
    int i, n, t;
    string result;
    cout<<"请输入任意一个整数：";
    cin>>n;
    t=n;
    while (n!=0){
        i =n % 2;
        result = char('0' + i) + result;
        n /= 2;
    }
    cout << "二进制的结果为：" << result << endl;
    cout << "八进制的结果为：0" << oct << t << endl;
    cout << "十六进制的结果为：0x" << hex << t << endl;
}
```

程序说明

程序中使用了一重循环，模拟了十进制转换二进制的过程。语句 result = char('0' + i) + result;实现了将余数 i 追加到二进制数前面的操作，i 的值为 0 或 1，因此 char('0' + i) 的值为字符 "0" 或 "1"。字符 + string 类型的对象的返回值还是 string 类型对象，完成了在原对象的前面添加一个字符的功能。

例 3.9 使用一个嵌套的 for 循环语句求数字 2~50 中每个数的因数。

分析

使用求余运算的结果，来判断因数。

程序

```cpp
//例 3.9：使用循环嵌套计算整数 2~50 的因数
#include <iostream>
using namespace std;
void main()
{
    for(int i=2; i<=50; i++)                    //外层循环开始
```

```
{   cout<<i<<" 的因素包括: ";
        for (int j=2; j<i; j++)                    //内层循环开始
        {     if(i%j==0)                           //能够整除, j 是 i 的因数
                cout<<j<< " ";
        }                                          //内层循环结束
        cout<<endl;
    }                                              //外层循环结束
}
```

在这个程序中，外层循环 i 从 2 增加到 50，内层循环测试从 2 到 i 的所有数字，并显示出能被 i 整除的所有数字。

例 3.10　编写程序，显示下列菱形图案。菱形的行数可由键盘输入，对于不同的行数，菱形大小不同。

分析

这是一个二维图形，每一个位置上的信息是行号、列号、字符，其中行号和列号控制显示位置，字符是要显示的内容。处理二维的问题用两层循环实现比较直观。由于图形是由"*"构成的，需用循环重复显示"*"。用外层循环控制行，用内层循环控制每一行中每一个位置(列)。外层循环比较简单，循环控制变量取值是从第一行到最后一行。内层循环要根据图形的变化分别确定输出空格和"*"号的循环次数。

```
        *
       ***
      *****
     *******
    *********
     *******
      *****
       ***
        *
```

程序

```
//例 3.10: 显示菱形图案
#include <iostream>
using namespace std;
void main()
{   int row;                        //菱形行数
    cout<<"input rows(odd):";
    cin>>row;
    int i,j,n;
    n=row/2+1;
    for(i=1;i<=n;i++)               //输出前 n 行图案
    {     for(j=1; j<=n-i ;j++)     //每行输出 n-i 个空格
                cout<<' ';
          for(j=1; j<=2*i-1 ;j++)   //每行输出 2*i-1 个"*"字符
                cout<<'*';
          cout<<endl;
    }
    for(i=1;i<=n-1;i++)             //输出后 row-n 行图案
    {     for(j=1; j<=i ;j++)       //每行输出 i 个空格
                cout<<' ';
```

```
                for(j=1; j<=row-2*i ;j++)        //输出 row-2*i 个"*"字符
                        cout<<'*';
                cout<<endl;
            }
        }
```

例 3.11 编写程序，计算方程 $ax^2 + bx + c = 0$ 的解。

分析

根据方程的系数取值，存在下面几种情况：

- $a = 0$，不是二次方程。
- $b^2 - 4ac = 0$，有两个相等的实根。
- $b^2 - 4ac > 0$，有两个不等的实根。
- $b^2 - 4ac < 0$，有两个共轭复根。

所以，程序中将使用选择结构分别实现各种情况。

初始编程的伪代码如下：

```
    开始
    定义变量 a,b,c,disk,x₁,x₂
    输入方程系数 a,b,c
    if a==0
        输出不是二次方程
    else
        计算二次方程的根
    结束
```

进一步细化其中"计算二次方程的根"部分，则伪代码为

```
    开始
    定义变量 a,b,c,disk,x₁,x₂
    输入方程系数 a,b,c
    if a==0
        输出不是二次方程
    else
```

计算 $disk = b^2 - 4ac$

if disk==0

x1=x2=-b/(2a)

输出 x_1, x_2

else if disk>0

$$x_1 = \frac{-b + \sqrt{disk}}{2a} , \quad x_2 = \frac{-b - \sqrt{disk}}{2a}$$

输出 x1,x2

else

$$x_1 = -\frac{b}{2a} + \frac{\sqrt{-disk}}{2a}i, \quad x_2 = -\frac{b}{2a} - \frac{\sqrt{-disk}}{2a}i$$

　　　　输出 x1,x2

　　结束

程序

```
//例 3.11：计算方程 ax²+bx+c=0 的解
#include <iostream>
#include <cmath>
using namespace std;
void main()
{    float a,b,c,disc,x1,x2,realpart,imagpart;
     cout<<"input a,b,c:";
     cin>>a>>b>>c;
     cout<<"The equation"<<endl;
     if(fabs(a)<=1e-6)
          cout<<"is not quadratic"<<endl;
     else
     {    disc=b*b-4*a*c;
          if(fabs(disc)<=1e-6)
          {    x1=-b/(2*a);
                    cout<<"has two equal roos:"<<x1<<endl;
          }
          else if (disc>1e-6)
          {    x1=(-b+sqrt(disc))/(2*a);
                    x2=(-b-sqrt(disc))/(2*a);
                    cout<<"has distinct real roots:"<<x1<<","<<x2<<endl;
          }
          else
          {    realpart=-b/(2*a);
               imagpart=sqrt(-disc)/(2*a);
               cout<<"has complex roots:"<<endl;
               cout<<realpart<<"+"<<imagpart<<"i"<<endl;
               cout<<realpart<<"-"<<imagpart<<"i"<<endl;
          }
     }
}
```

　　实际编程中，可以从分析问题开始，用伪代码记录分析结果，随着问题分析的不断深入，伪代码被进一步细化，最后它能较详细地表示出解决问题的算法，便可基于伪代码编写程序代码。当然，还可以采用流程图等其他工具辅助设计程序，记录流程。

例 3.12　口袋中有红、黄、蓝、白、黑 5 种颜色的球若干个。每次从口袋中取出 3 个不同颜色的球，问有多少种取法。

分析

球只能是 5 种颜色之一。设取出的球为 i、j、k，根据题意，i、j、k 分别可以有 5 种取值，且 i≠j≠k。采用穷举法，逐个检验每一种可能的组合，从中找出符合要求的组合并输出。

伪代码如下：

```
开始
定义五种颜色常量 red(0),yellow(1),blue(2),white(3),black(4);
定义变量 print;
定义变量 n,loop,i,j,k;
初始化 n(0)
for 循环，第一个球的颜色 i 从 red 到 black
{ for 循环，第二个球的颜色 j 从 red 到 black
    { for 循环，第三个球的颜色 k 从 red 到 black
        { if 代表三个球颜色的 i,j,k 的值不同，得到一种可行的取法
            {    n++;
                for 循环，分别输出三个球的颜色，共执行三次
                { 用 switch 语句将 i,j,k 的值分别赋给打印变量 print
                    用 switch 语句，根据 print 的值，打印不同的颜色名称
                }
            }
        }
    }
}
结束
```

程序

```cpp
//例 3.12 模拟取球过程，找出 3 个球颜色不同的可能取法的数目
#include <iostream>
using namespace std;
void main()
{    const int red(0),yellow(1),blue(2),white(3),black(4);    //5 种颜色
     short   print;                                           //打印球的颜色
     short   n, loop, i, j, k;
     n=0;
     for(i=red;i<=black;i++)
     {for(j=red;j<=black;j++)
         {if(i!=j)                                            //前两个球不同
             { for(k=red;k<=black;k++)
```

```
        {if((k!=i)&&(k!=j))                  //第三个球不同于前两个
                {n=n+1;
            cout.width(4);
            cout<<n;
            for(loop=1;loop<=3;loop++)
                {switch(loop)//没有这步，下面字符串输出要写3遍
                        {case 1:
                                print=i;      break;
                        case 2:
                                print=j;break;
                        case 3:
                                print=k;   break;
                        default:         break;
                        }
                    switch(print)
                        { case   red:
                            cout<<"     red"; break;
                        case   yellow:
                            cout<<"     yellow"; break;
                        case blue:
                            cout<<"     blue"; break;
                        case white:
                            cout<<"     white"; break;
                        case black:
                            cout<<"     black"; break;
                        default: break;
                        }
                    }//for 循环结束
                cout<<endl;
                }
            }
        }
    }
    cout<<"total:"<<n<<endl;
}
```

这是一个比较经典的例子，程序也写得比较精彩。本应该定义枚举类型表示颜色，但读者到此还未接触此类型，故改用常量表示颜色。另外，程序中如果没有 switch(loop) 语句部分，则后面处理打印输出的 switch(print) 将连续写 3 遍，程序结构将不够精练。

例 3.13　用公式

$$\frac{\pi}{4} \approx 1 - \frac{1}{3} + \frac{1}{5} - \frac{1}{7} + \cdots$$

求 π 的近似值，直到最后一项的绝对值不大于 10^{-6} 为止。

分析

题目要求 π 值，给出的是 π/4 的求和公式，所以可以先由求和式计算出 π/4 值，再计算出 π 值。

观察计算 π/4 的求和算式，选择循环结构实现。求和式的第 1 项是 1，第 2 项是 $-1/3$，…，第 n 项是 $(-1)^{n-1}/(2n-1)$。第 n 项与第 $n-1$ 项的关系为符号相反，分母加 2，所以可以定义两个变量，分别表示各项的分母和符号，并在每次循环中修改这两个变量(分母变量加 2，符号项取反)。

程序使用 double 类型表示 π。因为 float 型的有效位数是 6 位，而题目中最小项的精度要求达到有效位数 8 位。

程序

```
//例 3.13：计算 π 值
#include <iostream >
#include <iomanip >
#include <cmath >
using namespace std;
void main()
{
        double sum=0, faction=1;
        int    denominator=1;
        int    sign=1;
        //计算 π/4 值
        while(fabs(faction)>1e-6){                    //项值在比较前要先求绝对值
            sum += faction;
            denominator += 2;
            sign *= -1;
            faction = sign/double(denominator);       //强制转换得到浮点数值
        }
        //π值
        sum *= 4;
        cout <<"the pi is "<<setiosflags(ios::fixed) <<setprecision(8) <<sum <<endl; //输出
}
```

程序运行结果：

```
the pi is 3.14159065
```

此程序循环次数事先不易确定，故选 while 循环实现比较合适。程序中使用输出格式控制函数使输出的 π 值有效的小数位数是 8 位。

程序中使用了计算浮点数绝对值的库函数 fabs()，此函数输入参数是浮点数，返回对应浮点数的绝对值。

3.3　实 践 题 目

编写程序，读取当前目录下的文件 data.txt 中的内容，统计单词 this 出现的次数。

第4章
数组和自定义数据类型

4.1 《C++ 语言程序设计》习题及答案

4.1 一个数组是否可存放几个不同类型的数据？

答案：不可以。

难度：1

4.2 C++ 如何区分一个数组中的不同元素？

答案：用不同的下标区分同一个数组的不同元素。

难度：1

4.3 何种情况下使用一个数组前，需要先初始化？为什么？

答案：当在循环中需要立即用数组的元素进行计算时，数组要先初始化；对于自动局部数组，如果未初始化，而且其各个元素的值是随机的，则不能立即用于计算。

难度：2

4.4 下面的定义语句，weights[5]的值为多少？

int weights[10]＝{5，2，4}；

答案：0

难度：1

4.5 下列数组初始化正确的是(   )。

A．char str[]={'a', 'b', 'c', '\0'};

B．char str[2]={'a', 'b', 'c'};

C．char str[2][3]={{'a' , 'b'}, {'e', 'd'}, {'e', 'f'}};

D．char str[3]={"abc"};

答案：A

难度：2

4.6 如何定义一个名为 table 的 5 行 6 列整型二维表格？

答案：int table[5][6];

难度：1

4.7 数组 unsigned short int a[3][6]一共有几个元素？在 32 位处理器环境下，该数组共占用多少字节内存？

答案：该数组共有 18 个元素，在 32 位处理器环境下，该数组共占 18*2=36 个字节。

难度：2

4.8　如何定义一个名为 cube 的有 4 个 10 行 20 列的字符数据的三维数组？

答案：char cube[4][10][20];

难度：1

4.9　考虑如下语句：

int weights[5][10];

哪个下标代表行数，哪个下标代表列数？

答案：5 代表行数，10 代表列数。

难度：1

4.10　考虑下面这个称为 table 的整型表格：

4	1	3	5	9
10	2	12	1	6
25	42	2	91	8

下列元素所包含的数值是什么？

(1) A．table [2][2]；(2) B．table [0][1]；(3) C．table [2][3]；(4) D．table [2][4]。

答案：(1) table [2][2]=2；(2) table [0][1]=1；(3) table [2][3]=91；(4) table [2][4]=8。

难度：2

4.11　如何将数组 a[10]的值赋值给数组 b[10]，可否直接写作 b = a? 为什么？应如何实现？

答案：不能写 b = a，因为 C++语言中数组名表示数组的起始地址，为地址常量，所以不能用一个常量给另一个常量赋值。

有以下两种实现方式：

(1) 调用库函数：memcpy(b, a, sizeof(b));

(2) 使用循环结构：

```
for(int k=0; k<10; k++)
{    b[k] = a[k];
}
```

难度：3

4.12　编程：将 1～100 的自然数存到一个有 100 个元素的整型数组中(数组的下标为 0～99)，并将数据按二进制流方式存到磁盘文件 test.dat。

答案：

```
#include <fstream>
using namespace std;


void main()
{
```

```
        int ar[100];
        int k;
        for (k=0; k<100; k++)
        {
                ar[k]= k+1;
        }
        ofstream ofile("test.dat", ios::binary);
        ofile.write((char*)ar,sizeof(ar));
        ofile.close();
    }
```
难度：4

4.13　编程：读取上题存储的文件 test.dat，读出的数据用数组 data[100]存储，并显示到屏幕上。

答案：

```
    #include <fstream>
    #include <iostream>
    using namespace std;

    void main()
    {
        int data[100];
        int k;
        ifstream ifile("test.dat", ios::binary);
        ifile.read((char*)data,sizeof(data));
        ifile.close();
        for (k=0; k<100; k++)
        {
                if (k%10==0)
                {
                        cout<<endl;
                }
                cout<<data[k]<<", ";
        }
        cout<<endl;
    }
```
难度：4

4.14　编程：一个小店主可用此程序记录顾客的一些信息。为每个顾客分配一个顾客号(从 0 开始)，定义一个数组用来记录每天每位顾客的购买额，数组下标正好与顾客号相对应。接待完当天最后一位顾客后，输出每位顾客的顾客号与购买额、总的购买额及每位顾客的平均购买额。

答案：

```
#define NUM 20                    //假设有 20 位顾客
void main()
{
    int num[NUM];
    total = 0;                    //总购买额
    for(int i = 0; i<NUM; i++)
    {
        cout<<"Please enter the customer cost…. ";
        cin>>num[i];
        total += num[i];
    }
    cout<<"Total cost is "<<total<<"\n";
    cout<<"Average cost is "<<total/NUM<<"\n";
}
```

难度：3

4.15　结构与数组的区别是什么？什么是结构数组？

答案：数组是具有同样类型的值的集合，而组成结构的各个值可以具有不同的数据类型，而每个值都具有独立的名字。

用结构类型定义的数组就叫结构数组。

难度：2

4.16　结构与联合的区别是什么？

答案：联合类型和结构类型的变量虽然都有不同类型的成员，但联合类型的变量系统仅按占空间最大的成员分配空间，几个成员共用同一块内存空间，即在某一时刻只能存放其中一种，而不是几种；而结构类型的变量，系统将为其分配所有成员占用空间的总和大小的空间，即各成员同时存在；所以联合类型变量不能用作函数参数或返回值，而结构类型变量都可。

难度：2

4.17　下面枚举类型中，BLUE 的值是多少？

enum　color{WHITE,BLACK=100, RED, BLUE, GREEN=300};

答案：BLUE = 102

难度：1

4.18　编程：考虑以下结构声明：

```
struct item{
        char    part_no[8];
        char    desc[20];
        float    price;
        int    stockID;
}inventory[100];
```

编写语句实现下述操作。

(1) 将数组的第 33 个元素的成员 price 赋值为 12.33。

(2) 将数组的第 12 个元素的第一成员赋值为 "X"。

(3) 将第 63 个元素赋值给第 97 个元素。

答案：

(1)　inventory[32].price = 12.33f;

(2)　strcpy(inventory[11].part_no, "X");

(3)　strcpy(inventory[96].part_no, inventory[62].part_no);

　　strcpy(inventory[96].desc,　inventory[62].desc);

　　invenroty[97].price = inventory[62].price;

　　invenroty[97].stockID = inventory[62].stockID;

难度：3

4.19　编程：编写一个记录 30 个学生的姓名、性别、年龄和学号的程序，要求使用结构数组表示学生信息，用 for 循环获得键盘输入数据，数据输入完毕后在屏幕上输出，并存成磁盘文件(TXT 类型)。

答案：

```cpp
//记录 30 个学生的信息并存磁盘文件
#include "iostream"
#include "iomanip"
#include "fstream"
using namespace std;
struct Student
{
        char name[20];
        char sex;
        int age;
        int num;
};

void main()
{
    ofstream iFile("student.txt");
    Student    stu[30];
    cout<<"Please input the student's name, sex(M or F), age and student's number:"<<endl;
    iFile << "name" << '\t' << "sex" << '\t' << "age" << '\t' << "number" << endl;
    for(int i = 0; i < 30; i++)
    {
       cout << "No. " << i + 1 << endl;
       cin >> stu[i].name >> stu[i].sex >> stu[i].age >> stu[i].num;
```

```
            iFile << stu[i].name << '\t' << stu[i].sex << '\t' << stu[i].age<<'\t' << stu[i].num<<endl;}
            iFile.close();
            cout << "Entering complete! You entered:" << endl;
            cout << "name" << '\t' << "sex" << '\t' << "age" << '\t' << "number" << endl;
            for(int i = 0; i < 3; i++)
            {
             cout << stu[i].name << '\t' << stu[i].sex << '\t' << stu[i].age << '\t' << stu[i].num << endl;
            }
        }
```

难度：4

解析：

(1) 需要进行文件读写操作，所以代码中需要加入 fstream 头文件。

(2) 结构体定义中姓名和性别使用 char(char*)类型存储，年龄和学号使用整型数据类型表示。

(3) 在输出时需要注意数据格式。

4.20　阅读下面的源程序，说明它实现什么功能。

源程序：

```
#include <iostream>
#include <ctime>
using namespace std;
enum colorball{redball, yellowball, blueball, whiteball, blackball};
void main()
{
        srand( (unsigned)time( NULL ) );
        int count=0;
        for(int i=0; i<100; i++)
        {
                if (rand()*5/RAND_MAX == redball)
                        count++;
        }
        cout<<count<<"%"<<endl;
}
```

答案：程序通过 100 次实验得出从红、黄、蓝、白、黑五种球中随机抽取一颗红球的概率，以百分数显示。

难度：3

4.21　编程：记录 5 个班级的学习成绩，每个班级有 10 个学生。可用随机数产生器模拟成绩，按表格的行列格式在屏幕上显示数据。

答案：

```
#include <iostream>
```

```
#include <cstdlib>
#include <ctime>
#include <iomanip>
using namespace std;

int main()
{
    int score[5][10];
    srand((unsigned)time(NULL));

    for (int i=0; i<5; i++)
    {
        for (int j=0; j<10; j++)
        {
            score[i][j] = rand()%101;
            cout<<setw(5)<<score[i][j];
        }
        cout<<endl;
    }

    return 0;
}
```
难度：3

4.2　编程案例及参考例程

例 4.1 定义各种基本类型的数组并初始化，利用 debug 调试方式观察数组各元素得到的值、数组占用的空间、数组元素占用的空间。

程序

```
//例 4.1 数组的定义、初始化，查看数组的大小
#include <iostream>
using namespace std;
void main()
{    const int N = 5;
    char chArray[N];
    short int shArray[N] = {1,2,3,4,5};
    int iArray[N] = {10};
    float fArray[] = {3.1f, 4.1f, 5.0f};
```

```
        double dArray[N] = {3.14, 6.28};
        int k;
        for (k=0; k<N; k++)
        {    cout<<chArray[k]<<", ";
        }
        cout<<endl;
        for (k=0; k<N; k++)
        {    cout<<shArray[k]<<", ";
        }
        cout<<endl;
        for (k=0; k<N; k++)
        {    cout<<iArray[k]<<", ";
        }
        cout<<endl;
        for (k=0; k<3; k++)
        {    cout<<fArray[k]<<", ";
        }
        cout<<endl;
        for (k=0; k<N; k++)
        {    cout<<dArray[k]<<", ";
        }
        cout<<endl;
    }
```

运行结果

  ? ? ? ? ?

  1, 2, 3, 4, 5,

  10, 0, 0, 0, 0,

  3.1, 4.1, 5,

  3.14, 6.28, 0, 0, 0,

程序说明

(1) char 型数组 chArray 的每个元素占 1 字节空间，整个数组占 5 字节空间；该数组定义时未初始化元素，故各元素的值为随机值，如果要使用这些元素，需要重新给它们赋值。short int 型数组 shArray 在定义时给出了全部初始化值；每个元素都相当于一个 short int 型变量，故整个数组占用的空间大小为 2N。int 型数组 iArray 的每个元素相当于一个 int 型变量，整个数组占用内存空间为 N*sizeof(int)；由于初始化列表中只给出一个值，所以元素 iArray[0]为 10，其余元素值皆为 0。float 型数组 fArray 定义时省略了中括号内元素的个数，编译器将按给定的初始值的个数为该数组分配空间，即 3 个 float 型变量的连续空间；每个元素相当于一个 float 型变量，整个数组占用内存空间为 3*sizeof(float)。double 数组 dArray 的每个元素相当于一个 double 型变量，整个数组占用的内存空间为 N*sizeof (double)；定义时指定数组大小为 N，只给出 2 个初始值，其各元素的值依次为 3.14、6.28、0、0、0。

(2) 循环体中使用了"数组元素的访问"，只需要给数组名加下标即可指定相应的元素，使用时就如同在使用一个同类型的变量。

(3) 代码中定义了符号常量 N，用于说明数组的大小；使用符号常量说明数组的大小便于程序修改，如果想让数组的大小为 100，只需修改 N 的值即可，其他语句不需要修改。

例 4.2 编写一个评分统计程序。共有 8 个评委打分，统计时，去掉一个最高分和一个最低分，其余 6 个分数的平均值即为最后得分。程序最后应显示这个得分。

分析

如果不使用数组，将 8 个评委打分分别存储到 8 个变量中，然后从 8 个变量中寻找最低分和最高分，并存储到 min 和 max 变量中，这样剩余 6 个分数的总分即为 8 个变量的和值−min−max，平均值由此可以得到。

若使用数组进行编写，则只需要定义一个含有 8 个元素的数组，通过一次循环，将每个评委的打分存储到每个数组元素中。再通过一次循环，得到最低分和最高分对应的下标。下面将采用两种方法进行编程。

程序

不使用数组的程序：

```cpp
//例 4.2  评分统计程序
#include <iostream>
using namespace std;
void main()
{
        int a,b,c,d,e,f,g,h;
        int sum;
        cin>>a>>b>>c>>d>>e>>f>>g>>h;
        int max=a;
        int min=a;
        if(b>=max) max=b;
        if(c>=max) max=c;
        if(d>=max) max=d;
        if(e>=max) max=e;
        if(f>=max) max=f;
        if(g>=max) max=g;
        if(h>=max) max=h;
        if(b<=min) min=b;
        if(c<=min) min=c;
        if(d<=min) min=d;
        if(e<=min) min=e;
```

```
            if(f<=min) min=f;
            if(g<=min) min=g;
            if(h<=min) min=h;
            sum=a+b+c+d+e+f+g+h-max-min;
            cout<<sum/6<<endl;
        }
```

使用数组的程序：

```
        #include <iostream>
        using namespace std;
        void main()
        {
            int score[8], i;
            int sum=0;
            for (i=0;i<8;i++)
                {
                    cin>>score[i];
                    sum += score[i];
                }
            int maxId=0;
            int minId=0;
            for (i=1;i<8;i++)
            {
                if(score[i]> score[maxId] maxId=i;
                else if(score[i]< score[minId] minId=i;
            }
            sum -= score[maxId] + score[minId];
            cout<<sum/6<<endl;
        }
```

例 4.3　40 个学生用 1～10 的分数评价学生食堂的质量(1 表示很差，10 表示很好)，将 40 个分数放在整型数组中，并汇总调查结果。

分析

(1) 问题涉及两个集合：分数 score 和分数的分布 counts，可以用两个数组表示。

(2) 为定义数组方便，定义符号常量 cStuNum 和 cScoreNum 分别表示学生人数和分数个数。

程序

```
//例 4.3 汇总评分结果
#include<iostream>
#include<iomanip>
using namespace std;
```

```
void    main()
{       const int cStuNum=40;                //学生人数
        const int cScoreNum=11;              //分数个数
        int score[cStuNum] = {
            1, 2, 6, 4, 8, 5, 9, 7, 8, 10, 1, 6, 3 ,8, 6, 10, 3, 8, 2, 6,
            6, 5, 6, 8, 7, 7, 5, 5, 6, 7, 4, 6, 8,10, 3, 1, 2, 7, 9, 6}; //全部分数
        int counts[cScoreNum] = {0};         //分数统计计数器，初始化为 0
        int k;
        for (int k =0; k<cStuNum; k++)       //统计分数
        {   counts[ score [k]] ++;
        }
        cout<<"score"<<setw(10)<<"counts"<<endl;
        for(k=1; k<cScoreNum; k++)           //输出结果
        {   cout<<setw(6)<<k    <<setw(10)<<counts[k]<<endl;
        }
}
```

程序说明

如果定义整型变量 i，统计分数分布的语句为

```
counts[ score [k]] ++;
```

可以写成

```
i = score[k];
counts[i]++;
```

此形式可能更易于理解；但上面程序代码中的形式更紧凑些，在一些较复杂的数据统计算法中，经常会这样使用。

例 4.4 读下列程序及其执行结果，并解释输出结果。

```
#include <iostream>
using namespace std;
void main()
{   int   ia1[3];
    cout<<ia1<<endl;
    cout<<ia1+ 1<<endl;
    cout<<&ia1[0]+ 1<<endl;
    cout<<&ia1[0]+ 1*sizeof(int)<<endl;
    cout<<&ia1[1]<<endl<<endl;
    int   ia2[3][3];
    cout<<ia2<<endl;
    cout<<ia2+0*3 + 1<<endl;
    cout<<ia2[0]+0*3 + 1<<endl;
    cout<<&ia2[0][0]+(0*3 + 1)*sizeof(int)<<endl;
```

执行结果：
0012FF58
0012FF5C
0012FF5C
0012FF68
0012FF5C
0012FF2C
0012FF38
0012FF30
0012FF3C
0012FF3C
0012FF30
0012FF30
0012FEB8
0012FEDC
0012FEC4
0012FEBC
0012FEC8
0012FEBC
0012FEBC

```
        cout<<&ia2[0][0]+(0*3 + 1)*4<<endl;
        cout<<&ia2[0][0]+0*3 + 1<<endl;
        cout<<&ia2[0][1]<<endl<<endl;
        int   ia3[3][3][3];
        cout<<ia3<<endl;
        cout<<ia3+0*3*3+0*3 + 1<<endl;
        cout<<ia3[0]+0*3*3+0*3 + 1<<endl;
        cout<<ia3[0][0]+0*3*3+0*3 + 1<<endl;
        cout<<&ia3[0][0][0]+(0*3*3+0*3 + 1)*sizeof(int)<<endl;
        cout<<&ia3[0][0][0]+0*3*3+0*3 + 1<<endl;
        cout<<&ia3[0][0][1]<<endl<<endl;
    }
```

分析

输出结果可解释如下：

ia1 数组的地址

ia1[1]的地址

ia1[1]的地址

&ia1[0]+ 4 计算时要加 16

ia1[1]的地址

ia2 数组的地址

ia2 数组第 1 行的地址(共 2 行：第 0 行和第 1 行)

ia2[0]是一维数组地址，加 1 实际是加 4

ia2[0][0]地址加 4，实际要加 16

和上一个相同

加 1 实际是加 4

数组第 0 行第 1 列元素的地址

ia3 数组的地址

加 1 实际是加 36

ia3[0]是二维数组地址，加 1 实际要加 12

ia3[0][0]是一维数组地址，加 1 实际是加 4

&ia3[0][0][0]地址，加 4 就是加 16

加 1 就是加 4

数组第 0 页第 0 行第 1 列元素的地址

例 4.5 将正弦函数的一个周期 2π 分为 N 等份，定义数组分别存储自变量值和函数值，并显示数组元素的值。

分析

(1) 因为计算自变量 x 的正弦值要用到库函数 $\sin(x)$，所以代码要包含头文件 cmath。

(2) 将一个周期等分成 8 份，定义符号常量 $N = 8$。

(3) 存储一个周期内的自变量值用 double 型数组 $x[N]$，函数值用 double 型数组 $y[N]$。

程序

```
//例 4.5 用数组存储和显示正弦函数一周期内的值
#include<iostream>
#include <cmath>
#include <iomanip>
using namespace std;
void main()
{       const int N = 8;
        double x[N];                            //自变量值
        double y[N];                            //函数值
        const double PI2 = 3.14159 * 2;
        double delta = PI2 / N;
        cout<<setw(8)<<"弧度"<<setw(12)<<"sin(x)"<<endl;
        for (int k=0; k<N; k++)
        {       x[k] = k * delta;
                y[k] = sin(x[k]);
                cout<<setw(10)<<x[k]<<",   "<<y[k]<<endl;
        }
}
```

运行结果

```
    弧度        sin(x)
        0,    0
0.785397,    0.707106
1.57079,     1
2.35619,     0.707108
3.14159,     2.65359e-006            //相当于 0
3.92699,     −0.707104
4.71238,     −1
5.49778,     −0.70711
```

程序说明

(1) 因为数组的元素个数是一定的，所以访问数组元素多用 for 循环完成。

(2) 库函数 sin(x)的使用说明如下：

● 需要包含头文件 cmath。

● 函数功能：计算正弦函数值。

● 函数原型：double sin(double x)。

● 函数返回值：sin(x)返回 x 的正弦值；

● 形式参数：double 型的变量 x ($-2^{63}<x<2^{63}-1$)。

例 4.6　将一个周期(2π)等分为 16 份，定义数组存储正弦和余弦三角函数在一个周期内各离散点的函数值，按一定格式显示到屏幕上，并存储到磁盘文件 test.txt。

分析

(1) 计算自变量 x 的正弦和余弦值需要用到库函数 $\sin(x)$ 和 $\cos(x)$，所以代码需要包含头文件 cmath。

(2) 因为要使用文件读写库函数，所以包含头文件 fstream。

(3) 存储一个周期内的自变量值用 double 型数组 $x[16]$，函数值也用 double 型数组 $y\_sin[16]$ 和 $y\_cos[16]$ 来存储。

程序

```
//例 4.6 用数组存储正弦函数一周期内的值
#include <iostream>
#include <cmath>
#include <iomanip>
#include <fstream>
using namespace std;
void main()
{
        const int N = 16;
        double x[N]; //自变量值
        double y_sin[N], y_cos[N]; //函数值
        const double PI2 = 3.14159 * 2;
        double delta = PI2 / N;
        ofstream ofile("test.txt");
        for (int k = 0; k < N; k++)
        {
                x[k] = k * delta;
                y_sin[k] = sin(x[k]);
                y_cos[k] = cos(x[k]);
                cout<<setw(10)<<x[k]<<", "<<setw(10)<<setprecision(4)<<y_sin[k]<<", "
                        <<setw(10)<<setprecision(4)<<y_cos[k]<<endl;
                ofile<<setw(10)<<x[k]<<setw(15)<<setprecision(4)<<y_sin[k]
                        <<setw(15)<<setprecision(4)<<y_cos[k]<<endl;
        }
        ofile.close();
}
```

例 4.7　读取上题存储的文件 test.txt，定义数组存放读出的数据，并将数据显示到屏幕上。

分析

定义 ifstream 类的对象 ifile，通过该对象读入磁盘文件。

程序

```
//例 4.7 定义数组存放从文件读出的数据
#include <iostream>
#include <cmath>
#include <iomanip>
#include <fstream>
using namespace std;
void main()
{
        ifstream ifile("test.txt");
        const int N = 16;
        double x[N], y_sin[N], y_cos[N];
        for (int k = 0; k < N; k++)
        {
                ifile>>x[k]>>y_sin[k]>>y_cos[k];
                cout<<setw(10)<<x[k]<<", "<<setw(10)<<setprecision(4)<<y_sin[k]<<", "
                        <<setw(10)<<setprecision(4)<<y_cos[k]<<endl;
        }
        ifile.close();
}
```

程序说明

本题中，如果从文件中读出的数据直接显示，从节省内存的角度考虑，可以不定义数组，仅定义 3 个 double 类型的变量即可，读者有兴趣，不妨一试。

例 4.8   定义一个结构型变量(包括年、月、日)，并给该变量赋值，计算该日在本年中是第几天。(提示：注意闰年问题。)

程序

```
//例 4.8 计算一年的某一天是本年的第几天
#include <iostream>
using namespace std;
struct Date
{
        int year;
        int month;
        int day;
};
void main()
{
        Date    someday;
        //输入年、月、日
```

```
cout<<"input year,month,day:";
cin>>someday.year>>someday.month>>someday.day;
int monthDays[12]={31,28,31,30,31,30,31,31,30,31,30,31};//每个月的天数
bool leap;
int days = 0;
for(int i=1;i<someday.month;i++)      //本月之前的天数累积
{
        days+=monthDays[i-1];
}
days+=someday.day;               //本月已过的天数
if (someday.month>2)             //判断是否是闰年
{
leap=((someday.year % 4 == 0 && someday.year % 100 !=0) || (someday.year % 400 == 0));
        if (leap)    days=+1;
}

        cout<<days<<endl;
}
```

例 4.9　编写一个程序，模拟投两个骰子。程序用 rand 函数投第一个骰子，并再次利用 rand 函数投第二个骰子，然后计算两个值的和。说明：由于每个骰子显示 1 到 6 的整数值，因此两个骰子的和为 2 到 12，7 最常见，2 和 12 最不常见。下图显示了 36 种可能的两个骰子的和。程序将投两个骰子 36 000 次，用单下标数组估算每个和出现的次数，用表格形式打印结果并确定是否合理，即有 6 种方式投出 7，因此有 1/6 的可能投出 7。

	1	2	3	4	5	6
1	2	3	4	5	6	7
2	3	4	5	6	7	8
3	4	5	6	7	8	9
4	5	6	7	8	9	10
5	6	7	8	9	10	11
6	7	8	9	10	11	12

分析

(1) 使用 for 循环实现 36 000 次试验，用长度为 11 的整型数组 result_times 来统计实验结果。

(2) 使用库函数 rand()生成的随机数，模拟投骰子动作，需要包含头文件 stdlib.h。

(3) 另外需要使用 time()函数，所以需要包含头文件 ctime。

程序

```
//例 4.9  统计投两个骰子结果的分布
#include <iostream>
```

```
#include <iomanip>
#include <stdlib.h>
#include <ctime>
using namespace std;
int main()
{
        const int N = 11;
        const int Dice = 6;                // The possible points from a dice
        const int EXP_TIMES = 36000;// Experiment times
        int result_times[N] = {0};         // Accumulate the occur times of results,
                                           //the result ranges from 2 to 12
        int add_result;
        int i, j;
        srand((unsigned int) time(NULL));
        for (i = 0; i < EXP_TIMES; i++)
        {
                add_result = rand() % Dice + 1;
                add_result +=(rand() %Dice + 1);
                result_times[ add_result - 2 ]++;
        }
        cout<<"After 36000 times of experiments, the accumulated results are:\n";
        cout<<setw(10)<<"Points"<<setw(10)<<"Times"<<endl;
        for (i = 0; i < N; i++)
                cout<<setw(10)<<i + 2<<setw(10)<<result_times[i]<<endl;
        return 0;
}
```

运行结果

After 36 000 times of experiments, the accumulated results are:

Points	Times
2	876
3	1 998
4	3 081
5	4 017
6	5 034
7	5 897
8	4 941
9	4 054
10	3 056
11	2 016
12	1 030

结果表明：点数为 7 的次数在 6 000 次上下波动，证明了其出现的概率为 6 000/36 000，即 1/6。

程序说明

srand((unsigned int)time(NULL))语句，是给 rand()一个种子值，其中 time(NULL) 是取系统的当前时间值，为了每次调用 rand()函数时产生一系列不同的随机数。如果不加此句，则 rand()函数对于同一个程序每次运行生成的随机数都是一样的。

例 4.10　编写一个程序，运行 1000 次投骰子游戏，并回答下列问题：

(a) 第一次、第二次……第十二次和第十二次以后赢了几场？

(b) 第一次、第二次……第十二次和第十二次以后输了几场？

(c) 赢的机会有多少？（投骰子游戏是最公平的游戏之一，为什么？）

(d) 投骰子游戏的平均长度是多少？

(e) 游戏玩得越久，赢的机会是否越多？

（骰子游戏规则：游戏者投两枚骰子，每个骰子有 6 面，这些面包含 1、2、3、4、5、6 个点。投两枚骰子之后，计算点数之和。如果第一次投时的和为 7 或 11，则游戏者获胜。如果第一次投时的和为 2、3 或 12，则游戏者输，庄家赢。如果第一次投时的和为 4、5、6、8、9 或 10，则这个和成为游戏者的点数，并继续投骰子。如果投出游戏者的点数，则游戏者胜，但是如果在投出的点数之前投出了 7 这个点数，则游戏者输。）

分析

(1) 该程序与上例相似，都需要先生成两个 0～6 的随机数。

(2) 需要记录每次游戏投掷的次数以及输赢情况，最后统计。

程序

```
//例 4.10 统计投骰子游戏的输赢分布
#include <iostream>
#include <stdlib.h>
#include <ctime>
using namespace std;

int rollDice(void);                           // function prototype
int main()
{
    enum Status{CONTINUE, WON, LOST };        //可能的状态
    int sum, myPoint, N = 1000;
    float roll_times = 0.0;
    int win_num = 0, lose_num = 0;
    Status gameStatus;
    srand (time (NULL));
    for (int i = 0; i < N; i++)
    {
```

```
                sum = rollDice();                       // first roll of the dice
                roll_times++;
                switch (sum)
                {
                case 7:
                case 11:
                        gameStatus = WON;               // win on first roll
                        break;
                        case 2:
                case 3:
                case 12:
                        gameStatus = LOST;              // lose on first roll
                        break;
                default :
                        gameStatus = CONTINUE;          // remember point
                        myPoint = sum;
                        //cout<<"Point is "<<myPoint<<endl;
                        break;                          // optional
                }
                while (CONTINUE == gameStatus)           //keep rolling
                {
                        sum = rollDice();
                        roll_times++;
                        if (myPoint == sum)
                        {
                                gameStatus = WON;
                        }
                        else
                        {
                                if (sum == 7)
                                {
                                        gameStatus = LOST;
                                }
                        }
                }
                if (i < 12)
                {
                        cout<<"No. "<<i + 1<<"   ";
                        if (WON == gameStatus)
```

```
                    cout<<"Player wins"<<endl;
                else
                    cout<<"Player loses"<<endl;
            }
            if (WON == gameStatus)
                win_num++;
            else
                lose_num++;
        }
        roll_times /= N;
        cout<<"Win number: "<<win_num<<endl;
        cout<<"Lose number: "<<lose_num<<endl;
        cout<<"Average roll times is: "<<roll_times<<endl;
        return 0;
    }
    int rollDice(void)
    {
        int die1, die2, workSum;
        die1 = 1 + rand() % 6;
        die2 = 1 + rand() % 6;
        workSum = die1 + die2;
        //cout<<"Player rolled"<<die1<<" + "<<die2<<" = "<<workSum<<endl;
        return workSum;
    }
```

运行结果

```
No. 1    Player loses
No. 2    Player wins
No. 3    Player loses
No. 4    Player wins
No. 5    Player loses
No. 6    Player wins
No. 7    Player loses
No. 8    Player loses
No. 9    Player wins
No. 10   Player loses
No. 11   Player loses
No. 12   Player loses
Win number: 494
Lose number: 506
Average roll times is: 3.369
```

程序说明

结果证明，大量实验过后，骰子游戏的输赢概率几乎相同，因此这种骰子游戏较为公平。

例 4.11 (航空订票系统)小航空公司购买了一台用于航空订票系统的计算机，要求对新系统编程，对每个航班订座(每班 10 位)。程序显示下列菜单选项："please type 1 for "smoking""和"Please type 2 for "non-smoking" \n"。如果输入 1，则程序指定吸烟舱位(座位 1 到 5)；如果输入 2，则程序指定非吸烟舱位(座位 6 到 10)。程序应打印一个登机牌，表示座位号和是否为吸烟舱位。

用一个一维数组表示飞机的座位图。将数组的所有元素初始化为 0，表示所有的座位都是空的。订每个座位时，将数组相应元素设置为 1，表示座位已订。

当然，程序不能再订已订的座位。吸烟舱位已满时，应询问可否订非吸烟舱位；同样，非吸烟舱位已满时，应询问可否订吸烟舱位。如果同意，再响应订座，否则打印消息"Next flight leaves in 3 hours"。

分析

需要注意的是各种情况的完备考虑，不重不漏地分类。

程序

```
//例 4.11 简易航空订票系统
#include <iostream>
#include <ctype.h>
using namespace std;
int main()
{
    const int SEATS = 11;
    int nonSmoking = 1, smoking = 6;
    int plane[ SEATS ] = { 0 }, //数组从第 1 个元素开始为无烟座位，第 6 个开始为吸烟座位。
    int people = 0, choice;
    char response;
    while (people < 10)
    {
        cout << "\nPlease type 1 for \"smoking\"\n"
            << "Please type 2 for \"non-smoking\"\n";
        cin >> choice;
        if (choice == 1)
        {
            if (!plane[ smoking ] && smoking <= 10)
            {
                cout << "Your seat assignment is " << smoking << ' ';
                plane[ smoking++ ] = 1;
                ++people;
```

```
                    }
            else if (smoking > 10 && nonSmoking <= 5)
        {
                cout << "The smoking section is full.\n"
                    << "Would you like to sit in the non-smoking"
                    << " section (Y or N)? ";
                cin >> response;
                if (toupper(response) == 'Y')
                {
                        cout << "Your seat assignment is " << nonSmoking << ' ';
                        plane[ nonSmoking++ ] = 1;
                        ++people;
                }
                else
                        cout << "Next flight leaves in 3 hours.\n";
            }
        else
                cout << "Next flight leaves in 3 hours.\n";
    }
   else
   {
            if (!plane[ nonSmoking ] && nonSmoking <= 5)
        {
                cout << "Your seat assignment is " << nonSmoking << '\n';
                plane[ nonSmoking++ ] = 1;
                ++people;
        }
        else if (nonSmoking > 5 && smoking <= 10)
        {
                cout << "The non-smoking section is full.\n"
                    << "Would you like to sit in the smoking"
                    << " section (Y or N)? ";
                cin >> response;
                if (toupper(response) == 'Y')
                {
                        cout << "Your seat assignment is " << smoking << '\n';
                        plane[ smoking++ ] = 1;
                        ++people;
                }
```

```
                else
                        cout << "Next flight leaves in 3 hours.\n";
                }
            else
                cout << "Next flight leaves in 3 hours.\n";
            }
        }
    cout << "All seats for this flight are sold." << endl;
    return 0;
}
```

例 4.12　用双下标数组解决下列问题。公司有 4 个销售员(1～4)，销售 5 种产品(1～5)。每天每个销售人员要报告每种产品的销售量，报告中包含：

(a) 销售员号；

(b) 产品号；

(c) 当日总销售额。

这样，每个销售人员每天要送 0～5 份报告。假设上个月的这些信息都有，编写一个程序，读取上个月销售情况的信息，并按每个销售人员和每种产品进行汇总。所有汇总存放在双下标数组 sales 中。处理上个月的所有信息后，将结果打印成表格形式，每列表示一个销售员，每行表示一种产品。通过交叉求和求出上个月每个销售人员的总销售额和每种产品的总销售额。表格输出的右边小计行和下边小计列应打印这些信息。

分析

(1) 设计销售资料存储在一个 txt 文件中，其中包含日期、销售员号以及 5 种货品分别的销售记录。

(2) 设计存储销售记录的二维数组行列各多一行(列)，以存储货品小计和销售员小计。

程序

```cpp
//例 4.12 销售情况汇总
#include <iostream>
#include <fstream>
#include <iomanip>
using namespace std;
void main()
{
    const int Salesman = 4, Products = 5;
    int Sales[ Products + 1 ][ Salesman + 1 ] = { 0 };
    ifstream ifile("report.txt");
    int date, Salesman_num, sum = 0;
    int p1, p2, p3, p4, p5;
    int i, j;
```

```
        while (!ifile.eof())
        {
                ifile>>date>>Salesman_num>>p1>>p2>>p3 >>p4>>p5;
                Sales[ 0 ][ Salesman_num - 1 ] += p1;
                Sales[ 1 ][ Salesman_num - 1 ] += p2;
                Sales[ 2 ][ Salesman_num - 1 ] += p3;
                Sales[ 3 ][ Salesman_num - 1 ] += p4;
                Sales[ 4 ][ Salesman_num - 1 ] += p5;
        }
        cout<<"\t"<<"s1"<<"\t"<<"s2"<<"\t"<<"s3"<<"\t"<<"s4"<<"\t"<<"sum"<<endl;
        for (i = 0; i < Products; i++)
        {
                cout<<"p"<<i + 1;
                for (j = 0; j < Salesman; j++)
                {
                        cout<<"\t"<<Sales[ i ][ j ];
                        Sales[ i ][ Salesman ] += Sales[ i ][ j ];
                        Sales[ Products ][ j ] += Sales[ i ][ j ];
                }
                cout<<"\t"<<Sales[ i ][ Salesman ]<<endl;
        }
        cout<<"sum";
        for (j = 0; j < Salesman; j++)
        {
                cout<<"\t"<<Sales[ Products ][ j ];
                sum += Sales[ Products ][ j ];
        }
        cout<<"\t"<<sum<<endl;
    }
```

程序说明

此题需要注意的是交叉求和时内外层循环的顺序不要混乱，还有输出的格式问题。

例 4.13　(Eratosthenes 筛选法)质数是只能被 1 及其本身整除的数。Eratosthenes 筛选法是一种寻找质数的方法，这种方法如下所示：

① 生成一个数组，将所有的元素初始化为 1(真)。下标为质数的数组元素保持 1，所有其他数组元素最终设置为 0。

② 从数组下标 2 开始(下标 1 为质数)，每次找到数值为 1 的数组元素时，对数组余下部分循环，将下标为该下标倍数的元素设置为 0。对于数组下标 2，数组中下标为 2 的倍数的所有元素(除 2 本身，如 4，6，8，10 等)都设置为 0；对于数组下标 3，数组中下标为 3 的倍数的所有元素(除 3 本身，如 3，6，9，12，15 等)都设置为 0，依此

类推。

这个过程完成之后，如果数组元素还是 1，则下标为质数，这些下标可以打印出来。编写一个程序，用 1000 个元素的数组确定和打印 1～999 之间的质数，忽略数组中的元素 0。

分析

算法的核心思想是质数只能被 1 和它自身整除，而能够作为其他数的倍数的数一定不是质数，所以将以这个倍数为下标的数组元素置 0；程序中数组元素的值实质上是起标志位的作用。

程序

```cpp
//4.13 Eratosthenes 筛选法求质数
#include <iostream>
#include <iomanip>
using namespace std;
int main()
{
    const int SIZE = 1000;
    int array[ SIZE ], count = 0;
    for (int k = 0; k < SIZE; k++)
    {
        array[ k ] = 1;
    }
    for (int i = 2; i < SIZE; i++)
    {
        if (array[ i ] == 1)
        {
            for (int j = i; j <= SIZE; ++j)
            {
                if (j % i == 0 && j != i)
                    array[ j ] = 0;
            }
        }
    }
    cout << " prime number (1～999):"<<endl;
    for (int k = 2;   k< SIZE; k++)
    {
        if (array[ k ] == 1)
        {
            cout << setw(4) << k << ",";
            count++;
```

```
                    if (count%10 == 0)
                    {
                            cout<<endl;
                    }
                }
            }
        cout<<endl;
        cout << "A total of " << count << " prime numbers were found." << endl;
        return 0;
    }
```

运行结果

prime number (1～999):

```
  2,   3,   5,   7,  11,  13,  17,  19,  23,  29,
 31,  37,  41,  43,  47,  53,  59,  61,  67,  71,
 73,  79,  83,  89,  97, 101, 103, 107, 109, 113,
127, 131, 137, 139, 149, 151, 157, 163, 167, 173,
179, 181, 191, 193, 197, 199, 211, 223, 227, 229,
233, 239, 241, 251, 257, 263, 269, 271, 277, 281,
283, 293, 307, 311, 313, 317, 331, 337, 347, 349,
353, 359, 367, 373, 379, 383, 389, 397, 401, 409,
419, 421, 431, 433, 439, 443, 449, 457, 461, 463,
467, 479, 487, 491, 499, 503, 509, 521, 523, 541,
547, 557, 563, 569, 571, 577, 587, 593, 599, 601,
607, 613, 617, 619, 631, 641, 643, 647, 653, 659,
661, 673, 677, 683, 691, 701, 709, 719, 727, 733,
739, 743, 751, 757, 761, 769, 773, 787, 797, 809,
811, 821, 823, 827, 829, 839, 853, 857, 859, 863,
877, 881, 883, 887, 907, 911, 919, 929, 937, 941,
947, 953, 967, 971, 977, 983, 991, 997,
```

A total of 168 prime numbers were found.

例 4.14 给定二维数组，编程计算元素的均值和方差。

分析

(1) 定义二维数组 matrix，符号常量 M 和 N 分别表示数组的行数和列数。

(2) 二维数组的均值 $mean = \dfrac{1}{MN}\sum_{i=0}^{M-1}\sum_{j=0}^{N-1} matrix[i][j]$，方差 $var = \dfrac{1}{MN}\sum_{i=0}^{M-1}\sum_{j=0}^{N-1} (matrix[i][j] - mean)^2$。

程序

```
//例 4.14 计算一组数据的均值和方差
#include <iostream>
#include <ctime>
```

```cpp
#include <iomanip>
using namespace std;
void main()
{       const int ROWS=20;
        const int COLS=10;
        int matrix[ROWS][COLS]={0};
        int row,col;
        srand( (unsigned)time( NULL ) );
        for( row=0; row<ROWS; row++ )                    //生成数据
        {
                for( col=0; col<COLS; col++ )
                {
                        matrix[row][col] = rand() % 100;
                        cout<<setw(4)<<matrix[row][col]<<",";
                }
                cout<<endl;
        }
        //统计均值
        float mean(0), var(0);
        for( row=0; row<ROWS; row++ )
        {
                for( col=0; col<COLS; col++ )
                        mean += matrix[row][col];
        }
        int size = ROWS * COLS;
        if (size>0)
                mean /= size;
        else
                mean = 0;
        //统计方差
        for( row=0; row<ROWS; row++ )
        {
                for( col=0; col<COLS; col++ )
                        var += (matrix[row][col]-mean)*(matrix[row][col]-mean);
        }
        if (size>0)
                var /= size;
        else
                var = 0;
```

```
        //显示统计结果
        cout<<"mean="<<mean<<";  "<<"stdvar="<<var<<endl;
    }
```

程序说明

数据集合的均值和方差是信息处理中经常要用到的统计量，掌握其计算方法是非常有必要的。

4.3　实　践　题　目

统计当前目录下文本文件 data.txt 中各个单词出现的次数。

第 5 章
函数

5.1 《C++语言程序设计》习题及答案

5.1 C++中的函数是什么？什么叫主调函数？什么叫被调函数？二者之间有什么关系？如何调用一个函数？

答：函数是具有一定功能又经常使用的相对独立的代码段。

函数的使用是通过函数调用实现的，调用其他函数的函数称为主调函数，被其他函数调用的函数称为被调函数。二者之间是调用和被调用关系，但是一个函数很可能既调用别的函数又被另外的函数调用，这样它可能在某一个调用与被调用关系中充当主调函数，而在另一个调用与被调用关系中充当被调函数。

函数调用时需要指定被调函数的名字和调用函数所需的信息(参数)。

难度：2

5.2 函数原型中的参数名、函数定义中的参数名以及函数调用中的参数名必须一致吗？

答：不一定，只要参数个数、次序和类型一致即可。函数原型中可以不写参数名，函数定义和函数调用时，参数名也可以不同。

难度：1

5.3 函数由哪几部分构成？函数的接口指什么？一般函数体是由哪些基本结构构成的？

答：函数由接口和函数体构成。函数的接口包括函数名、函数类型和形式参数表。函数体用于实现算法，它包括变量声明和函数功能实现两类语句；从组成结构看，函数体是由程序的 3 种基本结构(顺序、选择、循环结构)根据函数功能组合而成的。

难度：1

5.4 函数调用时，参数传递方式有哪几种？不同方式下形式参数的形式分别是什么？用结构变量传递函数参数时，传递的是数值还是地址？

答：参数传递一般有值传递、地址传递两种方式。值传递时，实际参数的值传递给形式参数；地址传递时，将实际参数的地址传递给形式参数。用结构变量传递函数参数时，传递的是数值。

难度：3

5.5　什么情况下使用 return 语句？

答案：return 语句使程序的执行流程从被调函数返回主调函数，它有两种形式：

不返回值的形式为 return；

返回值的形式为 return 表达式。

难度：1

5.6　下列关于 C++函数的叙述中，正确的是(　　　)。

　　A．每个函数至少要具有一个参数　　　B．每个函数都必须返回一个值

　　C．函数在被调用之前必须先声明或定义　　D．函数不能自己调用自己

答案：C

难度：2

5.7　下列程序运行后的输出结果是什么？

```
#define   N   20                              void main( )
fun( int a[], int n, int m)                   {
{                                                 int i,a[N]={1,2,3,4,5,6,7,8,9,10};
    int i,j;                                      fun(a,2,9);
    for(i=m;i>=n;i--)                             for(i=0;i<5;i++)
        a[i+1]=a[i];                                  cout<<a[i];
}                                             }
```

答案：12334

难度：3

5.8　下列程序执行后的输出结果是什么？如何理解？

```
#include <iostream>
using namespace std;
void fun(int& x, int y) { int t = x; x = y; y = t; }
void main( )
{
    int a[2] = {23, 42};
    fun(a[1], a[0]);
    cout << a[0] << ", " << a[1] << endl;
}
```

答案：23, 23

难度：4

解析：

最开始 a[0]=23，a[1]=42，fun 函数的第一个参数以引用变量为形参，参数传递方式为地址传递，在函数 fun 中进行交换的结果保留在实参 a[1]中。

5.9　编写函数把华氏温度转换为摄氏温度，公式为 $C = (F - 32) \times 5/9$；在主程序中提示用户输入一个华氏温度，转化后输出相应的摄氏温度。

答案：

```
#include <iostream>
using namespace std;
float trans(float n);
void main()
    {
        float f;
        cout <<"请输入华氏温度:";
        cin >>f;
        cout <<"转换的摄氏温度是："<< trans(f) <<endl;
    }

    float trans(float n)
    {
        float c;
        c = (n-32)*5/9;
        return c;
    }
```

难度：3

5.10　什么函数叫做递归函数？递归函数的要素是什么？什么叫递归调用？

答案：函数中包含直接或间接自身语句的函数被称为递归函数。

递归函数的要素如下：

(1) 具有更简单参数的递归调用。

(2) 停止递归的终止条件(递归终止条件)。

函数可以直接或间接地调用自身，称为递归调用。

难度：2

5.11　用非递归的函数调用形式求 Fibonacci 数列第 n 项。Fibonacci 数列第 n 项计算式为

$$F(n) = \begin{cases} 1, & n=1 \\ 1, & n=2 \\ F(n-1)+F(n-2), & n>2 \end{cases}$$

答案：

```
#include <iostream>
using namespace std;
int    fibonacci (int n)
{
        int a=1, b=1, temp;
        if(n==1 || n==2)
                return 1;
```

```
    for(int i=3; i<=n; i++)

    {

    temp=a+b;

    a=b;

    b=temp;

    }

    return b;

}


void main()

{

    int n;

    cout <<"请输入一个正整数:\n";

    cin >>n;

    int f = fibonacci (n);

    cout <<"Fibonacci 数列第"<<n<<"项是："<<f <<endl;

}
```

难度：3

5.12　用递归的方法编写函数求 Fibonacci 数列第 *n* 项，并观察递归调用的过程。

答案：

```
#include <iostream>

using   namespace   std;

int fibonacci (int n)

{

    if (n > 2)   return (fibonacci (n-1) + fibonacci (n-2));

    else   return 1;

}


void main()

{

    int n;

    cout <<"请输入一个正整数:\n";

    cin >>n;

    int f = fibonacci (n);

    cout <<"Fibonacci 数列第"<<n<<"项是："<<f <<endl;

}
```

难度：3

5.13　什么叫内联函数？它有哪些特点？定义内联函数的关键字是什么？内联函数中不能包含什么语句？

答案：函数定义时在最前面加关键字 inline，把函数定义为内联函数，编译时将把函数体嵌入在每一个调用语句处。它有以下特点：

(1) 节省了函数调用时的时空开销。

(2) 一般把功能简单、规模较小而又频繁使用的函数定义为内联函数。

定义内联函数的关键字是 inline，内联函数中不能包含循环语句和 switch 语句。

难度：2

5.14　下列说法正确的是(　　)。

　　A．内联函数在运行时是将该函数的目标代码插入每个调用该函数的地方

　　B．内联函数在编译时是将该函数的目标代码插入每个调用该函数的地方

　　C．类的内联函数必须在类体内定义

　　D．类的内联函数必须在类体外通过加关键字 inline 定义

答案：B

难度：2

5.15　何谓重载函数？调用重载函数时通过什么来区分各同名函数？

答案：C++ 允许几个功能类似的函数同名，但这些同名函数的形式参数必须不同，称这些同名函数为重载函数。

通过参数的个数、类型和顺序不同区分不同的重载函数。

难度：2

5.16　对于带默认参数值的函数，如果只有部分形式参数有默认值，则带默认值的形式参数应该位于形式参数表的何处？为什么？

答案：带默认值的形式参数应该位于形式参数表的最右端，因为实参到形参的赋值次序是从左到右。

难度：1

5.17　什么叫作作用域？有几种类型的作用域？

答案：作用域是标识符在程序中起作用的范围。

C++ 作用域有：局部(块)作用域、函数作用域、函数原型作用域、文件作用域和类作用域。

难度：1

5.18　什么叫做可见性？可见性的一般规则是什么？

答案：标识符在其作用域内，能被访问到的位置称其为可见，不能被访问到的位置称其为不可见。可见性的一般规则：

对于两个嵌套的作用域，如果某个标识符在外层中声明，且在内层中没有同一标识符的声明，则该标识符在内层可见；如果在内层作用域内声明了与外层作用域中同名的标识符，则外层作用域的标识符在内层不可见。

难度：2

5.19　生存期与存储区域密切相关。试说明全局变量、静态变量、函数、自动变量(局部变量)存放在什么存储区，具有什么生存期。

答案：全局变量存放在全局数据区，具有静态生存期；静态变量存放在全局数据区，具有静态生存期；函数存放在代码区，具有静态生存期；自动变量(局部变量)存放

在栈区，具有局部生存期。

难度：3

5.20 什么叫外部存储类型？

答案：在多文件程序结构中，如果一个文件中的函数需要使用其他文件中定义的全局变量，可以用 extern 关键字声明所要用的全局变量。关键字 extern 提供了多文件程序结构中不同源文件共享数据的一个途径。

难度：2

5.21 以下程序运行后的输出结果是什么？

```
int fun(int   a)                    void main()
{  int b=0;                         {
   static   int c=3;                   int i,a=5;
   b++;                                for(i=0;i<3;i++)
   c++;                                   cout<<i<<" "<<fun(a)<<endl;
   return   (a+b+c);                   cout<<endl;
}                                   }
```

答案：0 1 0
　　　1 1 1
　　　2 1 2

难度：3

5.22 以下程序的执行结果是什么？

```
#include<iostream.h>                int f(int m)
#include<iomanip.h>                 {  static int n=1;
int f(int m);                          m/=2;
void main()                            m=m*2;
{   int a,i,j;                         if(m)
    for (i=0;i<2;i++)                  {  n*=m;
    {  a=f(4+i);                          return f(m-2);
       cout<<setw(5)<<a;               }
    }                                     else   return n;
}                                   }
```

答案：8 64

难度：4

5.23 C++ 程序使用头文件的意义是什么？如何将头文件嵌入源程序？

答案：头文件用于定义自定义类型、定义常量和声明函数原型。

用#include 预处理命令将头文件嵌入源程序。

难度：2

5.24 函数 sumarray()计算一个数组所有元素的和，其定义如下：

```
int   sumarray(int a[], int n)
{      int sum=0;
```

```
        for(int i=0; i<n; i++)
                sum+=a[i];
            return sum;
    }
```

有 int a[2][3]，若求数组 a 中所有元素的和，则对 sumarray()调用正确的为(　　)。

    A．sumarray (a, 6)　　　　　　　　B．sumarray (a[0], 6)

    C．sumarray (&a[0][0], 6)　　　　　D．sumarray (&a, 6)

    答案：B 和 C 都是正确的。

    难度：4

5.2　编程案例及参考例程

    例 5.1　编程：从键盘输入三角形的 3 个边长，计算三角形的面积。计算三角形面积的公式为

$$\Delta = \sqrt{s(s-a)(s-b)(s-c)}\, , \qquad s = \frac{1}{2}p = \frac{1}{2}(a+b+c)$$

式中，a、b 和 c 是三角形的边长。

    分析

    (1) 为保证程序运行结果正确，程序中需要检查输入参数的合理性，即 a、b 和 c 必须满足组成三角形三条边的条件：任意两边之和大于第三边；否则，需要重新输入边参数。

    (2) 求平方根，因为需要用数学库函数 sqrt，故应包含头文件 cmath。

    程序

```
//例 5.1 由三角形的 3 个边长求三角形面积
#include <iostream>
#include <math.h>
using namespace std;
int TriangleArea (int a, int b, int c);
void main()
{
    float a,b,c,s,area;
    do
    {
        cout<<"input a,b,c: ";
        cin>>a>>b>>c;
    }while(a+b<c || a+c<b || b+c<a)
    cout<<"area:"<< TriangleArea (a,b,c)<<endl;
}
```

```
int TriangleArea(int a, int b, int c)
{
        int s, area;
        s=(a+b+c)/2;
        area=sqrt(s*(s-a)*(s-b)*(s-c));
        return area;
}
```

程序说明

为保证程序的健壮性，对输入数据进行检查是编程时必须考虑的环节。

例 5.2　函数 floor 可以将一个值取整为特定小数位。下列语句：

$$y = floor(x*10+.5)/10;$$

将 x 取整为小数点后面第一位(十分位)。下列语句：

$$y = floor(x*100+.5)/100;$$

将 x 取整为小数点后面第二位(百分位)。

编写一个程序，定义 4 个函数，用不同方法取整 x。

(a)　roundToInteger(number)

(b)　roundToTenths(number)

(c)　roundToHundredths(number)

(d)　roundToThousandths(number)

对读取的每个值，程序应打印原值、该值取整为最接近的整数、该值取整为最接近的十分位、该值取整为最接近的百分位、该值取整为最接近的千分位。

分析

库函数 double floor(double x)返回的浮点数，表示小于等于 x 的最大的整数值。根据题目要求，可以将要处理的浮点数值进行四舍五入后，再调用 floor 函数处理。

程序

```
//例 5.2 用不同方法对实数取整
#include <iostream>
#include "math.h"
using namespace std;
double roundToInteger(double number)
{
        return (int)floor(number+0.5);
}
double roundToTenths(double number)
{
        return floor(number*10+0.5)/10;
}
double roundToHundredths(double number)
{
```

```
                return floor(number*100+0.5)/100;
        }
        double roundToThousandths(double number)
        {
                return floor(number*1000+0.5)/1000;
        }
        void main()
        {
                double num,num0,num1,num2,num3;
                cout<<"请输入要取近似值的数：";
                cin>>num;
                num0=roundToInteger(num);
                num1=roundToTenths(num);
                num2=roundToHundredths(num);
                num3=roundToThousandths(num);
                cout<<"该数是"<<num<<endl;
                cout<<"最接近的整数是"<<num0<<endl;
                cout<<"最接近的十分位数是"<<num1<<endl;
                cout<<"最接近的百分位数是"<<num2<<endl;
                cout<<"最接近的千分位数是"<<num3<<endl;
        }
```

运行结果

请输入要取近似值的数：3.1415926

该数是 3.14159

最接近的整数是 3

最接近的十分位数是 3.1

最接近的百分位数是 3.14

最接近的千分位数是 3.142

程序说明

(1) 库函数 floor 的接口形式为

double floor(double x);

返回值表示小于等于 x 的最大整数值的浮点形式。

(2) 编程中经常需要对浮点数进行四舍五入的运算，或者将浮点数取整后赋给整型变量，最常用的技巧是将浮点数加 0.5 后取整。

例 5.3　编写函数 integerPower(base,exponent)，返回下列代数式的值：

$$base^{exponent}$$

例如：integerPower(3, 4)=3*3*3*3。假设 exponent 为正的非 0 整数，base 为整数。函数 integerPower 用 for 或 while 控制计算，不要用任何数学库函数。

分析

定义函数 integerPower，该函数通过循环实现 $base^{exponent}$。

程序

```
//例 5.3 任意的幂函数
#include "iostream"
using namespace std;
int integerPower(int, int);
int main()
{
    int exp, base;
    cout<< "Enter base and exponent: ";
    cin>> base >> exp;
    cout<< base << " to the power " << exp << " is: "
        << integerPower(base, exp) <<endl;
    return 0;
}
int integerPower(int b, int e)
{
    int product = 1;
    for (int i = 1; i <= e; ++i)
        product *= b;
    return product;
}
```

程序说明

注意函数 integerPower 中的自动局部变量 product 必须初始化为 1。

例 5.4　编写函数 multiple，确定一对整数中第二个整数是否为第一个整数的倍数。函数取两个整数参数，如果第二个整数是第一个的倍数则返回 true，否则返回 false。在程序中输入一系列整数，并使用该函数。

分析

一个整数 a 是否是另一个整数 b 的倍数，只要用取余运算 $a\%b$ 即可，若其值为 0，则是倍数关系，否则不是倍数关系。

程序

```
//例 5.4 确定一对整数中第二个整数是否为第一个整数的倍数
#include "iostream"
using namespace std;
bool multiple(int d1, int d2)
{
    int r;
    if (d1==0)   return false;
```

```
            else    return (!(r = d2%d1));
        }
        void    main()
        {
            int d1, d2;
            cout<< "输入两个整数：";
            cin>> d1 >> d2;
            bool flag = multiple(d1,d2);
            if(flag)
                    cout<< d2<< "是" << d1 << "的倍数"<<endl;
            else
                    cout<< d2<< "不是" << d1 << "的倍数"<<endl;
        }
```

例 5.5 编写完成下列任务的程序段。

(a) 计算整数 a 除以整数 b 的商的整数部分。

(b) 计算整数 a 除以整数 b 的余数。

(c) 用(a)和(b)中的程序段编写一个程序，输入 1~32 767 之间的整数，打印成一系列数字，每一对数字之间用两个空格分开。例如，整数 4562 打印为

4   5   6   2

分析

(1) (a)和(b)中分别使用求商运算 a/b 和取余运算 $a\%b$。

(2) 整数可以拆分，例如 4562=1000*4+100*5+10*6+2，调用(a)和(b)的函数即可实现(c)的要求。

程序

```cpp
//例 5.5 拆分整数并打印
#include "iostream"
using namespace std;
inline int integer(int a, int b)
{
    return    a/b;
}
inline int residue(int a, int b)
{
    return a%b;
}
void main()
{
    const short idiv[4] = {10000, 1000, 100, 10};
    short number;
```

```
        short res, intg;
        cout<<"input number(1~32767, 0 for end.):";
        cin>>number;
        while (number !=0)
        {
                for (int k=0; k<4; k++)
                {
                        intg = integer(number, idiv[k]);
                        res = residue(number, idiv[k]);
                        if (intg < 10 && intg > 0)
                        {
                                cout<<intg<<"    ";
                                number = res;
                        }
                }
                cout<<res<<"    "<<endl;
                cout<<"input number(1~32767, 0 for end.):";
                cin>>number;
        }
}
```

程序说明

程序中对于求商和求余运算使用内联函数，是为了提高运算速度。另外，这两个函数中都没有对除数是否为 0 进行判断，仅仅是针对本题除数不可能为 0；对于一般情况，为避免异常情况发生，需要判断除数是否为 0。

例 5.6　编写一个猜数字游戏的程序，程序随机选择一个 1~1000 的数，然后输入：

I have a number between 1 and 1000.

Can you guess my number?

Please type your first guess.

然后游戏者输入第一个结果。程序响应如下：

1. Excellent! You guessed the number!

Would you like to play again (y or n)?

2. Too low．Try again.

3. Too high．Try again.

如果游戏者猜错，则程序进行循环，直到猜对。程序通过 Too high 或 Too low 消息帮助学生接近正确答案。

分析

程序定义 guessGame 函数完成游戏主要功能，采用随机数生成函数 rand 生成用于猜测的数字，定义函数 isCorrect 判断猜测情况。

程序

```cpp
//例 5.6 猜数字游戏
#include <iostream>
#include <cstdlib>
#include <ctime>
using namespace std;
void guessGame(void);
bool isCorrect(int, int);
int main()
{
    srand((unsigned int)time(0));
    guessGame();
    return 0;
}

void guessGame(void)
{
    int answer, guess;
    char response;
    do {
        answer = 1 + rand() % 1000;
        cout << "I have a number between 1 and 1000.\n"
            << "Can you guess my number?\nPlease type your first guess.\n ";
        cin >> guess;
        while (!isCorrect(guess, answer))
            cin >> guess;
        cout << "\nExcellent! You guessed the number!\n"
            << "Would you like to play again?\nPlease type (y/n)? ";
        cin >> response;
    } while (response == 'y');
}
bool isCorrect(int g, int a)
{
    if (g == a)
        return true;
    if (g < a)
        cout << "Too low. Try again.\n? ";
    else
        cout << "Too high. Try again.\n? ";
```

```
        return false;
    }
```

运行结果

> I have a number between 1 and 1000.
>
> Can you guess my number?
>
> Please type your first guess.   500
>
> Too low. Try again. ? 750
>
> Too low. Try again. ? 875
>
> Too high. Try again.? 812
>
> Too low. Try again. ? 844
>
> Too low. Try again. ? 859
>
> Too low. Try again. ? 867
>
> Too high. Try again. ? 863
>
> Excellent! You guessed the number!
>
> Would you like to play again?
>
> Please type (y/n)?

例 5.7　修改 5.6 的程序，计算游戏者已猜过的次数。如果次数值为 10 以下，则打印"Either you know the secret or you got lucky!"。如果 10 次猜中，则打印"Ahab! You know the secret!"。如果超过 10 次才猜中，则打印"You should be able to do better!"。为什么不应超过 10 次呢？高手怎么在最少的次数内猜中呢？为什么 1～1000 的数字能在 10 次之内猜中呢？

分析

在 5.6 的代码中增加记次数变量 times 记录猜测次数。

程序

```cpp
//例 5.7 记录猜数正确的次数
#include <iostream>
#include <cstdlib>
#include <ctime>
using namespace std;
void guessGame(void);
bool isCorrect(int, int);
int main()
{
    srand(time(0));
    guessGame();
    return 0;
}
void guessGame(void)
{
```

```cpp
        int answer, guess;
        char response;
        int times=0;
        do {
                answer = 1 + rand() % 1000;
                cout << "I have a number between 1 and 1000.\n";
                cout << "Can you guess my number?\nPlease type your first guess.\n ";
                cin >> guess;
                times++;
                while (!isCorrect(guess, answer))
                {
                        cin >> guess;
                        times++;
                }
                cout << "\nExcellent! You guessed the number!\n"<<endl;
                if(times<10)
                        cout<<"Either you know the secret or you got lucky!"<<endl;
                else if(times==10)
                        cout<<"Ahab! You know the secret!"<<endl;
                else
                        cout<<"You should be able to do better!"<<endl;
                cout<< "Would you like to play again?\nPlease type (y/n)? ";
                cin >> response;
        } while (response == 'y');
    }

    bool isCorrect(int g, int a)
    {
        if (g == a)
                return true;
        if (g < a)
                cout << "Too low. Try again.\n ";
        else
                cout << "Too high. Try again.\n ";
        return false;
    }
```

运行结果

I have a number between 1 and 1000.

Can you guess my number?

Please type your first guess.　500

Too low. Try again.　750

Too high. Try again.　625

Too high. Try again.　562

Too low. Try again.　591

Too low. Try again.　608

Too high. Try again.　600

Too low. Try again.　604

Too high. Try again.　602

Too high. Try again.　601

Excellent! You guessed the number!

Ahab! You know the secret!

Would you like to play again?

Please type (y/n)?

程序说明

本题在猜测数字时可以采用折半查找法，首先在 1 与 1000 中猜 500，若高了，则猜 1 与 500 的中点，即 250；反之，若 500 低了，则猜 500 与 1000 的中点，即 750。以此类推，直到猜对为止。折半查找的时间复杂度是 lbn，而 lb1000<10，所以一般不超过 10 次可以猜对。对折半查找法有兴趣的读者可以参阅《数据结构》相关书籍。

例 5.8　模拟投币的程序，每次结果应为正面或反面，输出 HEADS 或 TAILS。让程序投币 100 次，计算每面出现的次数并输出结果。程序应调用一个 Flip() 函数，该函数无参数，返回 0 表示正面，返回 1 表示反面。如果程序真实模拟投币，则每一面出现的次数应近似相等。

分析

为模拟投币，使用随机数产生函数 rand() 产生随机数，由于投币只能是正面和反面两个结果，因此将产生的随机数对 2 求余，所得结果即为投币的结果。

为说明多文件结构，将程序分成 3 个源文件实现。

程序

```cpp
//模拟投币程序  mainprog.cpp
#include<iostream>
#include <ctime>
#include"flip.h"
using namespace std;
void main()
{     cout<<"now let's begin:"<<endl;
      int k(1);
      int Hcounter(0),Tcounter(0);
      srand( (unsigned)time( NULL ) );
      while(k<=10)
```

```
        {    if(!Flip())
                {    cout<<"HEADS(k="<<k<<") ";
                Hcounter++;
                }
            else
                {    cout<<"TAILS(k="<<k<<") ";
                Tcounter++;
                }
            if(k%4==0)
                    cout<<endl;
            k++;
        }
        cout<<"total:"<<k-1<<endl;
        cout<<"HEADS:"<<Hcounter<<endl;
        cout<<"TAILS:"<<Tcounter<<endl;
}
//flip.h    头文件
int Flip();    //函数原型
//flip.cpp    模拟投币
#include <cstdlib>
#include"flip.h"
int Flip()
{
    return rand()%2;
}
```

运行结果

```
now let's begin:
HEADS(k=1) TAILS(k=2) TAILS(k=3) HEADS(k=4)
TAILS(k=5) TAILS(k=6) HEADS(k=7) HEADS(k=8)
TAILS(k=9) HEADS(k=10) total:10
HEADS:5
TAILS:5
```

程序说明

本例中，投币函数的原型声明放在头文件 flip.h 中，投币函数的定义放在文件 flip.cpp 中，主函数 main()放在文件 mainprog.cpp 中。为了能使编译器识别函数名 Flip，在调用 Flip()函数的 mainprog.cpp 中应该有#include "flip.h"指令。

在多文件结构程序中，函数的声明和函数定义、使用分别放在*.h 文件和*.cpp 文件中，使用时要在 cpp 文件的最开始使用 include 关键字将要用的头文件包含进来。在面向对象的程序设计中，这种多文件的结构经常见到。

例 5.9　投骰子游戏，游戏规则如下：

游戏者投两枚骰子，每个骰子有 6 面，这些面包含 1、2、3、4、5、6 个点。投两枚骰子之后，计算点数之和。如果第一次投时的和为 7 或 11，则游戏者获胜；如果第一次投时的和为 2、3 或 12，则游戏者输，庄家赢；如果第一次投时的和为 4、5、6、8、9 或 10，则这个和成为游戏者的点数。

要想赢，就要继续投骰子，直到赚到点数。如果投 7 次之后还没有赚到点数，则游戏者输。

分析

第一次扔骰子会有几种不同的结果，需要用 switch…case 语句。

程序

```cpp
//例 5.9 机会游戏
#include "iostream"
#include <cstdlib >
#include <ctime>
using namespace std;
int rollDice(void)
{
    int die1, die2, workSum;
    die1 = 1 + rand() % 6;
    die2 = 1 + rand() % 6;
    workSum = die1 + die2;
    cout << "Player rolled   " << die1 <<" + "<< die2 << " = " << workSum << endl;
    return workSum;
}

int main ()
{
    enum status{CONTINUE,WON,LOST};
    int sum, myPoint;
    status gameStatus;

    srand((unsigned int)time(NULL));
    sum = rollDice();                        // first roll of the dice

    switch (sum)
    {
    case 7:
    case 11:                                 // win on first roll
        gameStatus = WON;
        break;
```

```
            case 2:
            case 3:
            case 12:                            // lose on first roll
                    gameStatus = LOST;
                    break;
            default:                            // remember point
                    gameStatus = CONTINUE;
                    myPoint = sum;
                    cout << "point is "<< myPoint << endl;
                    break;                      // optional
            }
            int i=0;
            while (gameStatus == CONTINUE)
            {   // keep rolling
                    sum = rollDice();
                    if (sum == myPoint)         // win by making point
                    {
                            gameStatus = WON;
                            break;
                    }
                    else
                            i++;
                    if(i>=7)                    // 投了 7 次，依然没有赚到点数，失败
                    {
                            gameStatus = LOST;
                            break;
                    }
            }

            if (gameStatus == WON)
                    cout << "Player wins" << endl;
            else
                    cout << "Player loses" << endl;
            return 0;
    }
```

程序说明

游戏者首先要投两枚骰子，定义 rollDice 函数投骰子、计算并打印点数和。

这个游戏相当复杂。游戏者第一次投两枚骰子时可能输也可能赢，也可能投好几次才会定出输赢。变量 gameStatus 跟踪这个状态，将其声明为 Status 类型。语句：

    enum Status{ CONTIEUE，WON，LOST);

生成枚举类型，在上述枚举中，CONTINUE 指定为数值 0，WON 指定为数值 1，LOST 指定为数值 2。

用户自定义类型 Status 的变量只能赋予枚举中声明的 3 个值之一。游戏获胜时，gameStatus 设置为 WON；游戏失败时，gameStatus 设置为 LOST；否则 gameStatus 设置为 CONTINUE，可以再次投骰子。

第一次投骰子之后，如果游戏获胜，则跳过 while 结构体，因为 gameStatus 不等于 CONTINUE。程序进入 if/else 结构，在 gameStatus 等于 WON 时打印 "Player wins"，在 gameStatus 等于 LOST 时打印 "Player loses"。

第一次投骰子之后，如果游戏没有结束，则 sum 保存在 myPoint 中，由于 gameStatus 等于 CONTINUE，因此执行 while 结构中的程序。每次执行 while 结构中的程序时，调用 rollDice 产生新的 sum。如果 sum 符合 myPoint，则 gameStatus 设置为 WON，while 测试失败，if/else 结构打印 "Player wins"，终止执行。否则次数 i 自增 1，当 i>=7 时，则 gameStatus 设置为 LOST，while 测试失败，if/else 结构打印 "Player loses"，终止执行。

例 5.10　如果一个数的所有真因子(包括 1，但不包括这个数本身)之和正好等于这个数本身，则称此数为完数。例如：

$$6 = 1 \times 2 \times 3，而 1 + 2 + 3 = 6$$
$$28 = 1 \times 4 \times 7 = 1 \times 2 \times 14，而 1 + 2 + 4 + 7 + 14 = 28$$

如何确定完数？欧几里得发现，只要 $2^n - 1$ 是一个素数，则，$m = 2^{n-1}(2^n - 1)$ 一定是一个完数。编写程序找出最小的 5 个完数。

分析

寻找最小的 5 个完数可以使用 while 循环。根据完数的定义，选 n 的初值为 2，并在循环中逐渐增加 n，依次判断 $m = 2^n - 1$ 是否是素数。定义计算整数幂的函数 power() 计算 2 的幂，定义 DecidePrime() 判断 m 是否为素数。用 while 循环在主函数 main() 中实现寻找最小的 5 个完数功能。

程序

```
//例 5.10  求完数
#include <iostream>
#include<cmath>
using namespace std;
bool DecidePrime(unsigned int number);
unsigned int power(unsigned int x, unsigned int y);
void main()
{
    unsigned int perfect_number;
    unsigned int num,temp;
    short n(2);
    short counter(0);                //计数器
    while (counter<5)
```

```
            {
                    temp=power(2,n);
                    num=temp-1;
                    if(DecidePrime(num))
                    {
                            perfect_number=temp/2*num;
                            cout<<"n="<<n<<","<<"perfect number="<<perfect_number<<endl;
                            counter++;
                    }
                    n++;
            }
    }


//计算指数
unsigned int power(unsigned int x, unsigned int y)
{
    unsigned int mul(1);
    for(int i=1;i<=y;i++)
    {
            mul*=x;
    }
    return mul;
}


//判别素数
bool DecidePrime(unsigned int number)
{
    unsigned int    i, k;
    k=sqrt(number);
    for(i=2; i<=k; i++)                 //找 number 的因数
    {
            if(number%i==0)
                    break;
    }
    if(i>=k+1)                          //判断 number 是否被小于 number 的数整除
            return true;
    else
            return false;
}
```

程序说明

函数 power 中需要用循环计算 x 的 y 次幂 mul，由于变量 mul 是自动局部变量，且参与乘法运算，所以在进行循环之前，mul 一定要初始化为 1。

例 5.11 汉诺塔问题，如图 5-1 所示。传说远东地区有一座庙，僧人要把盘子 (64 个)从第一个柱(A)移到第三个柱(C)，这 64 个盘子从上至下逐渐增大。僧人移动盘子的规则是：每次只能移动一个盘子；柱子上任何时候都要保持大盘在下，小盘在上的放置方式；移动过程中，可以借助于第二个柱(B)，暂时放置盘子。据传说，僧人们完成这个任务时，世界的末日就来临了。19 世纪法国数学家鲁卡斯指出，完成这个任务，僧人们移动盘子的总次数为 $2^{64}-1$。假设一秒钟移动一个，每天 24 小时不停地移动，需要 5800 亿年。

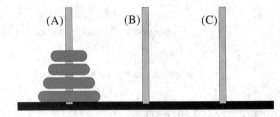
图 5-1　汉诺塔问题示意图

分析

这个问题适合用递归法解决，递归函数为 hanoi()。设 A 柱上需要移动的盘子的个数为 n，移动 n 个盘子可以利用递归法降阶为移动$(n-1)$个盘子，具体步骤如下：

步骤 1：如果 $n=1$，则盘子直接从 A 柱到 C 柱：A→C，执行步骤 3；否则执行步骤 2。

步骤 2：如果 $n>1$，则将盘子分成最大的 1 个和其他$(n-1)$个，先把$(n-1)$移到 B 柱上，再把最大的盘直接移到 C 柱上，然后把 B 柱上的$(n-1)$个盘移到 C 柱上。即

① 将 A 柱上$(n-1)$个盘子，借助 C 柱，由 A 柱移到 B 柱：hanoi$(n-1, A, C, B)$；

② 将最大的一个盘子由 A 柱移到 C 柱：move(A, C)；

③ 再将 B 柱上$(n-1)$个盘子借助 A 柱移到 C 柱上：hanoi$(n-1, B, A, C)$。

步骤 3：结束。

其中，函数 move()为直接移动盘子函数。

程序

```
//例 5.11 汉诺塔问题
#include"iostream"
using namespace std;
void move(char x,char z);
void hanoi(int n,char x,char y,char z);
void main()
{
    int num;
    cout<<"请输入盘子数：";
    cin>>num;
    cout<<"按\"汉诺塔\"的规则，把"<<num
        <<"个盘子从(A)柱搬到(C)柱的步骤是："<<endl;
    hanoi(num,'A','B','C');
```

```
        }
        void move(char x, char z)
        {
                static int i;
                i++;
                cout<<i<<" :   "<<x<<" →"<<z<<endl;
        }
        void hanoi(int n,char x,char y,char z)
        {
                if(n==1)
                        move(x,z);
                else {
                        hanoi(n-1,x,z,y);
                        move(x,z);
                        hanoi(n-1,y,x,z);
                }
        }
```

运行结果

请输入盘子数：3

按"汉诺塔"的规则，把 3 个盘子从(A)柱搬到(C)柱的步骤是

(1)：A→C

(2)：A→B

(3)：C→B

(4)：A→C

(5)：B→A

(6)：B→C

(7)：A→C

程序说明

(1) 程序中，函数 move()中定义的变量 i 是静态局部变量，其初值为 0，每次调用 move 函数之后，该静态变量的值一直保持到其所在的函数下一次被调用时，再次修改它的值。此处正是利用了静态局部变量的这一特点来记录移动盘子的次数的。

(2) 程序中递归函数 hanoi 的调用，实现了不断降低盘子数目的递推过程，直到达到递归终止条件(只需移动一个盘子的情况)。

例 5.12　设有一个含有 10 个整数的数组(34，91，83，56，29，93，56，12，88，72)，实现下列函数：

(1) 找出数组中最小数及其下标，并在主函数中显示最小数和下标。

(2) 找出数组中最小数、次小数及它们的下标，并在主函数中显示这些数据。

分析

(1) 寻找最小数需要在数组元素间比较，一般选择第一个元素值为最小数的初始值

进行比较。

(2) 在数组中寻找最小数及其下标，只需要确定最小数的下标即可。

(3) 由于这两个函数分别需要返回找到的最小数及其下标、最小数和次小数及其下标，所以采用引用变量做形式参数比较恰当。

程序

```cpp
//例 5.12 数组中最小数及次最小数
#include <iostream>
#include <iomanip>
using namespace std;
// To find the min number in the array
int min1 (int *a, int num)
{
    int mink = 0;
    for (int k = 1; k < num; k++)
    {
        mink = a[k] < a[mink] ? k : mink;
    }
    return mink;
}
// To find the most and second minimum number in the array
void min2 (int * a, int num , int &mink1, int &mink2)
{
    int mink1 = a[0]>=a[1] ? 0 : 1;
    int mink2 = mink1==0 ? 1: 0;
    for (int k = 2; k < num; k++)
    {
        if (a[k] < a[mink1])
        {
            mink2 = mink1;
            mink1 = k;
        }
        else if (a[k] < a[mink2])
        {
            mink2 = k;
        }
    }
}
void main()
{
```

```
const int N = 10;
int a[N] = { 34, 91 ,83 ,56 ,29 ,93 ,56 ,12 ,88 ,72 };
cout<<"The whole array is: "<<endl;
for (int i = 0; i < N; i++)
{
        cout<<setw(3)<<a[i];
}
int mink1 = min1(a, N);
cout<<endl<<"The minimum value of the array is: "<<a[mink]<<endl;
cout<<"It's index is: "<<mink +1<<endl;
int mink2;
min2(a, N ,mink1, mink2);
cout<<"The minimum value of the array is: "<<a[mink1]<<endl;
cout<<"It's index is: "<<mink1 +1<<endl;
cout<<"The second minimum value of the array is: "<<a[mink2]<<endl;
cout<<"It's index is: "<<mink2 +1<<endl;
}
```

程序说明

代码中采用直接赋值的方法对数组初始化，注意这种方法只能在数组定义的时候使用，不能二次用此方法赋值，字符数组也是如此。

一般情况下，在一个数组中寻找极值，都是以数组中的元素为极值的初始值，以便于和数组中其他元素进行比较。

例 5.13　公司员工的信息包括姓名、ID 号和薪水，定义结构表示员工信息。在主程序中定义数组存储多个员工的信息，函数 print()实现员工信息的输出显示，调用 print()函数将员工信息一一输出，用结构变量作为函数参数。

程序

```
//例 5.13 用结构变量作为函数参数
#include <iostream>
using namespace std;
struct Employee
{   char name[20];
    unsigned long id;
    float salary;
};
void Print(Employee e)
{   cout <<e.name <<"      "
        <<e.id <<"       "
        <<e.salary <<endl;
}
```

```
Employee allone[4]={{"zhang", 12345, 3390.0},
                    {"wang", 13916, 4490.0},
                    {"zhou", 27519, 3110.0},
                    {"chen",  12335, 5110.0}};
void main()
{   for(int i=0; i<4; i++)
    {    Print(allone[i]);
    }
}
```

运行结果

```
zhang        12345    3390
wang         13916    4490
zhou     27519    3110
chen     12335    5110
```

程序说明

(1) 用结构变量作为函数参数，其使用方法与基本类型变量作为形式参数相同，参数传递方式是值传递，系统在栈空间给形式参数 e 分配空间后，用实参的值初始化该形式参数结构变量。

(2) 一般结构变量占空间较大，参数传递时需要复制的结构成员较多，会消耗不必要的时间。一种比较好的替代方式是用引用变量作为形式参数，这时仅仅把结构变量的地址传递给形式参数，而不用把结构变量的成员值——复制，参见第 6 章的相关内容。

用结构变量作为函数参数，参数传递方式属于值传递，这时结构变量中所有成员的值都将被——复制给形式参数的成员。

例 5.14　用整型数组存储数据，编写冒泡排序函数 BubbleSort()，在主调函数中用随机数产生函数生成数组元素，并输出排序的结果。

分析

(1) 为编程方便，定义符号常量 N 表示数组的大小，定义整型数组 array 存储待排序数据集合。

(2) 冒泡排序函数 BubbleSort() 的形式参数是数组名及数组大小。

程序

```
//例 5.14 基于数组的冒泡排序函数调用
#include <iostream>
#include <ctime>
using namespace std;
void BubbleSort (int array[],int n);        //函数原型声明
void main()
{    const int N = 20;
     int array[N] = {0};
```

```
                srand((unsigned int)time(NULL));
                int k;
                cout<<"待排序数据:"<<endl;
                for(k=0; k<N; k++)                      //数据生成
                {    array[k] = rand()%100;
                        cout <<array[k] <<",";
                }
                BubbleSort (array, N);                  //调用排序函数
                cout <<endl<<"排序后数据:"<<endl;
                for(k=0; k<N; k++)                      //数据生成
                {    cout <<array[k] <<",";
                }
                cout<<endl;
        }
    //冒泡排序
    void BubbleSort (int a[],int n)
    {    int temp;
            for(int pass=1; pass<n; pass++)             //共比较 size-1 轮
            {
                    for(int k=0; k<n-pass; k++)         //比较一轮
                    {
                    if(a[k]>a[k+1])
                        {    temp=a[k];
                        a[k]=a[k+1];
                        a[k+1]=temp;
                        }
                    }
            }
    }
```

运行结果

待排序数据:

37,99,56,87,48,96,71,88,63,44,34,21,59,0,36,92,53,25,4,20

排序后数据:

0,4,20,21,25,34,36,37,44,48,53,56,59,63,71,87,88,92,96,99

程序说明

(1) 函数调用时工作栈及实参和形式参数占内存情况的示意图如图 5-2 所示。函数 BubbleSort()的形式参数有两个：a 和 n，第一个形式参数 a 是数组名，第二个形式参数 n 是普通变量作为形式参数。函数调用时，从实参 array 到形式参数 a 的参数传递方式是地址传递，系统没有为 a 分配空间，而是用 array 所表示的地址值初始化 a，于是 a

与 array 使用相同的存储空间；实参 N 到形式参数 n 的参数传递方式是值传递，系统在栈空间给形式参数 n 分配空间，并用 N 的值初始化 n。

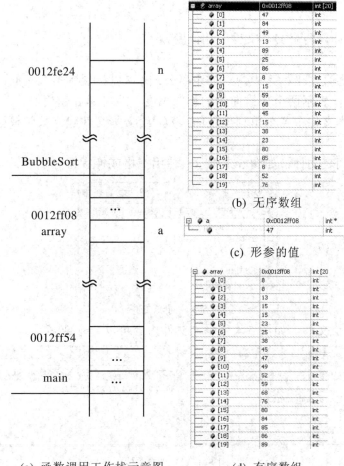

(a) 函数调用工作栈示意图　　　　(d) 有序数组

图 5-2　冒泡排序的参数传递及内存空间说明

(2) 函数 BubbleSort()执行期间，通过 a 访问待排序数组元素所在空间，进行数据的比较交换，使数据由无序变成有序。

(3) 函数 BubbleSort()执行结束回到主调函数的断点处，BubbleSort()在栈中的工作记录被弹出，但被排序的数组空间属于主调函数，被排序的结果就存储在此空间，则主调函数可以输出排好序的数组元素值。形式上，传给 BubbleSort()函数的数组在此函数中被排序后，回带到主函数 main()，即地址传递方式下，数据传输是双向的。

打个比方：某甲画了一个五角星，传给某乙，某乙照着画了一个(值传递)，又觉得还是涂上颜色更好，于是涂上了颜色，但是某甲的五角星并没有涂上颜色。这就是值传递的单向性。又一次，某甲又画了一个五角星，装在一个信封里，某乙拿到这个信封(地址传递)，把里面的五角星涂上了颜色，又放回信封里送给某甲，此时五角星已涂上颜色。这就是地址传递时数据传输的双向性。

5.3 实践题目

设计函数，计算两个文本文件的相似度。

提示：

(1) 计算平面直角坐标系中两点的距离公式，可以扩展到多维空间，计算两个多维向量之间的距离，表示两个多维向量的相似程度，距离越近越相似。

(2) 统计文本文件中各个单词出现的次数，给文本文件建立数学模型，把文本文件转换为多维向量。

(3) 首先有词表文件，如图 5-3 所示，使用空格或换行符分隔单词。

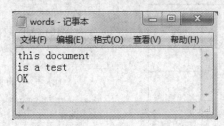

图 5-3　词表文件

待比较的两个文件，如图 5-4 所示，文件内容可以一行或多行。

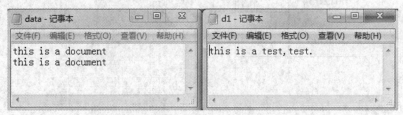

图 5-4　待比较文件

计算相似度的结果如图 5-5 所示。

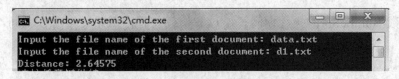

图 5-5　运行结果

第6章
指针和引用

6.1 《C++语言程序设计》习题及答案

6.1 你认为以下程序将显示什么结果？运行这个程序，观察并解释为什么出现这样的结果。

```
#include <iostream>using namespace std
void main()
{
    int va1=100;
    int *pva1=&va1;
    int *pva2;
    cout<<pva1<<"   "<<*pva1<<endl;
    cout<<pva2<<"   "<<*pva2<<endl;
}
```

答案：屏幕先显示指针 pva1 的值和指针所指向的整型数："0x0012FF7C 100"，然后出现错误信息："应用程序错误"0x004010a0"指令引用的"0xcccccccc"内存。该内存不能为"read"。"

原因：指针 pva2 没有初始化，其中的地址值 0xcccccccc 属于内存中不可以访问的区域，因此，出现运行错误。

难度：2

6.2 以下程序在 VC 环境下编译运行时，出现什么结果？

```
#include <iostream>using namespace std
void main()
{
    int vi=53;
    int* iPtr=&vi;

    float* fPtr=&vi;
    iPtr=fPtr;
```

```
cout <<vi <<endl
        <<"iPtr:" << iPtr <<"=>" <<*iPtr <<endl
        <<"fPtr:" << fPtr <<"=>" <<*fPtr <<endl <<endl;
}
```

答案：程序在编译时出现两个错误，分别在第 6 行和第 7 行。

第 6 行的错误信息是

"error C2440: 'initializing' : cannot convert from 'int *' to 'float *' Types pointed to are unrelated; conversion requires reinterpret_cast, C-style cast or function-style cast"

第 7 行的错误信息是

"error C2440: '=' : cannot convert from 'float *' to 'int *' Types pointed to are unrelated; conversion requires reinterpret_cast, C-style cast or function-style cast"

错误性质都是指针类型不一致时不能自动转换。

难度：2

解析：

不同类型的指针是不能互相赋值的。

6.3　从键盘输入 3 个整型数 va、vb、vc，通过一个指向整型的指针 iptr，输出 3 个数中的最大值。编写相应的程序。

答案：

```
#include <iostream>
using namespace std;
void main()
{
    int va,vb,vc;
    int* iptr;
    cin>>va>>vb>>vc;
    if(va>vb) iptr=&va;
        else iptr=&vb;
    if(vc>*iptr) iptr=&vc;
        cout<<"The largest number is "<<*iptr<<endl;
}
```

难度：2

6.4　以下程序中调用了 4 次 strcpy()函数，请问哪些调用在运行时会出现错误？为什么？

```
#include <iostream>using namespace std
#include <string.h>
void main()
{
    char *s1 = "String01";
    char *s2 = "String02";
```

```
char s3[ ]="String03";
char s4[ ]="String04";
strcpy( s1, s2 );
cout<<s1<<endl;
strcpy( s3, s4 );
cout<<s3<<endl;
strcpy( s3, s2 );
cout<<s3<<endl;
strcpy( s1, s4 );
cout<<s1<<endl;
}
```

答案：程序可以通过编译，没有编译错误。但是在运行时会出现运行错误：

"0x00409191 指令引用的 0x0042f040 内存。该内存不能为 written。"

错误是在调用函数 strcpy(s1, s2)时出现的。因为 s1 是用字符串常量来初始化的，不可以通过 copy 来改变常量的内容，也就是不可以 written。由于程序已经中止，另外一处运行错误就没有显示。实际上在调用函数 strcpy(s1, s4)也会看到类似错误，原因也是相同的。

难度：3

6.5　编写一个函数 get_average()获取整型数组元素的平均值。要求这个函数既可以用来求一维数组元素的平均值，也可以求二维数组元素的平均值。编程实现这个函数。在 main()函数中通过具体的一维数组 Array_1D 和二维数组 Array_2D 测试这个函数。

答案：

```
#include <iostream>
using namespace std;
float GetAverage(int *p, int n);
void main()
{
    int Array_2D[3][4]={10,20,30,40,50,60,70,80,90,100,110,120},(*pt)[4];
    int Array_1D[]={10,20,30,40,50};
    int j;
    float average;
    pt=Array_2D;
    j=sizeof (Array_2D)/sizeof (**Array_2D);    //**a 就是元素 a[0][0]
    average=GetAverage(*Array_2D,j);
    cout<<"数组 Array_2D 数据的平均值等于："<<average<<endl;
    j=sizeof(Array_1D)/sizeof(*Array_1D);
    average=GetAverage(Array_1D,j);
    cout<<"数组 Array_1D 数据的平均值等于："<<average<<endl;
```

```
        }
        float GetAverage(int *p, int n)
        {
            int sum;
            float average;
            sum=0;
            for(int i=0;i<n;i++)
              sum=sum+*(p+i);
            average=(float)sum/n;
            return average;
        }
```

难度：4

解析：

main 函数中的函数调用：

```
        average=GetAverage(*Array_2D,j);
```

其中的参数还可以有多种写法，如(*pt, 12)、(Array_2D[0], 12)、(&Array_2D[0][0], 12)

6.6　以下程序在使用指针时有没有问题？运行后是否有问题？

```
        #include <iostream>
        #include<string.h>
        using namespace std

        void main()
        {   char *pch;
            pch = new char;
            strcpy(pch,"Book");
            cout<<pch<<endl;
            delete pch;
        }
```

答案：程序在编译时没有错误，但是在运行时会出现错误。因为 pch 指向的堆空间只能存储一个字符，但是复制了 5 个字符，于是在 delete 语句要释放堆空间时出错。

难度：3

6.7　编制程序，调用指针作为参数的函数，实现下面两字符串变量的交换。

```
        char* ap="hello";
        char* bp="how are you";
```

交换的结果为：ap 指向"how are you"，bp 指向"hello"。

答案：

```
        #include <iostream>
        #include<cstring>
        using namespace std;
```

```
void swap(char* &rap,char* &rbp);
void main()
{
    char* ap="hello";
    char* bp="how are you";
    swap(ap,bp);
    cout<<ap<<endl;
    cout<<bp<<endl;
}
void swap(char* &rap,char* &rbp)
{
    char *temp;
    temp=rap;
    rap=rbp;
    rbp=temp;
}
```

难度：4

6.8　以下能正确进行字符串赋值的语句是(　　　)

A. char str[ ];　　str="good!";　　　　B. char str[5]="good!";

C. char *str;　　str="good!";　　　　D. char str[5];　　str={'g','o','o','d','!'};

答案：C

难度：2

6.9　编程实现字符数组的反序输出。数组的反序和数组的输出都要通过函数来实现，函数的实参包括数组名，形参包括指向字符的指针。主函数中定义一个数组，调用两个函数，完成数组的反序和数组的输出。

答案：

```
#include <iostream>
using namespace std;
void inv(char *x, int n);
void print(char *x,int n);
void main()
{
    int n;
    char array[] = "abcdefgh";
    n=sizeof(array)/sizeof(*array);
    cout<<"原始数组是:\n";
    print(array, n);
    inv(array, n-1);
    cout<<"按相反次序存放后的数组为:\n";
```

```
        print(array, n);
    }
    void inv(char *x, int n)
    {
        char *p, *i, *j;
        char t;
        int m = (n-1)/2;
        i = x;
        j = x + n - 1;
        p = x + m;
        for(; i<=p; i++, j--)
        {
            t = *i;
            *i = *j;
            *j = t;
        }
    }
    void print(char *x,int n)
    {
        for(int i=0; i<n-1; i++)
            cout<<x[i];
        cout<<"\n";
    }
```

难度：4

解析：

假定字符数组中存放的是字符串，在实现字符串反序时，不需要将字符串的结束标志\0 改变位置。也就是说，传递给进行反序操作的函数的参数中，数组的长度不需要计入\0。

6.10 设有 int *p, a=2, b=1; 则执行以下语句 p=&a; *p = a+b;后 a 的值为_____。

答案：3

难度：2

6.11 有下列程序，程序运行后的输出结果是(   )。

```
#include<iostream>
using namespace std;
void main() {
char *a[]={"abcd","ef","gh","ijk"};
for(int i=0;i<4;i++) cout<<*a[i];
}
```

A．aegi   B．dfgh   C．abcd   D．abcdedghijk

答案：A

难度：3

6.12 已知"int a[]={2,4,6,8,10},*p=a; "，则下列表达式的值能够正确表示数组元素地址的是( )。

A．*p++ B．&p[5] C．&(p+2) D．p+2

答案：D

难度：3

6.13 已知"int a[2][4]={1,2,3,4,5,6,7,8}; int *p=&a[0][0]; "，能够正确表示 a[1][2] 的表达式为( )。

A．p[2][2] B．*(*(p+2)+2) C．*(p+8) D．*(p+6)

答案：D

难度：4

6.14 若有以下定义：

```
struct person
{
    char name[20];
    int age ;
    char sex ;
};
struct person a={"li ning" ,20,'m' },*p=&a ;
```

则对字符串"li ning"的正确引用方式是( )。

A．*p.name B．p.name C．a->name D．p->name

答案：D

难度：2

6.15 定义一个字符数组和指针 char str[]="abcdefg", *sp1;，能显示出字符"d"的语句是( )。

A．sp1 = str; cout << sp1+3 <<endl;

B．sp1 = str; cout << *sp1 + 3 << endl;

C．sp1 = str; cout << *(sp1+3) << endl;

D．sp1 = &str; cout << *sp1 + 3 <<endl;

答案：D

难度：2

6.16 下列关于指针的描述，哪一个是错误的( )。

A．可以用数组名对指针进行初始化

B．可以定义空指针(void)

C．除空指针(void)指针外，其它指针之间不能相互转换

D．指针可以进行加减乘除运算

答案：D

难度：2

6.17   已知函数 f 的原型是"void f(int *X,int &y);",变量 vl 和 v2 的定义是"int vl,v2,",下列调用语句中，正确的是(   )。

A．f(vl, v2);   B．f(vl, &v2);

C．f(&v1,v2);   D．f(&v1,&v2);

答案：C

难度：4

解析：

第一个形参是指针，实参必须是地址；第二个形参是引用，实参应该是变量。

6.2   编程案例及参考例程

例 6.1   请编写一个用指针作为形参的函数，实现对某数组中的元素进行反序排列，并将其结果回存，放入先前的数组中。

分析

(1) 对于序列数据可以用指针或数组来存放。

(2) 就此操作而言，数组形参与指针形参是等价的。

程序

```
//例 6.1  用指针做形参进行数组反序排列
#include<stdio.h>
void inverse(long p[],long *e)                //①
{
    for(; p<e;p++,--e)                         //②
    {
        long t=*p;
        *p=*e;
        *e=t;
    }
}
void main()
{
    long s[]={1,2,3,4,5,6,7,8,9};
    const int n=sizeof(s)/sizeof(s[0]);
    int i ;
    inverse(s,&s[n-1]);                       //③
    long *p=&s[0];
    for(i=0;i<n;i++,p++)
        printf("%d;",*p);                     //④
}
```

运行结果

　　9; 8; 7; 6; 5; 4; 3; 2; 1;

程序说明

(1) 行尾注释号为①的代码，p 为数组形参，e 为指针形参。

(2) 行尾注释号为②的代码，访问指针形式将数组逆序存放，p<e 是指针的关系比较。

(3) 行尾注释号为③的代码，在调用点 inverse 函数形参 p, e 获得初始值 p=&s[0]，e=s+n-1。

(4) 行尾注释号为④的代码，访问指针形式显示数组元素的值。

注意：程序中函数头 sizeof 的计数是以字节为单位的，所以要计算数组的长度，应该用总长度除以每个数组元素的字节数。

例 6.2　请编写一个程序，通过指针的自增运算，实现访问数组元素的目的。

分析

(1) 指针可以进行常规的自增(如++，--等)运算。

(2) 指针的自增运算，通常和数组的访问密切相关。

程序

```
//例 6.2 指针自增运算的应用
# include<stdio.h>
void main(void)
{
    int a[ ]={1,2,3,4};
    int  y,  z,*r,  *p=a;
    r=p++;
    printf("r=%p,a=%p,p=%p\n",r,a,p);              //①
    y=*p++;
    printf("a[0]=%d,a[1]=%d,%p\n",*r,y,p);         //②
    z=(*p)++;
    printf("a[2]=%d,a[2]=%d,%p\n",z,a[2],p);       //③
    *p++=*r++;
    printf("a[2]=%d,a[3]=%d,%p,p);                 //④
}
```

运行结果

　　r=0012FF70,a=0012FF70,p=0012FF74

　　a[0]=1,a[1]=2,0012FF78

　　a[2]=3,a[2]=4,0012FF78

　　a[2]=1,a[3]=4,0012FF7C

程序说明

(1) 行尾注释号为①的代码，其中*r=&a[0], p=&a[1]。

(2) 行尾注释号为②的代码，其中*y=a[1], p=&a[2]。

(3) 行尾注释号为③的代码，其中*z=a[2], a[2]+=1。

(4) 行尾注释号为④的代码，其中*a[2]=a[1];p=&a[3]。

注意：程序中结果的输出地址，如 0012FF70 等，不同的系统可能输出的结果是不一致的。

例 6.3 请编写一个使用指针作为形参的函数，实现对内存空间中连续 n 个元素的求和运算功能。

分析

(1) 内存中同类型的连续元素，可以用指针很方便地访问。

(2) 指针和数组名同样都是表示地址，可以灵活使用。

程序

```
//例 6.3  指针做形参对数组求和
#include<stdio.h>
long sum(long *p,int n)                          //①
 {    long s=0 ;
      for(int i=0;i<n;p++,i++)
            s+=*p;
      return s;
 }
void main()
{    long    a[]={1,2,3,4};
     const int n=sizeof(a)/ sizeof(*a);
     long *q=&a[1];
     printf("%d,\n", sum(a,n));                  //②
     printf("%d,\n", sum(q,n-1));                //③
     printf("%d\n", sum(&a[2],n-2));             //④
 }
```

运行结果

10, 9, 7

程序说明

(1) 行尾注释号为①的代码，函数定义为一级指针形参，n 动态界定寻址内存空间的大小；

(2) 行尾注释号为②的代码，sum(a, n)求区间{1, 2, 3, 4}的和 10；

(3) 行尾注释号为③的代码，sum(q, n-1)求区间{2, 3, 4}的和 9；

(4) 行尾注释号为④的代码，sum(&a[2], n-2)求区间{3, 4}的和 7。

注意：程序中 sum 函数的 p++指向 long 型数组的下一个元素，*p 得到该位置元素的值，s+=*p 累积地加上这个元素。

例 6.4 请使用指针作为函数的形参，编写一个函数，通过对指针形参来改变其指向的实参变量的值。

分析

(1) 本例涉及对指针和引用的使用介绍。

(2) 引用同样也可以作为指针的别名。

程序

```
//例 6.4 指针做形参的函数
#include <stdio.h>
typedef long type,*ptype;                    //①
void f(type* x,ptype y){
        *x+=1;
        *y+=2;
}
void main()
{
    long a=1,*pa=&a;                         //②
    type b=2,&rb=b;
    long*& qa=pa;
    ptype    pb(&b),&qb=pb;                  //③
    printf("%d,%d\n",*pa,*pb);
    f(pa,qb);                                //④
    *qa+=1;
    rb+=2;
    f(&a,&b);
    printf("%d,%d\n",a,b);
}
```

运行结果

1, 2

4, 8

程序说明

(1) 行尾注释号为①的代码，声明 type 是 long 的别名，ptype 是 long*的别名。

(2) 行尾注释号为②的代码，定义 a 为 long 型变量，pa 为 long*型指针，指向 a。

(3) 行尾注释号为③的代码，定义指针 pb 初始化&b，声明引用 qb 为指针 pb 的别名。

(4) 行尾注释号为④的代码，函数调用 f(pa, qb)，相当于*pa+=1；*pb+=2；。

注意：程序中&符号在不同位置的作用，有的是取地址，有的是引用说明。

例 6.5　请用指针与数组相结合的方法，从二维数组中查找第一个出现的负数，并将其所在的行列位置打印出来。

分析

(1) 本例需要首先为每个指针成员分配堆内存。

(2) 对于跳转情况的处理，可以采用 goto 语句。

程序

```
//例 6.5 从二维数组中查找第一个出现的负数
# include<iostream.h>
```

```
        void main()
        {
            const int n=3,m=2;                          //①
            int    d[n][m];                             //②
            cout<<"input "<<n*m<<" integers:";
            int j; int i;
            for(i=0;i<n;i++)
            for(j=0;j<m;j++)
            cin>>d[i][j];
            for(i=0;i<n;i++)
                for(j=0;j<m;j++)
                    if(*(*(d+i)+j)<0)                   //③
                        goto    found;                  //④
            cout<<"not found!"<<endl;
    goto    end;
    found:    cout<<"d["<<i<<"]["<<j<<"]="<<d[i][j]<<endl;
    end:;
        }
```

程序说明

(1) 行尾注释号为①的代码，n,m 作为数组下标，此处必须用 const 定义。

(2) 行尾注释号为②的代码，定义二维数组。

(3) 行尾注释号为③的代码，采用指针的间接引用来取得数组的值。

(4) 行尾注释号为④的代码，采用 goto 语句直接跳出循环。

注意：程序中 goto 语句的使用，要谨慎，一般情况下，最好少用甚至不用，本例只是为了演示 goto 语句的使用情况。

例 6.6   请编写一个程序，实现对指向二维数组的指针与二维数组之间的灵活转换与应用。

分析

(1) 本例对指针与数组之间的关系做进一步分析。

(2) 通过指针可以简化重复的寻址计算。

程序

```
//例 6.6 指向二维数组的指针的应用
#include<iostream.h>
void f(float (*q)[4],int m)
{
    for (int k=0;k<m;k++)
    { float*    p=q[k];
        for(int j=0;j<4;j++)                    //①
        cout<<p[j]<<",";
```

```
        }
    }
    void main(void)
    {
        float d[ ][4]={0,1,2,3,4,5,6,7};           //②
        int const M=sizeof(d)/sizeof(*d);
        f(d,M);                                    //③
        f(d+1,M-1);                                //④
    }
```

运行结果

　　0, 1, 2, 3, 4, 5, 6, 7, 4, 5, 6, 7,

程序说明

(1) 行尾注释号为①的代码，通过指针简化了重复的寻址计算。

(2) 行尾注释号为②的代码，定义浮点型二维数组 d[2][4]。

(3) 行尾注释号为③的代码，实参 d 初始化指针形参 q，f(d,M)访问内存区间 {0,1,2,3,4,5,6,7}。

(4) 行尾注释号为④的代码，d+1 初始化指针形参 q，f(d+1,M-1)访问内存区间 {4,5,6,7}。

　　注意：程序中函数 void f(float (*q)[4],int m)中的数组指针形参，可以等价地改为 void f(float q[][4],int m)二维数组形参形式。

　　例 6.7　请编写一个函数，利用 void*指针的编程特点，实现强制将 void*型指针转换为 char*型指针的功能。

分析

(1) 本例首先分析 void*指针灵活的编程特点。

(2) 练习强制将 void*型指针转换为 char*型指针。

程序

```
//例 6.7 void*指针的应用
#include <iostream.h>
void* memset(void* pv, int c,size_t n)                 //①
{   char * pt= (char *)pv ;                             //②
    for(unsigned int k=0;k<n;k++)        *pt++=(char)c;
    return pv;                                          //③
}
void main()
{   char str[] = "123456789abcd";
    cout << str << " ";
    char* result = (char*)memset(str, '8', 9);          //④
    cout << result << endl;
}
```

运行结果

　　123456789abcd　　　888888888abcd

程序说明

(1) 行尾注释号为①的代码，入口指针 pv 指向实参携带的具体类型的地址。

(2) 行尾注释号为②的代码，(char*)pv 表示强制将 void*型指针转换为 char*型指针。

(3) 行尾注释号为③的代码，返回入口指针 pv 得到的实参的地址。

(4) 行尾注释号为④的代码，赋值语句对应 void*型的地址被强制地转换为 char*型的指针 result。

注意：程序中 main()函数调用通过虚实结合，将对应 char*型的地址 str 隐含地转换为 void*型的指针。

例 6.8　动态申请一个一维数组，要求输入为偶数时，采用 new 运算符分配空间，否则采用 malloc 函数分配空间。

分析

(1) 之前一维数组的申请中，数组的下标值是预先给定的。

(2) 本例需要实现在程序运行中给定数组下标，动态申请数组。

程序

```
//例 6.8 new 的应用
#include<stdio.h>
#include<malloc.h>
void main(void)
{   int m;
    scanf("%d",&m);                          //①
    int * a,k;
    if (m%2)     a= new int[m];
    else        a=(int*)malloc(m*sizeof(int));  //②
    for(k=0;k<m;k++)
            a[k]=k;
    int *p= a;                               //③
    for (k=0;k<m;k++,p++)
            printf("a[%d]=%d   ",k,*p);
    if (m%2)     delete [ ] a;
    else         free(a);                     //④
    }
```

假设动态输入数据为 4，程序运行结果为

　　a[0]=0   a[1]=1   a[2]=2   a[3]=3

程序说明

(1) 行尾注释号为①的代码，数组的维数 m 动态实时输入。

(2) 行尾注释号为②的代码，m 为偶数时，用 new 在堆空间定义 int a[m]；m 为奇数时，采用 malloc 来分配空间。

(3) 行尾注释号为③的代码，设置另一个指针 p 遍历访问堆空间。

(4) 行尾注释号为④的代码，delete 释放 new 分配的空间，free 释放 malloc 分配的空间。

注意：程序中涉及采用 new 和 malloc 分配空间后，要注意程序结束时，采用与之配对的 delete 和 free 来回收空间。

例 6.9　定义一个字符型的指针数组 StrArray[4]，每个元素指向一个字符串。请通过键盘输入一首诗，数组的每个成员指向一行诗，最后通过这个数组输出这首诗。提示：需要首先为每个指针成员分配堆内存，最后要释放所申请的空间。

程序

```cpp
#include <iostream>
#include <stdlib.h>
using namespace std;
const int NUM=4;
void main()
{
    char *str[NUM]; // 定义一个字符型的指针数组
    int t;
    // 为数组中的每个指针分配内存
    for(t=0; t<NUM; t++)
    {
        if(!(str[t]=new char[28]))
        {
            cout<<"申请动态内存不成功  .\n";
            exit(1);
        }
        //在分配的内存中存放字符串
        if(t!=NUM-1)
            cout<<"输入第"<<t+1<<"句诗："<<endl;
        else
            cout<<"输入最后一句诗："<<endl;
            cin>>str[t];
    }
    //输出字符串
    cout<<"输入的诗句是："<<endl;
    for(t=0; t<NUM; t++)
    {
        cout<<str[t]<<endl;
        //释放内存
```

```
                    free(str[t]);}
        }
```

例 6.10   请找出下面程序中的三处错误，修改后，写出程序运行结果。

```
        #include <iostream>
        using namespace std;
        void main()
        {
            char *p;
            p = new char;                        ①_____
            strcpy(p,"abcd");//不能改动
            cout<<p+1<<endl;
            cout<<p<<endl;
            cout<<*p<<endl;
            cout<<*(p+1)<<endl;
            cout<<*p+1<<endl;
            cout<<*(p+1)<<endl;
            delete p;                            ②_____
            int a[]={1,2,3,4,5},*pi=&a;          ③_____
            for(int i=0;i<5;i++)
            cout<<*pi++;
            cout<<endl;
        }
```

解析
改错：
① p = new char[10];
② delete []p;
③ pi=a;
运行结果
    bcd
    abcd
    a
    b
    98
    b
    12345

例 6.11   编写程序用于检查输入的字符串是否合法，设正确的字符集合为"abcdefghijklmnopqrstuvwxyzABCDEFGHIJKLMNOPQRSTUVWXYZ"。若输入的字符串合法，则函数 strcheck 返回 1，否则返回 0。

程序

```
#include "cstring"
#include "iostream"
using namespace std;

int strcheck ( char *charSet,char str[] )
{
    int i,j,len,flag=1;
    len=strlen(charSet);
    for(i=0; str[i]!='\0'; i++)
    {    for(j=0; j<len; j++)
            if( str[i]==charSet[j] ) break;
        if(j==len){ flag=0; break; }
    }
    return flag;
}
void main(void)
{
    char *charSet="abcdefghijklmnopqrstuvwxyz"
                        "ABCDEFGHIJKLMNOPQRSTUVWXYZ";
    char str[101];
    int i;
    cin.getline(str,100);

    i=strcheck( charSet,str );
    if(i==0)
        cout<<"the string is error!"<<endl;
    else
    cout<<"the string is right!"<<endl;
}
```

例 6.12　试补充完整以下程序，使该程序运行后能够显示数组中的最大元素。

```
#include <iostream>
using namespace std;
void func (_____data ,int n,  _____piMax)
{
                    ;
for(int i=1;i<n;i++)
{
    if (_____)
```

```
                _____;
        }
    }
    void main()
    {
        int a[5]={1,-12,3,0,80};
        int iMax;
    func(a,5,&iMax);
        cout <<_____<< endl;
    }
```

解析

int *

int *

*piMax=0

data[i]>data[*piMax] 或 *(data+i) > *(data+ *piMax)

*piMax=i

a[iMax]

例 6.13 用字符指针数组将给定的多个字符串(可以是任意 5 个国家的名字)进行排序并输出。输出示例如图 6-1 所示。

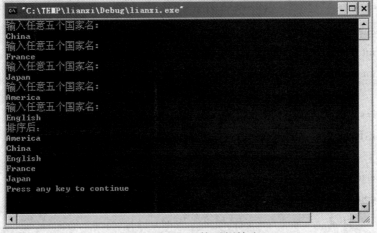

图 6-1 例 6.13 的示例输出

程序

```cpp
#include"iostream"
#include"string"
using namespace std;
void main()
{
    int i,j;
    char *array[5];
```

```
        for(i=0;i<5;i++)
        {
                array[i]=new char[80];
                cout<<"输入任意五个国家名:"<<endl;
                gets(array[i]);
        }
        for(i=0;i<4;i++)
        {
                for(j=0;j<4-i;j++)
                {
                        if(strcmp(array[j],array[j+1])>0)
                        {
                                char *t=new char[80];
                                strcpy(t,array[j]);
                                strcpy(array[j],array[j+1]);
                                strcpy(array[j+1],t);
                        }
                }
        }
        cout<<"排序后："<<endl;
        for(i=0;i<5;i++)
                cout<<array[i]<<endl;
    }
```

例 6.14　已知有 3 名学生及 5 门课程的成绩，要求根据输入的编号和课程号输出该学生此门课程的成绩(用数组指针完成)。

程序

```
    #include"iostream"
    using namespace std;
    void main()
    {
        int student[3][5]={90,85,88,88,79,80,78,87,91,93,88,83,89,81,95};
        int i,j;
        int *p[3];
        for(i=0;i<3;i++)
                p[i]=student[i];
        cout<<"输入学生编号及课程编号："<<endl;
        cin>>i>>j;
        cout<<"该生此门课程的成绩："<<endl;
        cout<<*(p[i-1]+j-1)<<endl;
    }
```

6.3 实践题目

设计程序计算两个文本文件的相似度。运行效果如第 5 章图 5-5 所示。由于文件长度和词表长度不确定，使用指针和动态内存代替数组。

第7章
类和对象

7.1 《C++语言程序设计》习题及答案

7.1 构造函数是什么？什么时候执行它？

答案：构造函数是类的一个特殊的成员函数，它负责实现对象的创建和初始化工作。构造函数在对象被创建的时候由系统自动调用执行。

难度：2

7.2 构造函数有返回类型吗？

答案：没有。

难度：1

7.3 什么时候调用析构函数？

答案：当对象消失时，系统自动调用析构函数来释放对象所占的内存空间。

难度：2

7.4 假定一个类名为 Test，说明怎样声明一个构造函数，它带有一个名为 count 的 int 参数。

答案：Test::Test(int count);

难度：2

7.5 能否给对象数组赋初值？

答案：能。

难度：1

7.6 类和对象的区别是什么？

答案：一个类表示一类事物，是抽象的；对象是一类事物中的一个具体的个体，即对象是类的一个具体的实例。类和对象的关系相当于普遍与特殊的关系。在 C++ 中，类是一个自定义的数据类型，对象是该数据类型的一个变量。

难度：2

7.7 如果通过值将对象传递给函数，就会创建对象副本。函数返回时是否销毁该副本？

答案：是。

难度：1

7.8　什么时候系统会调用复制构造函数？

答案：复制构造函数在以下 3 种情况下都会被调用：

(1) 用类的一个对象去初始化该类的另一个对象时。

(2) 如果函数的形参是类的对象，调用函数中进行形参和实参结合时。

(3) 如果函数的返回值是类的对象，函数执行完成返回调用者时。

难度：3

7.9　C++中的 this 指针指向谁？

答案：this 指针指出了成员函数当前所操作的数据所属的对象。

难度：1

7.10　修改程序错误。

```cpp
#include <iostream.h>
#include <math.h>
class Point
{
public:
    void Set(double ix,double iy)          //设置坐标
    {      x=ix;
           y=iy;
    }
    double xOffset()                       //取 y 轴坐标分量
    {   return x;
    }
    double yOffset()                       //取 x 轴坐标分量
    {   return y;
    }
    double angle()                         //取点的极坐标
    {   return (180/3.14159)*atan2(y,x);
    }
    double radius()                        //取点的极坐标半径
    {   return sqrt(x*x+y*y);
    }
private:
    double x;                              //x 轴分量
    double y;                              //y 轴分量
}
void main()
{   Point p;
    double x,y;
```

```
        cout <<"Enter x and y:\n";
        cin >>x >>y;
        p.Set(x,y);
        p.x+=5;
        p.y+=6;
        cout <<"angle=" <<p.angle()
                <<",radius=" <<p.radius()
                <<",x offset=" <<p.xOffset()
                <<",y offset=" <<p.yOffset() <<endl;
    }
```

答案：两个错误为：

(1) 类定义结束时，没有写分号";"。

(2) 语句 p.x+=5;和 p.y+= 6 直接使用了类的私有成员。应该改为

p.Set(p.xOffset()+5,p.yOffset()+6);

难度：3

7.11 分析程序输出结果。

```
#include <iostream.h>
class A
{
public:
        A();
        A(int i,int j);
        ~A();
        void Set(int i, int j){a=i; b=j;}
private:
        int a,b;
};
A::A()
{   a=0;
    b=0;
    cout<<"Default constructor called."<<endl;
}
A::A(int i, int j)
{   a=i;
    b=j;
    cout<<"Constructor a="<<a<<",b="<<b<<endl;
}
A::~A()
{
```

```
            cout<<Destructor called. a="<<a<<",b="<<b<<endl;
    }
    void main()
    {
            cout<<"Starting1..."<<endl;
            A a[3];
            for(int i=0; i<3; i++)
                    a[i].Set(2*i+1,(i+1)*2);
            cout<<"Ending1..."<<endl;
            cout<<"Starting2..."<<endl;
            A b[3]={A(1,2), A(3,4),A(5,6)};
            cout<<"Ending2..."<<endl;
    }
```

答案：

```
    Starting1…
    Default constructor called.
    Default constructor called.
    Default constructor called.
    Ending1…
    Starting2…
    Constructor a=1,b=2
    Constructor a=3,b=4
    Constructor a=5,b=6
    Ending2…
    Destructor called. a=5,b=6
    Destructor called. a=3,b=4
    Destructor called. a=1,b=2
    Destructor called. a=5,b=6
    Destructor called. a=3,b=4
    Destructor called. a=1,b=2
```

难度：3

7.12 分析程序，并回答问题。

```
    #include <iostream.h>
    #include <string.h>
    class String
    {
            public:
            String()
            {       Length=0;
                    Buffer=0;
```

```
        }
        String(const char *str);
        void Setc(int index, char newchar);
        char Getc(int index) const;
        int GetLength() const {return Length;}
        void Print() const
        {       if(Buffer==NULL)
                        cout<<"enpty."<<endl;
                else
                        cout<<Buffer<<endl;
        }
        void Append(const char * Tail);
        ~String(){delete [] Buffer;}
private:
        int Length;
        char *Buffer;
};
String::String(const char *str)
{
        Length=strlen(str);
        Buffer=new char[Length+1];
        strcpy(Buffer,str);
}
void String::Setc(int index, char newchar)
{
        if(index>0 && index<=Length)
                Buffer[index-1]=newchar;
}
void String::Getc(int index) const
{
        if(index>0 && index<=Length)
                return Buffer[index-1];
        else
                return 0;
}
void String::Append(const char *Tail)
{
        char *tmp;
        Length+=strlen(Tail);
        tmp=new char[Length+1];
```

```
                strcpy(tmp,Buffer);
                strcat(tmp,Tail);
                delete[] Buffer;
                Buffer=tmp;
        }
        void main()
        {
                String s0, s1("a string.");
                s0.Print();
                s1.Print();
                cout<<s1.GetLength()<<endl;
                s1.Setc(5,'p');
                s1.Print();
                cout<<s1.Getc(6)<<endl;
                String s2("this");
                s2.Append("a string.");
                s2.Print();
        }
```

问题如下：

(1) 该程序中调用包含在 string.h 中的哪些函数？

(2) 该程序的 String 类中是否使用了函数重载的方法？哪些函数是重载的？

(3) Setc()函数的功能是什么？

(4) Getc()函数的功能是什么？

(5) Append()函数的功能是什么？

(6) 函数 Print()中不用 if 语句，只写下面一条语句，是否可行？

    cout<<Buffer<<endl;

(7) 该程序中有几处使用了 new 运算符？

(8) 写出程序执行结果。

答案：

(1) 该程序中调用包含在 string.h 中的 strlen、strcpy、strcat 函数。

(2) 有函数重载，构造函数重载了。

(3) Setc()函数的功能是给字符串中的第 index 个字符设置值 newchar。

(4) Getc()函数的功能是取字符串中的第 index 个字符的值。

(5) Append()函数的功能是把函数参数指定的字符串追加到本字符串的后面。

(6) 不可以。

(7) 该程序中有 2 处使用了 new 运算符。

(8) 运行结果如下：

    empty.

    a string.

9

a stping

i

thisa string.

难度：4

7.13 创建一个 Triangle 类，这个类将直角三角形的底边长度和高作为私有成员，类中包含设置这些值的构造函数。两个成员函数：hypot()返回直角三角形斜边的长度和 area()返回三角形的面积。

答案：

```
#include <math.h>
#include <iostream>
using namespace std;
class Triangle
{
public:
    Triangle( double bt=0,double hg=0): bottom(bt), high(hg) { }
    double hypot(){ return sqrt( bottom*bottom+high*high ); }
    double area() { return 0.5*bottom*high; }
private:
    double bottom;
    double high;
};
int   main()
{
    Triangle ang(3,4 );
    cout<<"直角三角形的斜边长："<<ang.hypot()<< endl;   //输出 5
    cout<<"直角三角形的面积为："<<ang.area()<<endl;       //输出 6
    return 0;
}
```

难度：3

解析：

对一般的数学运算，使用 double 类型即能满足精度的需要，而不用考虑溢出的问题。程序中用到的主要算法：直角三角形的斜边的长的平方等于两条直角边的平方和。

7.14 定义一个 Circle 类，包含数据成员 Radius(半径)和计算周长和面积的成员函数，并构造 Circle 的对象进行测试。

答案：

```
#include <iostream>
using namespace std;
class Circle
```

```
        {
    public:
            Circle(double rd=0): radio(rd) { }
            double get_circle(){ return 2*get_pi_radio(); }
            double get_eara(){ return radio*get_pi_radio(); }
    protected:
    //定义在该范围的成员，不能被类的用户访问，就像 private；但可以被该类的派生类访问
            double pi;
            double get_pi_radio(){ return pi*radio; }
    private:
            double radio;
    };
    double Circle::pi=3.1415926;

    int main()
    {
            Circle c1(4), c2(5);
            cout<<c1.get_circle()<<endl;          //输出周长：25.1327
            //cout<<c1.get_pi_radion()<<endl;      //报错
            //cout<<c2.pi<<endl;                    //报错
            cout<<c2.get_eara()<<endl;            //输出面积：78.5398
            return 0;
    }
```

难度：3

解析：

每一个类都有自己的作用域和唯一的类型。在类的声明体内声明的类成员会被自动引入到类的作用域中。两个不同的类具有不同的类作用域。对类的成员函数定义时，如果在类的定义体之外，则必须在成员函数名前指定成员出自哪个类，从而在定义成员函数时也是在该类的作用域中进行。一个类的任何成员函数都能访问同一类的任何其他成员。

面向对象的一个特征即数据封装。在类作用域外，对一个类的数据成员或函数成员的访问受公有属性、函数的控制，从而避免了使用者对私有对象的访问与修改，起到保护数据对象的作用。一般来讲，设计类的时候，把体现类的属性的数据成员作为私有成员或保护成员，而对其值的修改、访问需要通过公有函数实现。在模块化程序设计中，类是重要的模块，所以任何一个类至少要有一个公有函数，否则该类就无法与其他代码发生调用关系。

程序中会报错的语句已经在语句开始位置加了注释符。报错的原因是在类的外部只能通过对象访问公有成员，不能访问私有成员和保护成员。

7.15 定义一个矩形类，长和宽是它的属性，可以求出矩形的面积。定义一个普通

函数，比较两个矩形的面积，把面积大的矩形对象作为引用来返回。主函数中定义三个矩形，调用比较函数进行比较，找出面积最大的矩形。

答案：

```
#include <iostream>
using namespace std;
class Rectangle
{
        private:
        float width,height;
public:
        void SetRectangle(float newW, float newH)
                {width = newW;   height=newH;}
        float Area()    {return width*height;}
};
Rectangle &compare(Rectangle & r1,Rectangle & r2)
{     if (r1.Area() > r2.Area())
                return r1;
        else
                return r2;
}
void main()
{       Rectangle rect1,rect2,rect3;
        rect1.SetRectangle(12,21);
        rect2.SetRectangle(21,14);
        rect3.SetRectangle(21,12);
        Rectangle & maxR = compare(rect3,compare(rect1,rect2));
        cout << "The larger rectangle has area: "<< maxR.Area() << endl;
}
```

难度：4

7.2 编程案例及参考例程

例 7.1   设计一个学生类，定义一个学生类对象，跟踪运行，理解类和对象的区别，查看内存中的变化。

分析

设计一个类的工作类似于对一个现实中的对象进行建模。类背后蕴含的基本思想是数据抽象与封装。

数据抽象是一种把接口和实现分离的编程技术。类设计者必须关心类是如何实现的，而使用类的人不必了解类的实现细节，仅需了解类型的接口。

封装是一项将低层次的元素组合起来形成新的、高层次实体的技术。函数是封装的一种形式。函数所执行的细节行为被封装在函数本身这个更大的实体中。被封装的元素隐藏了它们的实现细节，而类是比函数更高级的封装的实体。

以现实生活中的学生为例，对一个学生的身份建模时，要抽象出其最基本的特征。与一个学生的身份相联系的现实需求有：给其设置一个编号即学号，设置或修改其专业，为其建立一个学生的基本档案等。这些操作设计中，涉及学生的属性有：学号、姓名、年龄、性别、专业。

因此，此处设置以下成员函数：

getInfo()：获取学生的基本信息

setInfo()：设置学生的基本信息

modifyProfession ()：修改学生的专业信息

对应的属性为：

ID, name, age, sex, profession

声明类的时候仅定义了一个数据类型，没有为它分配存储空间，只有在定义对象(object)时，才根据类的描述为对象分配存储空间。对象是在其类模板的基础上建立起来的，很像根据建筑图纸来建楼，同样的图纸可用来建许多楼房，而每栋楼房是一个对象。应该注意，类定义了对象是什么，但它本身不是一个对象。在程序中只能用类定义一个实例对象，但可以有几个对象作为该类的实例。

程序

```cpp
//例 7.1 学生类的定义与测试
//头文件 student.h  类的定义
#include <string>
#include <iostream>
class student{
student(){;}    //定义一个不带参数的默认构造函数，注意格式
//void 表示函数返回空，即不返回。
void getInfo()
    {
    std::cout << "student's Info:" << name << id << age << sex << profession << std::endl;
    }
bool setInfo(std::string na,unsigned id, unsigned ag, std::string se, std::string pr){
    this->name=na;
    this->id=id
    this->age=ag;
    this->seg=se;
    this->profession=pr;
    return true;
    }
```

```
        bool modifyProfess(std::string pro){
            this->profession=pro;
            return true;
            }
    private:
        std::string name;
        unsigned id;
        unsigned age;
        std::string sex;
        std::string profession;
}; //类定义必须以 ";" 结束
//主程序 student.cpp
#include "student.h"
using namespace std;
int main()
{
        student a; //定义一个学生对象，在栈中给它分配对应空间
        //定义一个学生对象，在堆中给它分配对应空间
        student *p=new student;
        p->setInfo("zhaoming",105111,20,"man","communication engineering");
        a.setInfo( "liming",105115,20,"man","communication engineering" );
        a.getInfo();    //输出
        a. modifyProfess( "computer science" );
        a.getInfo();    //输出
        p->getInfo(); //输出
        return 0;
    }
```

运行结果

3 次输出为

```
    liming 105115 20 man communication    engineering
    liming 105115 20 man computer    science
    zhaoming 105111 20 man communication    engineering
```

程序说明

程序运行，首先从 main 函数里的第一条语句开始执行，遇到对象定义，给对象分配存储空间，并自动调用构造函数做初始化(跟踪运行可以看到)，顺序执行后面的程序语句，直到 main 函数结束。如果跟踪运行，可以看到，通过对象或对象指针调用成员函数，则执行成员函数的语句，成员函数结束后，返回 main 函数，继续执行下一条语句。

this 指针指向当前对象，因为我们总是通过对象调用公有成员函数，公有成员函数

可能再调用其他成员函数。在成员函数的实现代码中，this 指针也可以省略不写。

例 7.2 假定一个类名为 Test，它带有一个名为 count 的 int 参数，说明怎样声明一个构造函数。测试程序要包含对象及对象数组。

分析

对一个用户定义的类，至少有一个与之对应的同名的构造函数。构造函数用于初始化对象的数据成员，系统会自动调用。如果设计的类没有写任何构造函数，系统就会自动生成一个不带任何参数的默认构造函数；如果设计的类带有构造函数，系统就不会再为类生成默认构造函数了。一般构造函数可以有各种参数形式，一个类可以有多个一般构造函数，前提是参数的个数或者类型不同，构成函数重载。

题目要求 Test 类的构造函数带有一个参数，这很简单。但是，因为类有构造函数，系统就不会再为类生成默认构造函数了，而使用对象数组需要一个无参构造函数，有两个解决办法，方法一：给参数一个默认值；方法二：另定义一个不带参数的构造函数，两个构造函数构成重载。两种方法选其一，不能同时使用，请读者自己思考原因。

程序

```
//例 7.2 同时测试对象及对象数组
//test.h 头文件，类的定义
class Test
{
public:
    Test( void ) {}                 //不带任何参数的默认构造函数
    Test( int count ) { val=count ;}
    int getValue( ) { return val; }
    void setValue(int v) { val=v ; }
private:
    int val
};
//main.cpp
#include "test.h"                    //包含对应类的头文件，使用其中的类
#include <iostream>
using namespace std;
void main()
{
    Test a[5];                       //调用无参数的构造函数
    Test b(2);                       //调用带 int 参数的构造函数
    //该输出结果为运行环境给出的默认值。随运行环境而改变。
    cout<< a[0].getValue() << endl;
    cout<< b.getValue() << endl;     //输出 2
    a[0].setValue( 5 );
    cout<< a[0].getValue() << endl;  //输出 5
}
```

程序说明

本程序进行了 a 构造函数重载，在定义对象时，系统会根据对象需求自动寻找相匹配的构造函数。使用对象数组时的初始化，必须调用无参构造函数或带默认参数值的构造函数。

例 7.3　声明员工类，员工信息包括：工作证号 id，姓名 name，年龄 age，工资 salary，参与的工作项目 project。如果工作项目 project 定义为字符指针 char*类型，如何实现构造函数、析构函数、复制构造函数？

分析

定义一个对象的时候要给它分配存储空间，在对该对象的使用结束后，就需要调用析构函数来释放分配给它的资源。如果类中没有定义对应的析构函数，则编译环境会自动构造一个，但不做任何事情。

如果类的数据成员需要在构造函数中为它分配堆存储空间，则需要为该类定义一个析构函数，释放堆空间。一般来讲，这种情况下还需要为类定义复制构造函数，并重载赋值运算符。

程序

```
//例 7.3 员工类的定义与测试
//employ.h 头文件，类的定义
#include <string>
#include <string.h>
#include <iostream>
class employ
{
public:
typedef unsigned long Ulong;              //使用 typedef 定义别名来简化代码量
employ()
{                                         //无参构造函数
    name(""); id(0); age(0); salary(0); project(0);
}
employ(std::string nam, Ulong eId, unsigned age, float sal,char* proj)
{
    name(nam);id(eId);age(age);salary(sal) ;
    project=new char[strlen(proj)+1];     //先申请空间
    strcpy(project, proj);                //再复制字符串内容
}
~employ()
{
    if( project )
        delete project;
}
//const 修饰符表示其被修饰对象不能修改数据对象
```

```
        employ( const employ& one)
    {
            this->name=one.name;
            this->id=one.id;
            this->salary=one.salary;
            this->project=new char[ strlen(one.project)+1 ];
            strcpy(this->project, one.project);
    }
        employ& operator=(const employ& one)
        {
            if( this!=&one ){ //只在不同对象之间进行赋值操作
                this->name=one.name;
                this->id=one.id;
                this->salary=one.salary;
                if(this->project) delete[] this->project;
                this->project=new char[ strlen(one.project)+1 ];
                strcpy(this->project, one.project);
            }
            return *this;    //必须返回*this
    }
        void printInfo()
    {
            std::cout<< "name: "<<name<<";Id: "<<id<<";age: "<<age<<";salary: "<<salary<<";
            project: "<<project<<std::endl;
    }
//重载  printInfo 函数
        void printInfo( char*   item)
    {
            switch( item )
            {
                case "name":
                    std::cout<<name<<std::endl;
                    break;
                case "Id":
                    std::cout<<id<<std::endl;
                    break;
                case  "salary":
                    std::cout<<salary<<std::endl;
                    break;
```

```
            default:
                printInfo();              //调用之前定义的 printInfo()
                break;
            }
        }
    private:
        std::string name;
        Ulong id;
        unsigned age;
        float salary;
        char *project;                   //参与的项目名称
    };
    //main.cpp 测试程序
    #include "employ.h"
    using namespace std;
    void main()
    {
        employ b;                        //调用无参构造函数
        employ a("liming",101105,24,8000,"C++");
        employ c(a);                     //调用复制构造函数
        a.printInfo();                   //输出下列信息： "liming",101105,24,8000,C++
        c.printInfo();                   //输出与上相同
        c.printInfo("Id");               //调用带 char* 参数的 printInfo, 输出 101105
        b.printInfo();                   //输出信息： 空格,0,0,0,
        b=a;                             //调用赋值运算符
        b.printInfo();                   //输出下列信息： "liming",101105,24,8000,C++
    }
```

程序说明

复制构造函数与赋值运算符之间有以下关系：

(1) 复制构造函数在创建对象时调用，因为此时对象还不存在，只需要申请新的空间，而不需要释放原有资源空间。

(2) 赋值运算符在对象已存在的条件下调用，因此需要先释放原对象占用的空间，然后申请新的空间。

例 7.4　某函数实现的功能是：比较两个学生的成绩，把成绩好的学生的姓名和成绩输出。如果通过值将对象传递给函数，就会创建对象副本。函数返回时是否销毁该副本？对象的引用做函数参数，情况又会怎样？

分析

通过值将对象传递给函数，就会创建对象副本，即重新在系统给该函数分配的内存中声明一个区间并将传递过来的值放置到其中。而函数返回后，系统分配给它的资源会全部被收回，故该对象副本也被销毁。

不适宜使用复制副本方法的情况如下：

(1) 需要在函数中修改实参的值。

(2) 对象的结构过于庞大，复制对象付出的成本高昂。

(3) 对象不能进行正常复制。

而使用对象的引用做参数时，在实际调用函数过程中该实参直接关联到传递的对象本身，并没有进行新的资源分配等工作，该实参即原传递对象本身，任何对其进行的操作都会影响到原传递对象，因此使用引用形参基本能解决以上 3 种问题。

程序

```cpp
//例 7.4 比较两个学生结构体中的成绩，输出成绩好的学生的信息
#include <string>
#include <iostream>
using namespace std;
//定义一个结构体 structure，其与 class 的唯一区别是结构体中的所有属性默认为 public
struct _student
{
    string name;
    string id;
    float score;
    //constructor function for _student
    _student(string ne, string dd, float se): name(ne), id(dd), score(se) { }
    //在结构体定义体内部中使用结构体的实例时，需在前加 struct 修饰符
    _student& operator=( const struct _student& st )
    {
        if( this!=&st )
        {
            this->name=st.name;
            this->id=st.id;
            this->score=st.score;
        }
        return *this;
    }
    friend ostream& operator<<( ostream& out,const struct _student& st);
};
ostream& operator<<( ostream& out,const struct _student& st)
{
    out<<"["<<st.name<<" | "<<st.score<<"] ";
    return out;
}
```

```
_student a("liping","B101",89), b("xiaoqi","B102",100);

_student select_optimize( const _student& m1, const _student m2)
{
    cout<<"reference data:   "<<m1<<"   memery position( stack ):   :   "<<&m1<<endl;
    cout<<"unreference   :   "<<m2<<"   memery position( stack ):   :   "<<&m2<<endl;
    return m1.score>m2.score? m1:m2;
}


void main()
{
    //注意以下所有的 memery position 的值随机器而变化
    cout<<"source data a:       "<<a<<"   memery position( stack):   :   "<<&a<<endl;
    //输出：source data a: [liping | 89]   memery position(stack): 0041D1B8
    cout<<"source data b:       "<<b<<"   memery position( stack):   :   "<<&b<<endl;
    //输出：source data b: [xiaoqi |100]   memery position(stack): 0041D170
    _student max=select_optimize( a,b );
    //程序输出 select_optimize 中内容如下
    //reference data: [liping | 89]   memery postion(stack):0041DB8
    //unreference data:[xiaoqi | 100]    memery postion(stack):0012FDAC
    cout<<"max_score data:       "<<max<<"   memery position( stack ):   "<<&max<<endl;
}
//输出：max_score data: [xiaoqi | 100]   memery position(stack)：0012FED8
```

程序说明

程序先定义了结构体_student，之后定义了两个全局的_student 结构体对象 a, b 在主函数 main()中，依次输入 a, b 的值与其在内存中的地址。之后，在 select_optimize() 函数中，分别打印按引用传递的参数 m1 和按值传递的参数 m2 的值和内存中的地址。从输出接口可以看出，在 memery position 的值上，a 对应的值与 reference data 的一定相等，而 b 对应的值与 unreference data 的一定不同。为什么？因为函数的返回值 max 实际为 a、m2 中分值较大者 m2 的副本(即值传递，重新生成了一个_student 对象存放原 m2 的数据)，故其 memery postion 与 m2 的不等。

程序中重载了运算符"<<"，以便直接输出学生结构体。

例 7.5 创建一个集合类 Set，集合中任何两个元素都不相同。集合支持以下运算：① 增加元素到集合中；② 从集合中删除元素；③ 计算集合的并集；④ 计算集合的差集。

分析

从类 Set 要求提供的操作可知，至少需要一些成员函数：

```
bool addItem(const itemType& elem )

itemType delItem(const itemType&elem )
```

Set unionSet(const Set&a, const Set& b)：返回一个新的集合类 Set

Set diffSet(const Set&a, const Set& b)

而从对这个操作的要求来看，会经常发生比较集合类元素的操作，为了使代码简化、可重用性强，提炼出一个用于比较的成员函数 bool cmpItem(const itemType& elem1, const itemType& elem2)。

集合类 Set 至少需要有以下数据成员：

(1) 一个存放集合类元素的队列，命名为 items；

(2) 当前集合类元素的个数的信息也很有必要保存，故存放一个长度信息，定义为 long length；

(3) 假设集合的元素只支持 int 类型。

程序

```
//例 7.5 集合类 Set 的定义及测试
//Set.h 集合类的声明及部分函数的实现
#pragma once
#include <string>
#include <iostream>
#include <string.h>
const unsigned SIZE=100;
class Set
{
public:
        //声明重载输出运算符，设为友元
        friend std::ostream& operator<<(std::ostream& out, const Set& s);
        //定义类型别名
        typedef char* ItemType;
        typedef char Atom;
        //声明并定义默认构造函数
        //注意：在类内部定义的函数默认为内联(inline)函数
        Set(unsigned sz=SIZE,unsigned l=0): length(l),size(sz)
        {
                initItems( items );             //调用初始化指针的函数
        }
        Set(const Set& s);                      //声明复制构造函数
        Set& operator=(const Set& s);           //声明重载复制运算符
        ~Set()
        {       //声明并定义析构函数
                delItems();
                delete[] items;
        }
```

```
        bool addItem(ItemType e);              //声明添加成员的函数成员
        bool delItem(ItemType e);              //声明删除成员的函数成员
        Set unionSet(const Set& a);            //声明求 Set 对象间并集的函数成员
        Set diffSet(const Set& a);             //声明求 Set 对象间差集的函数成员
    private:
        /* 声明并定义用于重写 Set 对象的 items 的一个指针值(即一个数据原子)的功能函数。
因为仅仅提供给 Set 类使用，故声明为 private 类型。以下同理。*/
        bool rewriteItems(ItemType& dst,const ItemType src)
        {
            if(dst)      delete[] dst;
            size_t sz=strlen( src );
            dst=new Atom[sz+1];
            if( dst ){
                strcpy(dst,src);
                return true;
            }
            else
                return false;
        }
        //声明并定义删除 Set 类对象的所有数据的功能函数
        void delItems()
        {
            for(unsigned i=0; i<length; ++i)
                delete []items[i];
            //delete []items;
        }
        //声明并定义初始化 Set 类数据指针的功能函数
        bool initItems(ItemType* &dst)
        {
            dst=new ItemType[this->size+1];
            for(size_t i=0; i<this->size+1; ++i)
                dst[i]=0;
            //memset( dst,0,sizeof(ItemType)*(this->size) );
            if(dst) return true;
            else  return false;
        }
        //声明并定义增加 Set 类容量的功能函数
        bool reSizeItems(unsigned s=SIZE)
        {
            ItemType* tmp;
```

```
                    this->size=1.5*(this->length>s ? this->length:s);
                    if( initItems(tmp) )
                    {
                        unsigned i=0;
                        while(i<length && rewriteItems(tmp[i],items[i])) ++i;
                        delItems();
                        delete[] this->items;
                        this->items=tmp;
                        return true;
                    }
                    return false;
                }
            ItemType* items;
            unsigned length;
            unsigned size;
        } ;
        //Set.cpp：定义 Set 类的方法或 Set 类的友元函数
        #include "Set.h"
        using namespace std;
        Set::Set(const Set& s)
        {
            length=s.length;
            size=s.size;
            initItems(items);
            unsigned i=0;
            while(i<length)
            {
                rewriteItems( items[i],s.items[i] );
                ++i;
            }
        }
        Set& Set::operator=(const Set& s)
        {
            if(this != &s )
            {
                //只有在原 Set 中有数据时才进行删除
                if(this->length)
                    delItems();
                if(this->size<s.size)
                {
```

```
                    size=s.size;
                    initItems(items);
            }
        length=s.length;
        unsigned i=0;
        while(i<length)
            rewriteItems(items[i],s.items[i++]);
    }
    return *this;
}
bool Set::addItem(const Set::ItemType e)
{
    unsigned i=0;
    while( i<length )
    {
        if(strcmp(e,items[i])==0)
            return true;
        ++i;
    }
    if( size==length )
        reSizeItems();
    rewriteItems(items[length],e);
    ++length;
    return true;
}
bool Set::delItem(const Set::ItemType e)
{
    unsigned i=0;
    while( i<length )
    {
        if( strcmp(e,items[i])==0 ) break;
        ++i;
    }
    if(i!=length)
    {
        --length;
        delete[] items[i];
        //
        for(unsigned j=i+1;j<=length;++j)
        {
```

```
                    items[j-1]=items[j];
            }
            items[length]=0;
        }
        return true;
    }
Set Set::unionSet(const Set& a)
{
        size_t max_sz=a.size>size? a.size:size;
        Set c(max_sz);    //调用带形参的默认构造函数仅对 sz 赋值，其他使用默认形参
        for(size_t i=0; i<length; ++i)
        {
            rewriteItems( c.items[i],items[i] );
            ++c.length;
        }
        //插入 a 中有而*this 中没有的元素
        for(size_t i=0; i<a.length; ++i)
        {
            bool fg_new=false;
            for(size_t j=0; j<length; ++j)
                if(strcmp(a.items[i],items[j])!=0)
                    fg_new=true;
            if(fg_new)
                c.addItem(a.items[i]);
        }
        return c;
}
Set Set::diffSet(const Set& a)
{
        Set c(a.size);
        size_t k=0;
        //插入*this 中有而 a 中没有的元素
        for(size_t i=0; i<length; ++i)
        {
            bool fg_new=true;
            for(size_t j=0; j<a.length; ++j)
                if(strcmp(a.items[j],items[i])==0)
                    fg_new=false;
            if(fg_new)
            {
```

```
                rewriteItems(c.items[k++],items[i]);
                ++c.length;
            }
        }
        return c;
    }
ostream& operator<<(ostream& out, const Set& s)
{
    out<<"length: "<<s.length<<"\t";
    for(size_t i=0; i<s.length; ++i)
    {
        out<<s.items[i]<<"\t";
    }
    out<<endl;
    return out;
}
//main.cpp: 调用 Set 类，生成 Set 类对象，并测试 Set 类的方法
#include "Set.h"
#include <iostream>
using namespace std;
int main()
{
    Set a;              //调用默认参数的构造函数全部使用默认值
    Set b(10);          //调用带形参的默认构造函数仅对 sz 赋值，其他使用默认形参
    a.addItem( "china" );
    a.addItem( "BUPT" );
    a.addItem( "SIC" );
    a.addItem( "CE" );
    b.addItem( "china" );
    b.addItem( "homework" );
    b.addItem( "BJ" );
    cout<<a<<endl;      //输出：length:4  china  BUPT  SIC  CE
    cout<<b<<endl;      //输出：length:3  china  homework  beijing
    b.delItem( "home" );
    cout<<b<<endl;                  //输出：length: 3  china  homework  BJ
    b.delItem( "homework" );
    cout<<b<<endl;                  //输出：length: 2  china  BJ
    Set t=b;
    cout<<t<<endl;                  //输出：length: 2  china  BJ
```

```
        //求 Set 对象  a  与  b  的并集
        Set c( a.unionSet(b) );
        cout<<c<<endl;                //输出：  length: 5   china BUPT   SIC CE BJ
        //求 Set 对象  a  与  b  的差集
        Set d=a.diffSet(b);
        cout<<d<<endl;                //输出：  length: 3   BUPT   SIC   CE
        return 0;
    }
```

例 7.6 有一个信息管理系统，需要检查每一个登录系统的用户 user 的用户名和密码，检查合格后方可登录系统。编程实现系统登录检查。

程序

```cpp
#include <iostream>
using namespace std;
class User
{
private:
        char name[20];
        char password[20];
public:
        User(char* u,char* psw)
        {
                strcpy_s(name, u);
                strcpy_s(password, psw);
        }
        bool Check()
        {
                if ((!strcmp(name,"Admin")) && (!strcmp(password,"ming*yue~guang")))
                        return false;
                else
                        return true;
        }
};
void main()
{
        char name[20];
        char psw[20];
        cout<<"请输入用户名："；
        cin>>name;
        cout<<"请输入密码："；
```

```
        cin>>psw;
        User u1(name,psw);
        if (u1.Check())
            cout<<"用户名或密码错误！"<<endl;
        else
            cout<<"登录成功！"<<endl;
    }
```

例 7.7　设计一个模拟银行 ATM 柜台机的程序，包括存款、取款和查询余额 3 种功能。在存款、取款时都需要检查账号和密码，可以直接引用其成员函数来检查，如果是合法客户，返回 true，然后执行存款或取款的程序。

程序

```
#include <iostream>
using namespace std;
class ATM
{
private:
    char user[20];
    char password[20];
    double deposit;
public:
    ATM(char* u,char* psw, double d=0)
    {
        strcpy_s(user, u);
        strcpy_s(password, psw);
        deposit = d;
    }
    bool Check()
    {
        char name[20];
        char psw[20];
        cout<<"请输入用户名："；
        cin>>name;
        cout<<"请输入密码："；
        cin>>psw;
        if ((!strcmp(name,user)) && (!strcmp(password,psw)))
            return false;
        else
            return true;
    }
```

```
        void saving(double d)
        {
            cout<<"存款需要验证身份！"<<endl;
            if (Check())
                cout<<"用户名或密码错误！"<<endl;
            else
                deposit += d;
        }
        void drawing(double d)
        {
            cout<<"取款需要验证身份！"<<endl;
            if (Check())
                cout<<"用户名或密码错误！"<<endl;
            else
                deposit -= d;
        }
        void show()
        {
            cout<<"用户："<<user<<"，账户余额："<<deposit<<endl;
        }
    };
    void main()
    {
        char name[20];
        char psw[20];
        cout<<"新用户开户，请输入用户名：";
        cin>>name;
        cout<<"请输入密码：";
        cin>>psw;
        ATM u1(name,psw);
        u1.show();
        u1.saving(2800);
        u1.show();
        u1.drawing(1500);
        u1.show();
    }
```

例 7.8 定义分数类 Rational，数据成员用整数表示分子和分母，要求用简化形式表示，例如 4/12 应该以 1/3 的形式表示。公有成员函数包括：(1) 按 "a/b" 的形式输出；(2) 按浮点数输出分数的值。两个输出函数使用函数重载。

程序

```
#include <iostream>
using namespace std;
class Rational
{
private:
    int numerator;
    int denominator;
    int GCM(int m, int n)
    {
        int r = m % n;
        while (r != 0){
            m = n;
            n = r;
            r = m % n;
        }
        return n;
    }

public:
    Rational(int a,int b)
    {
        int gcm;
        if (a>b)
            gcm = GCM(a,b);
        else
            gcm = GCM(b,a);

        numerator = a/gcm;
        denominator = b/gcm;
    }
    void Show()
    {
        cout<<numerator<<"/"<<denominator<<endl;
    }
    void Show(double)
    {
        cout<<(double)numerator/denominator<<endl;
    }
```

```
    };
    void main()
    {
        Rational r(3,12);
        r.Show();
        r.Show(1.0);
    }
```

例 7.9 编程定义单链表类 link。链表的节点使用结构体定义 node，成员包括整型数 x 和 node 型指针指向下一个节点。link 类的数据成员有头节点指针 head 和尾节点指针 tail，成员函数有构造函数；复制构造函数；析构函数。(add(v)在链表尾添加值为 v 的新节点；del(v)删除链表中第一个找到的值为 v 的节点；show()输出链表数据。编写主函数测试类的使用。)

程序

```
#include <iostream>
using namespace std;
struct node
{
    int x;
    node * next;
};
class link
{
private:
    node* head;
    node* tail;
public:
    link();
    link(link& l);
    ~link();
    void add(int v);
    void del(int v);
    void show(){
        node* temp = head;
        while (temp != NULL)
        {
            cout<<temp->x<<endl;
            temp = temp->next;
        }
    }
```

```cpp
};
link::link()
{
    head = new node;
    tail = head;
    head->x = 0;
    head->next = NULL;
}
link::~link()
{
    node* temp = head;
    node* temp1;
    while (temp->next != NULL)
    {
        temp1 = temp;
        temp = temp->next;
        delete temp1;
    }
}

link::link(link& l)
{
    head = new node;
    head->x = l.head->x;
    node* templ = l.head;
    node* temp = head;
    while (templ->next != NULL)
    {
        temp->next = new node;
        temp->next->x = templ->next->x;
        templ = templ->next;
        temp = temp->next;
    }
    temp->next = NULL;
    tail = temp;
}

void link::add(int v)
{
```

```
            node* temp = new node;
            temp->x = v;
            temp->next = 0;
            tail->next = temp;
            tail = temp;
    }
    void link::del(int v)
    {
            node* temp = head;
            while ((temp->next != NULL) && (temp->next->x != v))
                    temp = temp->next;
            if (temp->next != NULL)
                    temp->next = temp->next->next;
    }
    void main()
    {
            link linktable;
            linktable.add(5);
            linktable.add(10);
            linktable.add(15);
            linktable.show();
            linktable.del(10);
            linktable.show();

            link table2(linktable);
            table2.show();
    }
```

例 7.10　编程定义 double 型数据的统计类 statistics，数据成员有数据个数和长度为 1000 的 double 型数组。成员函数有构造函数(参数为数组和数据个数)；add(x)将 x加入数组；maxmin 函数求最大值和最小值，用参数返回；average()求平均值；variance()求方差；show()输出数组。编写主函数测试类的使用。

程序

```
    #include <iostream>
    using namespace std;
    class statistics
    {
    private:
            double arr[1000];
            int number;
```

```
public:
        statistics(double* a, int n);
        void add(double v);
        double average();
        double variance();
        void maxmin(double& max,double& min);
        void show()
        {
                for (int i=0;i<number;i++)
                        cout<<arr[i]<<"   "<<endl;
        }
};
statistics::statistics(double* a, int n)
        {
                number = n;
                for (int i=0;i<number;i++)
                        arr[i] = a[i];
        }
void statistics::add(double v)
        {
                number++;
                arr[number-1] = v;
        }
double statistics::average()
        {
                double sum = 0;
                for (int i=0;i<number;i++)
                        sum += arr[i];
                return sum/number;
        }
double statistics::variance()
        {
                double sum = 0;
                double avg = average();
                for (int i=0;i<number;i++)
                        sum += (arr[i]-avg)*(arr[i]-avg);
                return sum/number;
        }
void statistics::maxmin(double& max,double& min)
        {
```

```
                    max = arr[0];
                    min = arr[0];
                    for (int i=1;i<number;i++)
                    {
                            if (max < arr[i])
                                    max = arr[i];
                            if (min > arr[i])
                                    min = arr[i];
                    }
            }


        void main()
        {
            double a[5]={2,4,3,1,5};
            statistics s(a, sizeof(a)/sizeof(double));
            s.add(666);
            s.add(7);
            s.show();
            cout<<"平均值: "<<s.average()<<endl;
            cout<<"方差: "<<s.variance()<<endl;

            double max,min;
            s.maxmin(max,min);
            cout<<"最大值: "<<max<<"  最小值: "<<min<<endl;
        }
```

例 7.11　定义学生类 student，数据成员包括学号、姓名、年龄、成绩；定义带参数的构造函数和无参构造函数。在主函数中定义学生数组，只给部分元素初始化，编程实现并分析构造函数和析构函数的调用。

分析

如果定义了带参数的构造函数，又需要在定义数组时不进行初始化，那么就必须再定义一个无参构造函数，两个构造函数构成重载(或者给所有参数赋上默认值)。

程序

```
#include <iostream>
#include <iomanip>
#include <string>
using namespace std;
class student
{
    private:
```

```
        int id;
        string name;
        int age;
        float score;
    public:
        student(int, char*, int, float);
      student();
      ~student();
        void printstu()
        {       cout<<"学号："<<id<<" 姓名："<<setw(5)<<name;
                cout<<" 年龄："<<age<<" 成绩："<<score<<endl;
        }
};                                                  //student 类声明结束
student::student(int i, char* c, int a, float s)
{       id = i;
        name=c;
        age = a;
        score = s;
        cout<<"构造函数被调用。"<<endl;
}
student::student()
{
        cout<<"空构造"<<endl;
}
student::~student()
{
        cout<<"析构函数"<<endl;
}
void main()
{
    student stu[5]={student(1,"wang",18, 86),
    student(2,"Li",18, 72),student(3,"zhao",18, 80)};//对象数组初始化
    stu[3] = student(4,"guo",18, 85);
    stu[4] = student(5,"meng",18, 75);
        for (int i=0; i<5; i++)
            stu[i].printstu();    //显示每个对象
}
```

运行结果

如图 7-1 所示。

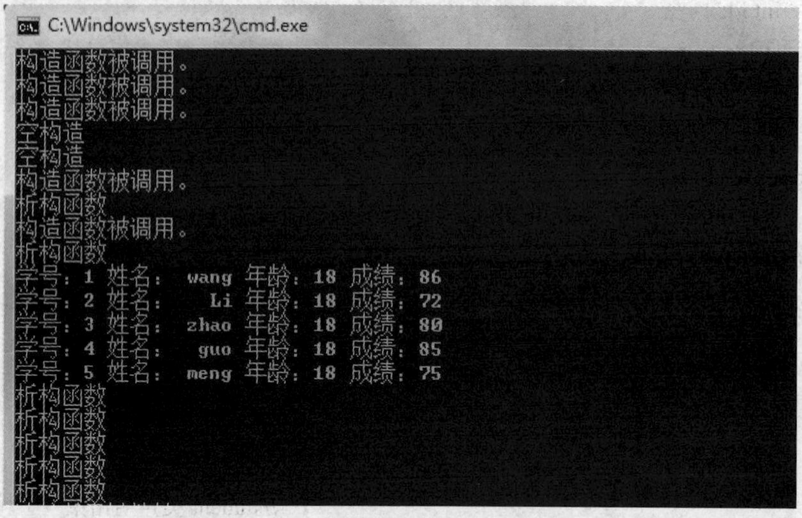

图 7-1 运行结果

程序说明

程序中定义了两个构造函数，定义数组时要调用构造函数进行初始化，其中三个对象有初值，调用带参数的构造函数初始化，另外两个对象没有初值，调用无参构造函数进行初始化。

使用语句：

    stu[3] = student(4,"guo",18, 85);

给对象赋值，需要调用带参数的构造函数构造一个临时对象，然后赋值。临时对象使用完毕就马上析构。

7.3 实 践 题 目

设计词表类和文档类，编写程序计算两个文本文件的相似度。

第**8**章

继承

8.1 《C++语言程序设计》习题及答案

8.1 派生类包含其基类成员吗？

答案：派生类继承了除基类的构造函数和析构函数外的其他成员。

难度：1

8.2 派生类能否访问基类的私有成员？

答案：不能。

难度：1

8.3 要使成员能在类族中被访问，而在类族结构之外不能访问，应该如何定义这样的成员？

答案：保护成员。

难度：2

8.4 派生类如何执行其基类的构造函数？是否可以将参数传递给基类构造函数？

答案：派生类通过系统调用基类的构造函数，可以将参数传递给基类的构造函数。

难度：2

8.5 什么构造函数负责初始化派生类对象的基类部分，是派生类的构造函数还是基类的构造函数？

答案：是基类的构造函数负责初始化派生类对象的基类部分。

难度：1

8.6 在类的层次结构中，采用什么顺序调用构造函数？调用析构函数的顺序是什么?

答案：构造函数的调用次序是：基类构造函数、内嵌对象的构造函数、派生类的构造函数。析构函数的调用次序与此相反。

难度：2

8.7 程序分析。

(1) 分析程序的输出结果。

```
#include <iostream>
using namespace std;
```

```
class A
{
public:
    A(int i, int j)
    {
        a=i;
        b=j;
    }
    void Move(int x, int y)
    {
        a+=x;
        b+=y;
    }
    void show()
    {
        cout<<"("<<a<<","<<b<<")"<<endl;
    }
private:
    int a,b;
};
class B:private A
{
public:
    B(int i,int j,int k,int l):A(i,j){x=k;y=l;}
    void show() {cout<<x<<","<<y<<endl;}
    void fun(){Move(3,5);}
    void f1() {A::show();}
private:
    int x,y;
};
    int main() {
    A e(1,2);
    e.show();
    B d(3,4,5,6);
    d.fun();
    d.show();
    d.f1();
    return 0;
}
```

(2) 分析程序的输出结果。

```cpp
#include <iostream>
using namespace std;
class A
{
public:
    A(int i, int j)
    {
        a=i;
        b=j;
    }
    void Move(int x, int y)
    {
        a+=x;
        b+=y;
    }
    void show()
    {
        cout<<"("<<a<<","<<b<<")"<<endl;
    }
private:
    int a,b;
};
calss B:public A
{
public:
    B(int i,int j,int k,int l):A(i,j),x(k),y(l){ }
    void show() {cout<<x<<","<<y<<endl;}
    void fun(){Move(3,5);}
    void f1() {A::show();}
private:
    int x,y;
};
int main()
{
    A e(1,2);
    e.show();
    B d(3,4,5,6);
    d.fun();
```

```
        d.A::show();
        d.B::show();
        d.f1();
    return 0;
    }
```

(3) 分析程序的输出结果。

```cpp
#include <iostream>
using namespace std;
class L
{
public:
        void InitL(int x, int y){ X =x; Y=y;}
        void Move(int x, int y){X+=x; Y+=y;}
        int GetX(){return X;}
        int GetY(){return Y;}
private:
        int X,Y;
};
class R: public L
{
public:
        void InitR(int x,int y, int w,int h)
        {
            InitL(x,y);
            W=w;
            H=h;
        }
        int GetW(){return W;}
        int GetH(){return H;}
private:
        int W,H;
};
class V: public R
{
public:
        void fun(){Move(3,2);}
};
int main()
{
```

```
        V v;
        v.InitR(10,20,30,40);
        v.fun();
        cout<<"{"<<v.GetX()<<","<<v.GetY()<<","<<v.GetW()<<","<<v.GetH()<<"}"<<endl;
        return 0;
    }
```

答案：(1) 运行结果：

       (1, 2)

       5, 6

       (6, 9)

    (2) 运行结果：

       (1, 2)

       (6, 9)

       5, 6

       (6, 9)

    (3) 运行结果：

       {13, 22, 30, 40}

难度：3

8.8 定义一个 Shape 基类，在此基础上派生出 Rectangle 和 Circle 类，二者都有 GetArea()函数计算对象的面积。使用 Rectangle 类创建一个派生类 Square，应用相应类的对象进行测试。

答案：

```cpp
#include<iostream>
using namespace std;
class Shape
{
    public:
    Shape(){}
    ~Shape(){}
    float GetArea() {return -1;}
};
class Circle :public Shape
{
public:
    Circle(float r) :radius(r){}
    ~Circle(){};
    float GetArea(){return 3.14f*radius*radius;}
private:
    float radius;
```

```
};
class Rectangle :public Shape
{
public:
    Rectangle(float len, float width):m_len(len), m_width(width){}
    ~Rectangle(){}
    float GetArea(){return m_len*m_width;}
    float GetLength(){return m_len;}
    float GetWidth(){return m_width;}
    private:
    float m_len,m_width;
};
class Square: public Rectangle
{
public:
    Square(float len);
    ~Square(){}
};
Square::Square(float len):Rectangle(len,len)
{}
int main()
{
    Circle *cp;
    cp=new Circle(5);
    cout<<"The area of the circle is "<<cp->GetArea()<<endl;
    delete cp;
    Rectangle *rp=new Rectangle(4,6);
    cout<<"The area of the rectangle is "<<rp->GetArea()<<endl;
    delete rp;
    Square *sp=new Square(5);
    cout<<"The area of the Square is "<<sp->GetArea()<<endl;
    delete sp;
    return 0;
}
```

难度：4

8.9 定义一个 Document 类，包含成员变量 name。从 Document 派生出 Book 类，增加 PageCount 成员变量。

答案：

```
#include<iostream>
```

```cpp
#include<cstring>
using namespace std;
class Document
{
public:
    Document(){}
    Document(char *name);
    void PrintName();
private:
    char *Name;
};
Document::Document(char *name)
{
    Name=new char[strlen(name)+1];
    strcpy(Name,name);
}
void Document::PrintName()
{
    cout<<Name<<endl;
}
class Book: public Document
{
public:
    Book(char name[],int pagecount );
    void PrintName();
private:
    int PageCount;
};
Book::Book(char *name, int pagecount):Document(name)
{
    PageCount=pagecount;
}
void Book::PrintName()
{
    cout<<"Name of book: ";
    Document::PrintName();
}
int main()
{
```

```
Document a("Document1");
a.PrintName();
Book b("Book1",100) ;
b.PrintName();
return 0;
}
```

难度：3

8.10 定义基类 Base，有两个公有成员函数 fn1()、fn2()，私有派生出 Derived 类，如果想在 Derived 类的对象中使用基类函数 fn1()，应如何设计？

答案：

```
#include<iostream>
using namespace std;
class Base
{
public:
    int fn1() {return 1;}
    int fn2() {return 2;}
};
class Derived: private Base
{
public:
    int fn1(){return Base::fn1();}
    int fn2(){return Base::fn2();}
};
int main()
{
    Derived a;
    cout<<a.fn1()<<endl;
    return 0;
}
```

难度：4

8.11 定义 Object 类，有 Weight 属性及相应的操作函数，由此派生出 Box 类，增加 Height 和 Width 属性及相应的操作函数，声明一个 Box 对象，观察构造函数与析构函数的调用顺序。

答案：

```
#include <iostream>
using namespace std;
class object
{
```

```cpp
private:
    int Weight;
public:
    object()
    {
        cout<<"construct object of class object"<<endl;
        Weight=0;
    }
    int GetWeight(){return Weight;}
    void SetWeight(int n){Weight=n;}
    ~object()
    {
        cout<<"deconstruct object of class object"<<endl;
    }
};
class box: public object
{
private:
    int Height, Width;
public:
    box()
    {
        cout<<"construct object of class box"<<endl;
        Height=Width=0;
    }
    int GetHeight(){ return Height;}
    void SetHeight(int n){ Height=n; }
    int GetWidth(){return Width;}
    void SetWidth(int n){Width=n;}
    ~box()
    {
        cout<<"deconstruct object of class box"<<endl;
    }
};
int main()
{
    box a;
    return 0;
}
```

难度：3

8.12　定义一个基类 BaseClass，从它派生出类 DerivedClass。BaseClass 有成员函数 fn1()、fn2()，DerivedClass 也有成员函数 fn1()、fn2()。在主程序中定义一个 DerivedClass 的对象，分别用 DerivedClass 的对象以及 BaseClass 和 DerivedClass 的指针来调用 fn1()、fn2()，观察运行结果。

答案：

```cpp
#include <iostream>
using namespace std;
class BaseClass
{
public:
    void fn1();
    void fn2();
};
void BaseClass::fn1()
{
    cout<<"call fn1() of BaseClass "<<endl;
}
void BaseClass::fn2()
{
    cout<<"call fn2() of BaseClass "<<endl;
}
class DerivedClass: public BaseClass
{
public:
    void fn1();
    void fn2();
};
void DerivedClass::fn1()
{
    cout<<"call fn1() of DerivedClass "<<endl;
}
void DerivedClass::fn2()
{
    cout<<"call fn2() of DerivedClass "<<endl;
}
int main()
{
    DerivedClass aDerivedClass;
```

```
DerivedClass *pDerivedClass=&aDerivedClass;
BaseClass *pBaseClass=&aDerivedClass;
cout<<"用 DerivedClass 的对象调用"<<endl;
aDerivedClass.fn1();
aDerivedClass.fn2();
cout<<"用 BassClass 的指针调用"<<endl;
pBaseClass->fn1();
pBaseClass->fn2();
cout<<"用 DerivedClass 的指针调用"<<endl;
pDerivedClass->fn1();
pDerivedClass->fn2();
return 0;
}
```
难度：3

8.2 编程案例及参考例程

例 8.1 基类 CPolygon 具有两个私有数据成员 side1 和 side2，通过函数 set_values 对这两条边赋值，通过函数 get_values 来显示边长。

有两个派生类 CRectangle 和 CRight_Angle_Triangle。为了更好的显示信息，派生类中重新定义函数 get_values 来显示信息，但是在具体显示边的长度时还是调用基类的 get_values 函数。

通过 main 函数来测试这些类的定义是否正确。

分析

(1) 这是一个最简单的继承—派生的题目，主要体会派生类如何继承基类的成员。

(2) 将 side1 和 side2 定义为基类的私有数据成员，将 set_values 和 get_values 定义为两个公有函数。

(3) 在派生类的 get_values 函数中，是不是可以直接通过函数名 get_values 调用基类的同名函数？如果不能，又该如何处理？

程序

```
//例 8.1 基本的继承和派生程序
#include <iostream>
#include <string>
using namespace std;
class Cpolygon
{
private:
```

```
        int side1, side2;
    public:
        void set_values (int a, int b)
        { side1=a; side2=b;}
        void get_values()
        { cout<<"side1="<<side1<<"    side2="<<side2<<endl;}
    };
    class CRectangle: public Cpolygon
    {
    public:
        void get_values()
        {
            cout<<"长方形的边长是:";
            CPolygon::get_values();
        }
    };

    class CRight_Angle_Triangle: public Cpolygon
    {
    public:
        void get_values()
        {
            cout<<"直角三角形的直角边是:";
            CPolygon::get_values();
        }
    };
    int main ()
    {
        CRectangle rect;
        CRight_Angle_Triangle trgl;
        rect.set_values (4,5);
        trgl.set_values (4,5);
        rect.get_values();
        trgl.get_values();
        return 0;
    }
```

运行结果

长方形的边长是：side1=4   side2=5

直角三角形的直角边是：side1=4　side2=5

程序说明

(1) 一般来说，派生类中调用基类公有函数时，只要直接使用它的函数名就可以，但是在派生类的 get_values 函数中就不能直接调用基类的 get_values 函数，因为在派生类的函数中，首先可见的是本类的函数。为了解决这个问题，可以使用基类名::函数名的方式来调用。具体来说就是通过 CPolygon::get_values();来调用基类的 get_values 函数。

(2) 在 main 函数中定义了 CRectangle 类的对象 rect 和 CRight_Angle_Triangle 类的对象 trgl，通过它们调用类的成员函数来完成对于类定义的测试。

注意：使用运算符 "::" 不要误输入为全角符号 "：："，那将带来编译错误。

例 8.2　如果在例 8.1 的程序中，将语句 "CPolygon::get_values();" 误写为 "get_values();"，则程序在编译和运行中会出现什么问题？

解析

程序在编译的时候没有问题，既没有编译错误，也没有警告，因为编译程序认为 "get_values();"语句就是要调用派生类自己的 get_values 函数，是一种递归的函数调用，原理上来说是没有问题的。

但是，程序在执行的时候会出现问题。由于是按递归调用来执行，但是又不存在结束递归调用的条件，就成为 "无条件" 的递归调用：一旦开始，调用就不会结束，直到系统资源消耗殆尽。

在控制台窗口中看到的现象是：不停地显示 "长方形的边长是：长方形的边长是：长方形的边长是……"。

例 8.3　在例 8.1 的两个派生类中增加 area 函数来计算具体多边形的面积。派生类的 get_values 函数，也要显示面积。

通过 main 函数来测试这些类的定义是否正确。

分析

(1) 这个题目要解决如何在派生类中使用基类的私有数据成员。

(2) 不管是什么类型的继承，派生类中都不能直接使用基类的私有数据成员。只有通过基类的公有函数，才可以间接地使用基类私有数据成员。

(3) 具体来说，在基类中要增加两个获取两个边长的函数 value_1 和 value_2，派生类中调用这两个函数获取边长，再进行面积的计算。

程序

```
//例 8.3 派生类中使用基类私有数据成员
#include <iostream>
#include <string>
using namespace std;
class Cpolygon
{
private:
    double side1, side2;
```

```cpp
public:
        void set_values (double a, double b)
        { side1=a; side2=b;}
        double value_1()
        {return side1; }
        double value_2()
        {return side2; }
        void get_values()
        { cout<<"side1="<<side1<<"    side2="<<side2<<endl; }
};
class CRectangle: public Cpolygon
{
public:
        double area ()
        {    return value_1()*value_2(); }
        void get_values()
        {
                cout<<"长方形的边长是:";
                CPolygon::get_values();
                cout<<"长方形的面积是:"<<area()<<endl;
        }
};


class CRight_Angle_Triangle: public Cpolygon
{
public:
        double area ()
        { return (value_1() * value_2()/ 2); }
        void get_values()
        {
                cout<<"直角三角形的直角边是:";
                CPolygon::get_values();
                cout<<"直角三角形的面积是:"<<area()<<endl;
        }
};


int main ()
{
        CRectangle rect;
```

```
CRight_Angle_Triangle trgl;
rect.set_values (4,5);
trgl.set_values (4,5);
rect.get_values();
trgl.get_values();
return 0;
}
```

运行结果

长方形的边长是：side1=4　side2=5

长方形的面积是：20

直角三角形的直角边是：side1=4　side2=5

直角三角形的面积是：10

程序说明

(1) 在派生类的 area 函数中，通过语句"return value_1()*value_2();"计算矩形的面积。语句中调用了基类的 value_1 和 value_2 函数。

注意：在调用时不要忘记写"()"。

(2) 在派生类中使用基类的私有数据成员时会发生，为了便于在派生类中使用基类的私有数据成员，可以将这些数据成员在基类中定义为 protected 类型，而不是 private 类型。下一个题目来练习这种变化。

例 8.4　将例 8.3 的两个基类私有数据成员定义为 protected 类型，重新定义派生类计算面积的 area 函数。

通过 main 函数来测试这些类的定义是否正确。

分析

(1) 基类的 protected 类型的数据，在 public 继承时，它们在派生类中使用时仍然是 protected 类型，就可以在派生类中直接使用。

(2) 在这种情况下，基类的两个函数 value_1 和 value_2 就不再需要，可以从基类的定义中删除。

程序

```
//例 8.4 派生类中使用基类 protected 数据成员
#include <iostream>
#include <string>
using namespace std;
class Cpolygon
{
protected:
    double side1, side2;
public:
    void set_values (double a, double b)
    { side1=a; side2=b;}
```

```
        void get_values()
        { cout<<"side1="<<side1<<"    side2="<<side2<<endl; }
};


class CRectangle: public Cpolygon
{
public:
        double area ()
        { return side1 * side2; }
        void get_values()
        {
            cout<<"长方形的边长是:";
            CPolygon::get_values();
            cout<<"长方形的面积是:"<<area()<<endl;
        }
};


class CRight_Angle_Triangle: public Cpolygon
{
public:
        double area ()
        { return side1 * side2 / 2; }
        void get_values()
        {
            cout<<"直角三角形的直角边是:";
            CPolygon::get_values();
            cout<<"直角三角形的面积是:"<<area()<<endl;
        }
};


int main ()
{
    CRectangle rect;
    CRight_Angle_Triangle trgl;
    rect.set_values (4,5);
    trgl.set_values (4,5);
    rect.get_values();
    trgl.get_values();
    return 0;
}
```

运行结果

　　长方形的边长是：side1=4　　side2=5

　　长方形的面积是：20

　　直角三角形的直角边是：side1=4　　side2=5

　　直角三角形的面积是：10

程序说明

(1) 由于 side1 和 side2 在基类中已经定义为 protected 类型，在派生类中就可以直接使用这两个数据成员。

(2) 计算矩形面积就可以直接用语句 side1 * side2。计算直角三角形面积也可以直接使用 side1 * side2 / 2。

(3) 将基类数据成员定义为 protected 类型，在使用时会方便不少。

　　例 8.5　　重新对例 8.3 进行编程。要求编写构造函数，通过构造函数来创建对象，并对 side1 和 side2 赋初值。对于显示数据的要求不变。

分析

(1) 基类的构造函数要对基类的私有数据成员赋初值。

(2) 由于派生类没有增加新的数据成员，派生类构造函数就没有数据初始化的任务。

(3) 在这种情况下，派生类的构造函数只是用来向基类构造函数传递参数，不需要进行任何实质的操作。

(4) 基类中的 set_values 函数已经不再需要。

程序

```
//例 8.5 继承和派生中的构造函数(1)
#include <iostream>
#include <string>
using namespace std;
class Cpolygon
{
private:
    double side1, side2;
public:
    CPolygon(double ,double );
    double value_1()
    {return side1; }
    double value_2()
    {return side2; }
    void get_values()
    { cout<<"side1="<<side1<<"    side2="<<side2<<endl; }
};
```

```
CPolygon::CPolygon(double a,double b)
{
     side1=a;
      side2=b;
}


class CRectangle: public Cpolygon
{
public:
     CRectangle(double,double);
     double area ()
     { return (value_1() * value_2()); }
     void get_values()
     {
         cout<<"长方形的边长是:";
         CPolygon::get_values();
         cout<<"长方形的面积是:"<<area()<<endl;
     }
};
CRectangle::CRectangle(double a,double b):CPolygon(a,b) { }
class CRight_Angle_Triangle: public Cpolygon
{
public:
     CRight_Angle_Triangle(double,double);
     double area ()
     { return (value_1() * value_2()/ 2); }
     void get_values()
     {
         cout<<"直角三角形的直角边是:";
         CPolygon::get_values();
         cout<<"直角三角形的面积是:"<<area()<<endl;
     }
};
CRight_Angle_Triangle::CRight_Angle_Triangle(double a,double b):CPolygon(a,b){ }
int main ()
{
     CRectangle rect(4,5);
     CRight_Angle_Triangle trgl(4,5);
     rect.get_values();
```

```
        trgl.get_values();
        return 0;
    }
```

程序运行结果和例 8.3 完全相同。

程序说明

(1) 在这个程序中，两个派生类的构造函数都是没有任何语句的空函数。如果认为空函数没有什么作用就不写了，也就是把这两个构造函数都删除掉，那是很大的错误。

(2) 程序在编译"CRectangle rect(4,5);"语句时，要寻找 CRectangle 类的带有两个参数的构造函数，如果找不到，就是错误。给出的编译错误将是 "'CRectangle::CRectangle': function does not take 2 parameters"。这里的"function"指的就是系统提供的默认构造函数。默认构造函数是没有参数的，所以它"does not take 2 parameters"，就是错误的原因。

例 8.6　重新对例 8.4 进行编程。要求编写构造函数，通过构造函数来创建对象，并对 side1 和 side2 赋初值。对于显示数据的要求不变。

分析

(1) 这个题目完全可以采用例 8.5 的方法进行编程。

(2) 由于基类中的数据成员定义为 protected 类型，使得派生类的构造函数也可以对它们赋初值。编程的方法又可以发生变化。现在，我们采用这种方法，看看结果有什么不同。

(3) 由于基类数据成员的初始化在派生类构造函数中完成，这个题目的基类构造函数就不需要做任何操作。这样的构造函数是不是要写呢？答案是可以不写。

(4) 基类中的 set_values 函数已经不再需要。

程序

```
//例 8.6 继承和派生中的构造函数(2)
#include <iostream>
#include <string>
using namespace std;
class Cpolygon
{
protected:
    double side1, side2;
public:
    void get_values()
    { cout<<"side1="<<side1<<"    side2="<<side2<<endl; }
};

class CRectangle: public Cpolygon
{
```

```cpp
public:
        CRectangle(double,double);
        double area ()
        {    return side1 * side2; }
        void get_values()
        {
            cout<<"长方形的边长是:";
            CPolygon::get_values();
            cout<<"长方形的面积是:"<<area()<<endl;
        }
};
CRectangle::CRectangle(double a,double b)
{
    side1 = a;
    side2 = b;
}
class CRight_Angle_Triangle: public Cpolygon
{
public:
        CRight_Angle_Triangle(double,double);
        double area ()
        { return side1 * side2 / 2; }
        void get_values()
        {
            cout<<"直角三角形的直角边是:";
            CPolygon::get_values();
            cout<<"直角三角形的面积是:"<<area()<<endl;
        }
};
CRight_Angle_Triangle::CRight_Angle_Triangle(double a,double b)
{
    side1 = a;
    side2 = b;
}

int main ()
{
    CRectangle rect(4,5);
    CRight_Angle_Triangle trgl(4,5);
```

```
rect.get_values();
trgl.get_values();
return 0;
}
```

程序运行结果和例 8.4 完全相同。

程序说明

(1) 在这个程序中，两个派生类的构造函数的头部都没有":"，也就是都没有向基类构造函数传递参数。这在一般的书籍中很少看到。但是，程序确实是编译通过，运行正确。

(2) 这个程序中没有写基类构造函数，使用的就是系统提供的默认构造函数。这个函数本身也是空函数。现在是可以省略不写的。

例 8.7 在例 8.1 的类的结构中，增加一个派生类 CTriangle，用来表示一般的三角形。采用两种方式来构造对象：一种是调用无参构造函数，通过 set 函数对数据成员赋值；另一种是调用有参构造函数，在构造函数中对数据成员赋初值。创建对象后，仍然要显示对象的各条边长和面积。

分析

(1) 这个题目是类的继承的应用中经常发生的事情：根据需要，增加新的派生类。

(2) 对于一般的三角形，需要用三条边来描述。因此，在 CTriangle 类中要增加一个数据成员：side3。计算面积的函数 area 也要按一般三角形的面积公式来进行计算。在这个公式中要使用开平方函数 sqrt，在程序开始时，要将<cmath>头文件包含进来。

(3) 这个题目的重点，还是构造函数的选择和使用。

(4) 4 个有参构造函数的头部是：

```
CPolygon::CPolygon(double a,double b)
CRectangle::CRectangle(double a,double b):CPolygon(a,b)
CRight_Angle_Triangle::CRight_Angle_Triangle(double a,double b):CPolygon(a,b)
CTriangle::CTriangle(double a,double b,double c):CPolygon(a,b)
```

其中有两个函数是空函数。

(5) 4 个无参构造函数的原型是：

```
CPolygon( );
CRectangle( );
CRight_Angle_Triangle( );
CTriangle( );
```

4 个函数都是空函数。

程序

```
//例 8.7 继承和派生中的构造函数(3)
#include <iostream>
#include <string>
#include <cmath>
using namespace std;
```

```
class Cpolygon
{                           //基类 CPolygon 的定义
private:
        double side1, side2;
public:
        CPolygon(double ,double );
        CPolygon( );
        void set_values (double a, double b)
        { side1=a; side2=b;}
        void get_values()
        { cout<<"side1="<<side1<<"   side2="<<side2; }
};
CPolygon::CPolygon(double a,double b)     //基类构造函数
{
        side1=a;
        side2=b;
}
CPolygon::CPolygon() {}                    //基类无参构造函数

class CRectangle: public Cpolygon
{                                         //派生类 CRectangle 的定义
public:
        CRectangle(double,double);
        CRectangle() {}                   //无参构造函数
        double area ()
        { return (side1 * side2); }
        void get_values()
        {
            cout<<"长方形的边长是:";
            CPolygon::get_values();
            cout<<endl;
            cout<<"长方形的面积是:"<<area()<<endl;
        }
};
CRectangle::CRectangle(double a,double b):CPolygon(a,b) {}     //构造函数

class CRight_Angle_Triangle: public Cpolygon
{   //CRight_Angle_Triangle 类
public:
```

```
            CRight_Angle_Triangle(double,double);
            CRight_Angle_Triangle() { }          //无参构造函数
            double area ()
            {
                return (side1 * side2/ 2); }
                void get_values()
                {
                    cout<<"直角三角形的直角边是:";
                    CPolygon::get_values();
                    cout<<endl;
                    cout<<"直角三角形的面积是:"<<area()<<endl;
                }
        };
CRight_Angle_Triangle::CRight_Angle_Triangle(double a,double b):CPolygon(a,b) { }
class CTriangle: public CPolygon
{                                            //CTriangle 类的定义
        private:
        double side3;
public:
        CTriangle(double,double,double);
        CTriangle( ) { }
        void set_values (double a,double b,double c)
        {
                CPolygon::set_values(a,b);
                side3=c;
        }
        double area ()
        {
                double s=(side1+side2+side3)/2;
                return (sqrt(s*(s-side1)*(s-side2)*(s-side3)));
        }
        void get_values()
        {
            cout<<"三角形的三条边是:";
            CPolygon::get_values();
            cout<<"    side3="<<side3;
            cout<<endl;
            cout<<"三角形的面积是:"<<area()<<endl;
        }
```

```
    };
    CTriangle::CTriangle(double a,double b,double c):CPolygon(a,b)
    {side3=c;}

    int main ()
    {
        CRectangle rect;                              //调用无参构造函数
        rect.set_values (4.0,5.0);
        CRight_Angle_Triangle r_trgl;                 //调用无参构造函数
        r_trgl.set_values (4.0,5.0);
        CTriangle trgl;                               //调用无参构造函数
        trgl.set_values (3.0,4.0,5.0);
        rect.get_values();                            //显示信息
        r_trgl.get_values();
        trgl.get_values();
        CRectangle rect_1(4.0,5.0);                   //调用有参构造函数
        CRight_Angle_Triangle r_trgl_1(4.0,5.0);      //调用有参构造函数
        CTriangle trgl_1(3.0,4.0,5.0);                //调用有参构造函数
        rect_1.get_values();                          //显示信息
        r_trgl_1.get_values();
        trgl_1.get_values();
        return 0;
    }
```

运行结果

```
        长方形的边长是：side1=4    side2=5
        长方形的面积是：20
        直角三角形的直角边是：side1=4    side2=5
        直角三角形的面积是：10
        三角形的三条边是：side1=3    side2=4    side3=5
        三角形的面积是：6
        长方形的边长是：side1=4    side2=5
        长方形的面积是：20
        直角三角形的直角边是：side1=4    side2=5
        直角三角形的面积是：10
        三角形的三条边是：side1=3    side2=4    side3=5
        三角形的面积是：6
```

程序说明

(1) 这个程序中，采用两种派生类—基类构造函数的调用方式：

186

有参派生类构造函数→调用有参基类构造函数→执行派生类构造函数语句；

无参派生类构造函数→调用无参基类构造函数。

(2) 派生类构造函数是可以重载的，基类构造函数也是可以重载的。

(3) 这个程序最可能出现的错误就是没有写基类，或者某个派生类的无参构造函数，以为无参构造函数会由系统提供，不需要编写。不论缺少哪个无参构造函数，在编译后都会给出类似的编译错误："no appropriate default constructor available"。

例 8.8 定义一个基类 CStudent，它只有一个公有函数 Set，用来将一个字符串赋值给一个指针 variable。定义一个派生类 CName，用来设置学生的姓名和地址，有两个函数 SetName 和 SetAddress，两个私有数据成员 myName 和 myAddress，都是字符指针。通过基类的 Set 函数来设置地址和姓名。再定义 CName 的一个派生类 CStudentRecord，用来设置学生的成绩，如语文、数学、物理、化学、英语的成绩。要求在 CStudentRecord 类中不可以使用基类的 Set 函数，防止在输入成绩的时候非法地修改学生姓名。

定义和编写各个类，在 main 函数中进行测试。

分析

(1) 这个题目要使用私有继承，也就是要将 CName 类定义为 CStudent 类的私有继承。

(2) 由于是私有继承，CStudent 类中的公有函数 Set 在派生类中的访问属性就是 private，它在 CName 类中可以使用，用来设置学生姓名和地址。

(3) 在 CStudentRecord 派生类中，Set 函数就不能使用了，就可以防止在 CStudentRecord 类中修改学生姓名和地址。

(4) 还要注意一点是：Set 函数的原型应该是

```
void Set(char*& variable, char* value);
```
其中 value 是输入的字符串，variable 是要赋值的字符指针。

程序

```
//例 8.8 私有继承的使用
#include <iostream>
#include <string>
using namespace std;
class CStudent
{
public:
        void Set(char*& variable, char* value)
        {
                variable = new char[strlen(value)+1];
                strcpy(variable,value);
        }
};
class CName: private CStudent
```

```
                {
                public:
                          CName(void)    { myName = 0; }
                          ~CName(void) { delete[] myName; }
                          void SetName(char* n)
                          { Set(myName,n); }
                          void SetAddress(char* c)
                          { Set(myAddress,c); }
                          void Print(void)
                          {
                               cout << "姓名:"<<myName << endl;
                               cout << "地址:"<<myAddress<<endl;
                          }
                private:
                          char* myName, *myAddress;
                };


                class CStudentRecord: public CName
                {
                public:
                     void SetRecord( )
                     {
                          cout<<"输入成绩："<<endl;
                          cout<<"语文  数学  物理  化学  英语"<<endl;
                          for(int i=0; i<5; i++)
                            {cin>>myRecord[i]; }
                     }
                     void Print(void)
                     {
                          cout<<endl;
                          CName::Print();
                          cout << "语文   数学   物理   化学   英语"<<endl;
                          for(int i=0; i<5; i++)
                          {cout<<"  "<<myRecord[i]<<"    ";}
                          cout<<endl;
                     }
                private:
                     double myRecord[5];
                };
```

```
int main(void)
{
        CStudentRecord c;
        c.SetName("张达仁");
        c.SetAddress("西土城路 10 号");
        c.SetRecord();
        c.Print();
        return 0;
}
```

运行结果

输入成绩：

语文　数学　物理　化学　英语

91　　92　　93　　94　　95

姓名:张达仁

地址:西土城路 10 号

语文　数学　物理　化学　英语

91　　92　　93　　94　　95

程序说明

(1) 如果在 CStudentRecord 类中使用 Set 函数，编译时会出现错误 " 'Set' not accessible because 'CName' uses 'private' to inherit from 'CStudent' "。

(2) 如果将 Set 函数的参数 void Set(char*& variable, char* value)改为 void Set(char* variable, char* value)，则编译的时候没有错误，但是会在运行的时候出现运行错误，会弹出"应用程序错误"提示框，如图 8-1 所示。

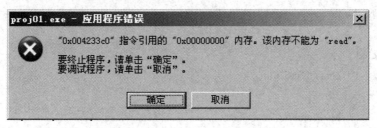

图 8-1　应用程序错误提示框

(3) 输入学生成绩可以采用其他方法。例如，可以先输入课程名称，再输入成绩，也可以自己指定课程的数目等。

例 8.9　定义一个 MyFather 类，用数据成员 EyeColor 表示眼睛颜色，FamSaving 表示家庭存款。函数 ShowEyeColor 显示眼睛颜色，FamilySaving 显示存款数。再定义一个 MyMother 类，也用数据 EyeColor 和函数 ShowEyeColor 来显示母亲的眼睛颜色。再定义一个 MySister 类，是 MyFather 和 MyMother 的多继承。也用数据 EyeColor 和函数 ShowEyeColor 来显示妹妹眼睛颜色。还有一个数据 MonAllowance 表示零用钱，函数 ShowSisAllownace 显示她的零用钱。

定义这些类，在 main 函数中定义一个 MySister 类的对象，调用所有函数进行测试。

分析

(1) 这是一个简单的多继承题目，目的是真实地体会一下多继承中的二义性。

(2) 二义性将体现在两个方面。其一是在 MySister 类的 ShowEyeColor 函数中要用到继承得到的数据 EyeColor，而 MySister 类中继承了两个这样的变量，会出现二义性，需要进行处理。其二是表现在 MySister 类对象调用 ShowEyeColor 来显示父亲、母亲和自己眼睛颜色的时候。因为函数名是一样的，如何区分是显示父亲的眼睛颜色还是母亲的眼睛颜色？这也是二义性的表现，也需要处理一下。

程序

```cpp
//例 8.9 多继承中二义性的处理
#include <iostream>
using namespace std;
class MyFather
{
protected:
        char* EyeColor;
        double FamSaving;
public:
        MyFather(){}
        ~MyFather(){}
        char* ShowEyeColor() {return EyeColor = "Brown";}
        long double FamilySaving() {return FamSaving = 100000L;}
};


class MyMother
{
protected:
        char* EyeColor;
public:
        MyMother(){}
        ~MyMother(){}
        char* ShowEyeColor() {return EyeColor = "Blue";}
};


class MySister:public MyFather,public MyMother
{
        float MonAllowance;
public:
        MySister(){}
        ~MySister(){}
```

```
                char* ShowEyeColor() {return MyMother::EyeColor = "Black";}
                float ShowSisAllownace() {return MonAllowance = 1000.00;}

        };


        int main()
        {
                MySister Sis;
                cout<<"Father's eye: "<<Sis.MyFather::ShowEyeColor()<<endl;
                cout<<"Mother's eye: "<<Sis.MyMother::ShowEyeColor()<<endl;
                cout<<"Sister's eye: "<<Sis.ShowEyeColor()<<endl;
                cout<<"Our family saving: USD"<<Sis.FamilySaving()<<endl;
                cout<<" Sister's monthly allowances: USD"<<Sis.ShowSisAllownace()<<endl;
                return 0;

        }
```

运行结果

Father's eye: Brown

Mother's eye: Blue

Sister's eye: Black

Our family saving: USD100000

Sister's monthly allowances: USD1000

程序说明

(1) 基本的解决办法就是使用运算符 "::" 来表明后面所引用的数据或函数是从哪一个类继承下来的。

(2) 在 MySister 类的 ShowEyeColor 函数中, 用 MyMother::EyeColor 来表示所用的 EyeColor 是从 MyMother 类继承得来的。其实, 换用 MyFather::EyeColor 也是可以的, 两者效果相同。

(3) 在调用 ShowEyeColor 函数时分别用了 3 种表示: Sis.MyFather::ShowEyeColor() 显示父亲眼睛的颜色, Sis.MyMother::ShowEyeColor() 显示母亲眼睛的颜色, Sis.ShowEyeColor() 显示对象本身眼睛的颜色。

(4) 所以, 多继承时的二义性问题不难解决。

例 8.10   基类 Person 有一个私有数据 char *pName, 表示人的姓名。构造函数要对人的姓名赋值。公有函数 printName 显示姓名。派生类 Assistant 增加一个数据: monthlyPay, 表示每月工资, 函数 pringPay 显示工资数。Person 的另一个派生类 Postgraduate 也增加一个数据 credit, 表示已有的学分。这两个派生类再共同派生一个类 On_job_postgraduate, 表示在职研究生, 它不定义新的数据成员。

定义这些类, 在 main 函数中定义一个 On_job_postgraduate 类的对象, 显示它的姓名、月薪和已获得的学分。

分析

(1) 这是一个典型的钻石型继承, 几乎不可避免地存在二义性。

(2) 二义性具体体现在，On_job_postgraduate 类的对象要调用基类的 printName 时，因为继承了两个这样的函数，不知道该用哪个，出现二义性。

(3) 解决方法还是使用"::"运算符。

程序

```
//例 8.10  典型的钻石型继承的二义性
#include <iostream.h>
#include <string.h>
class Person
{
public:
    Person(char* pN);
    Person(Person& p);
    ~Person();
    void printName()
    {cout<<"姓名:"<<pName<<endl;    }
protected:
    char* pName;
};
Person::Person(char* pN)
{
    cout <<"Constructing " <<pN <<endl;
    pName=new char[strlen(pN)+1];
    if(pName!=0)
        strcpy(pName,pN);
}
Person::~Person()
{
    cout <<"Destructing " <<pName <<endl;
    pName[0]='\0';
    delete pName;
}
class Assistant:public Person
{
public:
    Assistant(char *ch, double pay);
    void printPay()
    { cout<<"月薪="<<monthlyPay<<endl; }
private:
    double monthlyPay;
```

```
};
Assistant::Assistant(char *ch, double pay):Person(ch)
{monthlyPay = pay;}
class Postgraduate:public Person
{
    public:
    Postgraduate(char *ch, int hour): Person(ch)
    {credit = hour;}
    void printCredit()
    {cout<<"已有学分="<<credit<<endl; }
private:
    int credit;
};


class On_job_postgraduate:public Assistant, public Postgraduate
{
    public:
    On_job_postgraduate(char *ch,double pay, int hour)
    :Assistant(ch,pay),Postgraduate(ch,hour)
    {}
};
int main()
{
    On_job_postgraduate stu1("LiWen",3000,20);
    stu1.Assistant::printName();      //不这样写，就会有二义性
    stu1.printPay();
    stu1.printCredit();
    return 0;
}
```

运行结果

Constructing LiWen

Constructing LiWen

姓名：LiWen

月薪=3000

已有学分=20

Destructing LiWen

Destructing LiWen

程序说明

(1) 从运行结果看基类 Person 的构造函数调用了两次，这就是产生二义性的根源。

(2) 由于基类构造函数中使用了 new，所以要定义析构函数。析构函数也被调用了两次。

(3) 如果不采取措施，main 函数中通过对象调用 printName 函数时一定会有二义性的错误，因为 On_job_postgraduate 类从两个基类中都继承了这个函数。

(4) 解决办法很简单，只要指出所调用的 pringName 函数是从哪个类继承的就可以。程序中写的是 Assistant::printName()，如果写 Postgraduate::printName()也一样可以。

(5) 最好的解决办法是采用虚基类，见例 8.11。

例 8.11 采用虚基类来解决例 8.10 的二义性问题。

说明

采用虚基类，原来的程序只有两处(实际是 3 个地方)要修改。

(1) 中间两个派生类的定义要采用虚基类。

    class Assistant:virtual public Person

    class Postgraduate:virtual public Person

(2) On_job_postgraduate 类构造函数的构造初始化表中要增加对基类 Person 的参数传递。

    On_job_postgraduate(char *ch,double pay, int hour)

        :Person(ch),Assistant(ch,pay),Postgraduate(ch,hour)

(3) 当然，在 main 函数中就可以直接调用 printName 函数了。

    stu1.printName();

(4) 还可以注意到，程序执行结果表明：基类 Person 的构造函数只调用了一次，所以就不可能会有二义性了。

读者可以自行修改和运行程序，验证是否正确。

例 8.12 定义一个 Point 类，用数据成员 x 和 y 表示点的坐标。定义构造函数、setX、setY、gstX、getY 函数，用来设置和返回 xy 的值。函数 print 显示点的坐标。定义派生类 Circle，用数据成员 radius 表示半径。函数 setRadius 和 getRadius 设置和返回 radius 的值。getArea 函数计算面积。

定义这些类，在 main 函数中定义一个 Circle 类的对象，显示圆心坐标、半径和圆面积。

分析

(1) 这是一个基本的继承派生题目，为下一题做准备。

(2) 派生类构造函数要为基类构造函数传递参数。

程序

```
//例 8.12 基本的继承派生问题
#include <iostream>
using namespace std;
class Point
{
public:
    Point( int = 0, int = 0 );
```

```cpp
        void setX( int xValue )
        {    x = xValue; }
        int getX() const
        { return x;    }
        void setY( int yValue )
        {    y = yValue; }
        int getY() const
        { return y;    }
        void print() const
        {    cout << '[' << getX() << ", " << getY() << ']'<<endl;}
private:
        int x;
        int y;
}; //end class Point
Point::Point( int xValue, int yValue ) : x( xValue ), y( yValue )
class Circle : public Point
{
public:

        Circle( int = 0, int = 0, double = 0.0 );
        void setRadius( double radiusValue )
        { radius = ( radiusValue < 0.0 ? 0.0 : radiusValue );}
        double getRadius() const
        { return radius; }
        double getCircumference() const
        { return 2 * 3.14159 * radius; }
        double getArea() const
        { return 3.14159 * radius * radius; }
        void print() const
        {
            cout << "Center = ";
            Point::print();
            cout << " Radius = " << getRadius()<<endl;
            cout << " Area = " << getArea()<<endl;

        }
private:
        double radius;
};
Circle::Circle( int xValue, int yValue, double radiusValue ): Point( xValue, yValue )
```

```
{      setRadius( radiusValue );}
int main()
{
    Circle cir(2,3,3.5);
    cir.print();
    return 0;
}
```

运行结果

```
Center = [2, 3]
  Radius = 3.5
    Area = 38.4845
```

程序说明

(1) 在 Circle 类的 print 函数中使用了基类的 print 函数，为了加以区别，要写为 Point::print();

(2) getCircumference 函数现在看可以不用，但是在下一题中要用。

例 8.13 在例 8.12 的基础上，再增加一个 Cylinder 类作为 Circle 类的派生类，从而形成 3 层继承关系。Cylinder 类有一个表示高度的数据成员 height。需要的函数除了构造函数外，还有设置高度的 setHeight 函数，获得高度的 getHeight 函数，计算面积的 getArea 函数，计算体积的 getVolume 函数。

定义这个类，在 main 函数中定义一个 Cylinder 类的对象，显示圆心坐标，圆的高度、面积和体积。

分析

(1) getArea 函数要重新定义，这也是派生类扩展系统功能的常见做法。

(2) print 函数也要重新写，而且还不能使用 Circle 类的 print 函数，因为显示的信息不恰当。

Cylinder 类定义如下：

```
class Cylinder : public Circle
{
public:
    Cylinder( int = 0, int = 0, double = 0.0, double = 0.0 );
    void Cylinder::setHeight( double heightValue )
    { height = ( heightValue < 0.0 ? 0.0 : heightValue );}
    double getHeight() const
    {return height; }
    double getArea() const
    { return 2 * Circle::getArea() + getCircumference() * getHeight(); }
    double getVolume() const
    { return Circle::getArea() * getHeight();    }
    void print() const
```

```
                {
                    Point::print();
                    cout << " Radius = " << getRadius()<<endl;
                    cout << " Height = " << getHeight()<<endl;
                    cout << " Area = " << getArea()<<endl;
                    cout << " Volume = " << getVolume()<<endl;
                }
        private:
                double height;
        };
        Cylinder::Cylinder( int xValue, int yValue, double radiusValue, double heightValue )
            : Circle( xValue, yValue, radiusValue )
        {    height = heightValue ;}
```

测试用的 main 函数可以是：

```
        int main()
        {
            Cylinder cyl(2,3,3.5,4.4);
            cyl.print();
            return 0;
        }
```

修改后，程序运行结果如下：

```
        Radius = 3.5
        Height = 4.4
        Area = 173.73
        Volume = 169.332
```

程序说明

(1) 在 Cylinder 类的构造函数的参数表中要为所有的基类准备好参数，但是在构造初始化表中只要向直接基类 Circle 传递参数。

(2) Circle 类的构造函数再向它的基类传递参数，这样逐级向上传递参数，是多层次基础结构构造函数调用的特点。

8.3 实 践 题 目

设计词表类和文档类，文档类派生出文章类，编写程序计算两篇文章的相似度。

提示：

(1) 文本文件中第一行是文章"标题"，接下来是"正文"。

(2) 分别计算"标题"的相似度、"正文"的相似度。

第 9 章
类的特殊成员

9.1 《C++语言程序设计》习题及答案

9.1 什么叫做静态数据成员？它有何特点？

答案：在类声明时，采用 static 关键字来声明的数据成员叫静态数据成员；它的特点是：每个类只有一个拷贝，由该类的所有对象共同维护和使用，从而实现了同一类的不同对象之间的数据共享。

难度：2

9.2 什么叫做友元函数？什么叫做友元类？友元关系是否可以传递？

答案：友元函数是在类声明中由关键字 friend 修饰的非成员函数。在类的声明中可以由关键字 friend 声明另一个类为本类的友元，这时称为友元类。友元关系不传递。

难度：2

9.3 类的友元可以是另一个类的成员吗？

答案：可以。

难度：1

9.4 设计一个用于人事管理的 People(人员)组合类。人员属性为 number(编号)、sex(性别)、birthday(出生日期)、id(身份证号)等。其中"出生日期"定义为一个"日期"类内嵌对象。用成员函数实现对人员信息的录入和显示。要求具有构造函数、析构函数、复制构造函数、内联成员函数、带默认形式参数值的成员函数。

答案：

```
//Data.h 头文件 Data 类的定义
#pragma once
#include <iostream>
class Data
{
public:
    Data( int y=1900,int m=1,int d=1): year(y), month(m), day(d) { }
    Data(const Data& d){    //在类的定义中实现的方法，默认为内联函数
```

```
            year=d.year;
            month=d.month;
            day=d.day;
        }
        Data& operator=(const Data& d)
    {
        if(this!=&d){
                year=d.year;
                month=d.month;
                day=d.day;
        }
        return *this;
    }
    friend std::ostream& operator<<(std::ostream& out, const Data& d);
        friend bool operator==(const Data& da, const Data& db)
        {
            return da.year==db.year && da.month==db.month && da.day==db.day;
        }
        friend bool operator!=(const Data& da, const Data& db)
        {
                return !(da==db);
        }
private:
    unsigned year;
    unsigned month;
    unsigned day;
};
inline std::ostream& operator<<(std::ostream& out, const Data& d)
{
        out<<" "<<d.year<<":"<<d.month<<":"<<d.day;
        return out;
};
//People.h 头文件 人员类的声明及部分函数的定义
#pragma once   //声明 People.h 头文件仅被包含一次
#include "Data.h"   //使用 Data 类
#include <string>

class People
{
```

```
public:
        friend std::ostream& operator<<(std::ostream& out, const People& p);
        People(const std::string& na="", const std::string& id="", const std::string& sx,const
Data& d=Data()): name(na),ID(id),birthday(d)
        {
                if( sx==girl )    sex=&girl;
                else if(sx==boy)    sex=&boy;
                else sex=0;
        }
        People(const People& p)
        {
                name=p.name;
                ID=p.ID;
                sex=p.sex;
                birthday=p.birthday;
        }
        People& operator=(const People& p);
        ~People()
        {
                if( sex ) sex=0;    //将指针的值复位为空，避免悬垂指针
        }
        Data getBirth(){ return birthday; }
        void   modyInfo(const  std::string&   name,const  std::string&  id,const  std::string&
sex=std::string(),const Data& da=Data());
    private:
        std::string name;
        std::string ID;
        std::string* sex;
        Data birthday;
        static std::string boy;         //定义为静态类型，用于全部类成员共享
        static std::string girl;
    };
    inline People& People::operator=(const People& p)
    {
        if(this!=&p){
                name=p.name;
                ID=p.ID;
                sex=p.sex;
                birthday=p.birthday;
        }
```

```
        return *this;
    }
    //people.cpp：定义 people 中的成员函数和友元重载运算符
    #include "people.h"
    using namespace std;
    string People::boy="boy";        //静态成员的定义和初始化
    string People::girl="girl";  //静态成员的定义和初始化
    void People::modyInfo(const string& na,const string& id,const string& sx="",const Data& da)
    {
        name=na;
        ID=id;
        if(sx.length())
        {
            if( sx==girl ) sex=&girl;
            else    sex=&boy;
        }
        if( da!=Data() )
            birthday=da;
    }
    ostream& operator<<(ostream& out, const People& p)
    {
        out<<"Name:"<<p.name<<" ID:"<<p.ID<<" sex:"<<*p.sex<<" birthday:"<<p.birthday;
        return out;
    }
```

难度：5

解析：

由题可知，需要人员类对象与出生日期类对象。

从降低数据重复性减少内存的使用等角度考虑，可将人员类中提取出性别作为类的静态数据成员，每个对象使用指针指向自己对应的性别属性值。

9.5　根据上题，编写主函数对人员数组进行管理，测试人员类的各种功能，构成完整的多文件程序。

答案：

```
    //main.cpp   主程序
    #include "people.h"   //间接包含 Data.h 文件
    using namespace std;
    int main()
    {
        People p1("zhangsan","001","boy",Data(1988,8,8));
        People p2("lihua","002","girl",Data(1992,02,02));
```

```
        People p3=p2;
        p3.modyInfo("wangming","003");
        cout<<p1<<endl;        //输出  Name:zhangsan ID:001 sex:boy birthday: 1988:8:8
        cout<<p2.getBirth()<<endl; //调用  Data 类的输出友元函数运算   输出：  1992:2:2
        cout<<p3<<endl;        //输出  Name:wangming ID:003 sex:girl birthday: 1992:2:2
        return 0;
    }
```

难度：3

9.6　定义一个 Pen 类，拥有静态成员函数 PenNumber()，记录 Pen 的个体数目；
静态成员函数 GetPenNumber()，存取 PenNumber。设计程序测试这个类，体会静态数
据成员和静态成员函数的用法。

答案：

```
//pen.h 头文件：用于声明 Pen 类
#include <string>
class Pen
{
public:
    Pen(){}
    Pen(std::string tp,float pri,long st)
    {
        Type=tp; price=pri; stock=st;
        TotalStock = TotalStock + stock;
    }
    ~Pen(){TotalStock = TotalStock - stock;}
    void printInfo();
    void static   printTotalStock();        //静态函数成员的声明
private:
    std::string type;
    float price;
    long stock;
    static long TotalStock;                //静态数据成员的声明
};
//pen.cpp：用于定义 Pen 类的具体方法
#include "pen.h"
#include <iostream>
using   namespace std;
long Pen::TotalStock=0; //静态数据成员在类外定义(即分配空间和初始化)，static 不用写
void Pen::printInfo()
{
```

```
            cout<<type<<price<<stock<<TotalStock<<endl;
    }
    void Pen:: printTotalStock()
    {
            cout<<"TotalStock:"<<TotalStock<<endl;
    }
    //main.cpp  主程序
    #include "pen.h"   //包含对应类的头文件，使用其中的类
    void main()
    {
            Pen::printTotalStock( );          //通过类名调用静态成员函数
            Pen pencil( "pencil",1.0,100);
            Pen bush("bush",5.0,50);
            pencil.printInfo() ;               //输出内容：pencil 1.0 100 0
            bush.printInfo();                  //输出内容：  bush 5.0 50   0
            Pen::printTotalStock( );          //通过类名调用静态成员函数
    }
```

难度：4

解析：一般来讲，通过静态成员函数访问静态数据成员。

9.7　为什么要进行运算符重载？

答案：C++的运算符扩展到自定义类型和类类型的领域中，使用运算符重载可以使 C++代码更直观、更易懂，函数调用更方便、更简洁。

难度：2

9.8　定义复数类，并对加(+)、减(-)、乘(*)及除(/)运算符进行重载。

答案：

```
// complex.h：头文件复数类的声明
#pragma once
#include <iostream>
class Complex
{
public:
        friend Complex operator+(const Complex& a,const Complex& b);
        friend Complex operator-(const Complex& a,const Complex& b);
        friend Complex operator*(const Complex& a,const Complex& b);
        friend Complex operator/(const Complex& a,const Complex& b);
        friend bool operator==(const Complex& a,const Complex& b);
        friend bool operator!=(const Complex& a,const Complex& b);
        friend std::ostream& operator<<( std::ostream& out, const Complex& cp);
        Complex(double r=0,double i=0): real( r ), imag(i){}
```

```
        Complex& operator=(const Complex& x)
        {
            if(this!=&x){
                real=x.real;
                imag=x.imag;
            }
            return *this;
        }
        Complex(const Complex& x)
        {
            *this=x;
        }
        Complex& operator+=(const Complex& a)
        {
            real+=a.real;
            imag+=a.imag;
            return *this;
        }
    private:
        double real;
        double imag;
};
//complex.cpp：实现 complex 类的方法
#include "complex.h"
using namespace std;
Complex operator+(const Complex& a,const Complex& b)
{
    Complex c(a);
    c+=b;        //使用+=运算符实现+运算符
    return c;
}
Complex operator-(const Complex& a,const Complex& b)
{
    Complex c(a.real-b.real,a.imag-b.imag);
    return c;
}

Complex operator*(const Complex& a,const Complex& b)
{
    Complex c(a.real*b.real-a.imag*b.imag,a.real*b.imag+b.real*a.imag);
```

```cpp
        return c;
}

Complex operator/(const Complex& a,const Complex& b)
{
        double nom=b.real*b.real+b.imag*b.imag;
        double rl=(a.real*b.real+a.imag*b.imag)/nom;
        double ig=(a.imag*b.real-a.real*b.imag)/nom;
        return Complex(rl,ig);
}


bool operator==(const Complex& a,const Complex& b)
{
        return a.real==b.real && a.imag==b.imag;
}


bool operator!=(const Complex& a,const Complex& b)
{
        return !(a==b);   //使用==重载实现!=重载
}
ostream& operator<<( ostream& out, const Complex& cp)
{
        out<<"( "<<cp.real<<"+"<<cp.imag<<"i )";
        return out;
}
//main.cpp    测试程序
#include "complex.h"
using namespace std;
int main()
{
        Complex a(1,2), b(3,4);
        Complex c(a+b);
        cout<<a<<b<<c<<endl;           //输出 ( 1+2i )( 3+4i )( 4+6i )
        cout<<c-b<<endl;               //输出 ( 1+2i )
        cout<<a/b<<endl;               //输出 ( 0.44+0.08i )
        cout<<c*a<<endl;               //输出 ( -8+14i )
        cout<< ((c-b)==a) <<endl;      //输出 1
        cout<< (a==b) <<endl;          //输出 0
        return 0;
}
```

难度：4

解析：由数学知识可知，复数可分为实部和虚部，故在类中需要两个 double 型数据成员。如果要支持各种数学计算，类的成员就不应该是函数形式，而应该对加(+)、减(−)、乘(*)及除(/)、输出(<<)运算符、是否相等(==)运算符进行重载。运算符重载的实质就是函数重载，但是这是指与其他数据类型的运算符进行重载。运算符重载可以定义为类的成员，也可以定义为类的友元，但是有一些特殊的运算符必须用友元的形式，比如插入运算符(<<)和提取运算符(>>)。

9.9　如果删除例 9-12 中对于赋值运算符的重载，程序是否可以运行？运行后会出现什么现象？解释其原因。

答案：程序可以运行，但运行结束时会出现内存错误，因为 Name 所指的内存被释放了 2 次。

难度：2

9.10　复制构造函数与赋值运算符(=)有何关系？

答案：复制构造函数就是函数的形参是类的对象的引用的构造函数，其作用是使用一个已经存在的对象(由复制构造函数的参数指定的对象)去初始化一个新的同类的对象。复制构造函数与原来的构造函数实现了函数的重载。

通过等于号复制对象(两个对象都已经存在)时，系统会自动调用重载的赋值运算符，进行对象复制。

复制构造函数在创建对象时调用，因为此时对象还不存在，如果需要申请堆空间，只需要申请新的空间，而不需要释放原有资源空间。赋值运算符在对象已存在的条件下调用，如果需要申请堆空间，需要先释放原对象占用的空间，然后申请新的空间。

难度：3

9.11　下列程序的运行后屏幕上的输出为(　　)。

```cpp
#include<iostream>
using std::cout;
class T
{
public:
    T( ) { i++; }
    ~T( ) { i--; }
    void print( ) { cout <<i; }
private:
    static int i;
};
int T::i=0;
int main( )
{
    T a, b[2];
    T c=a;
```

```
    T *p=new T;
    delete p;
    b->print( );
    return 0;
}
```

　　A．1　　　　　　B．3　　　　　　C．4　　　　　　D．5

答案：B

难度：2

9.12　当类 test 声明如下时，模块 main 会发生执行错误。请对类 test 声明进行补充，使得运行时不会发生错误。

```
    class test
    {
        int *pt;    int num;
    public:
        test(int n ) {num=n;   pt=new int[num];}
        ~test() { if(pt) {delete [] pt;    pt=NULL;} }
    };
    void main()
    {
        test obj1(10);
        test obj2(obj1);
        test obj3(20);
        obj1=obj3;
    }
```

答案：对类 test 声明进行补充：

```
    class test
    {
        int *pt;    int num;
    public:
        test(int n ) {num=n;   pt=new int[num];}
        ~test() { if(pt) {delete [] pt;    pt=NULL;} }
        test(test &t){ num= t.num ;   pt= new int[num] ; }
        test & operator=(test &t)
        {
            num=t.num;
            if(pt){delete [] pt;    pt=NULL;}
            pt=new int[num];
            return *this;
        }
    };
```

难度：3

9.13　哪些初始化工作必须在构造函数的初始化列表中完成？

答：(1) 调用基类的构造函数；(2) 调用内嵌对象的构造函数；(3) 初始化常数据成员。

难度：4

9.14　关于常成员函数，下列说法错误的是(　　)。

A．常成员函数可以与同名的成员函数构成重载；

B．常成员函数只能被常对象调用；

C．常成员函数不能更新对象的数据成员；

D．常成员函数不能调用本类的非常成员函数。

答：B

难度：3

9.2　编程案例及参考例程

例 9.1　对于例 8.3 基类定义的私有数据成员，还可以通过友元函数的方式来使用。要求将派生类中计算面积的函数重新定义为友元函数，派生类对象通过调用这些友元函数来计算和显示面积，对于显示数据的要求不变。

分析

(1) 通过这个题目可以比较一下(和例 8.4 比较)在派生类中用什么方法使用基类私有成员更为方便。

(2) 友元函数就是普通的函数，它不是类的成员，所以不能使用相同的函数名。对于 CRectangle 类，函数名设为 rectangle_area；对于 CRight_Angle_Triangle 类，函数名设为 triangle_area。

(3) 在例 8.4 中，计算面积的函数 area 都是在派生类中定义，在派生类中使用。但是，计算面积的友元函数，因为要使用基类的私有数据，它们就要在基类中声明，如：

friend double rectangle_area(CPolygon &p);

注意：参数表中的参数是 CPolygon 类的引用。

(4) 一般的书中都会说"友元函数是不能继承的"，通过这个题目可以体会到这句话的具体含义。

(5) 友元函数的定义放在哪里都可以，不一定要放在 CPolygon 类定义的下面。

程序

```
//例 9.1 用友元函数使用基类私有数据成员
#include <iostream>
#include <string>
using namespace std;
class Cpolygon
```

```cpp
{
private:
    double side1, side2;
public:
    void set_values (double a, double b)
    { side1=a; side2=b;}
    friend double rectangle_area(CPolygon &p);
    friend double triangle_area(CPolygon &p);
    void get_values()
    { cout<<"side1="<<side1<<"    side2="<<side2<<endl; }
};
double rectangle_area(CPolygon &p)
{return p.side1*p.side2; }
double triangle_area(CPolygon &p)
{return p.side1*p.side2/2; }
class CRectangle: public Cpolygon
{
public:
    void get_values()
    {
        cout<<"长方形的边长是:";
        CPolygon::get_values();
        cout<<"长方形的面积是:"<<rectangle_area(*this)<<endl;
    }
};
class CRight_Angle_Triangle: public Cpolygon
{
public:
    void get_values()
    {
        cout<<"直角三角形的直角边是:";
        CPolygon::get_values();
        cout<<"直角三角形的面积是:"<<triangle_area(*this)<<endl;
    }
};
int main ()
{
    CRectangle rect;
    CRight_Angle_Triangle trgl;
```

```
            rect.set_values (4,5);
            trgl.set_values (4,5);
            rect.get_values();
            trgl.get_values();
            return 0;
        }
```

程序运行结果和题 8.4 相同。

程序说明

(1) 在 CRectangle 类具体用友元函数计算面积是用语句"rectangle_area(*this)"，这里的*this 实际是 CRectangle 类的对象，但是它可以赋值给 CPolygon 类的对象。这个知识点应该是在多态性那一章，现在提前使用了。

(2) 从这个题目的结果看，用友元函数使用基类私有成员需要注意的地方还不少，编程时比较容易出错。

例 9.2 定义一个基类 CPoint，数据 x 和 y 表示点的位置。为了方便，可以定义为 protected 类型。用构造函数来创建新对象。派生类 Cline 表示一条线，一个点从基类继承，另一个点由内嵌对象来定义，请定义这个派生类的构造函数。派生类还有一个 Distance 函数，用来计算两点之间的距离，也就是线的长度。

定义和编写各个类，并在 main 函数中进行测试。

分析

(1) 这个题目的派生类包含内嵌对象。派生类构造函数既要初始化基类的数据成员，也要初始化内嵌对象。

(2) 计算两点之间的距离需要知道两个点的坐标。如果内嵌对象是 p，注意不能用 p.x 和 p.y 来获取这个点的坐标，因为即使数据 x 和 y 是 protected 类型的，也不能通过对象来访问。

(3) 基类中还要有 getx 和 gety 函数，来返回点的坐标 x 和 y。

程序

```cpp
//例 9.2  派生类包含内嵌对象
#include <iostream>
#include <cmath>
using namespace std;
class CPoint
{
protected:
    double x;
    double y;
public:
    CPoint(double a,double b)
    {
        x=a;
```

```
            y=b;
        }
        double getx(){return x;}
        double gety(){return y;}
    };
    class CLine:public CPoint
    {
        protected:
        CPoint p;
    public:
        CLine(double a, double b, double c, double d) : CPoint(a,b),p(c,d) { }
        double Distance( )
        {
            double px=p.getx();
            double py=p.gety();
            return sqrt((x-px)*(x-px)+(y-py)*(y-py));
        }
    };
    void main()
    {
        CLine line(1,2,5,2);
        cout<<"两点间距离是："<<line.Distance( )<<endl;
    }
```

运行结果

　　两点间距离是：4

程序说明

(1) 在上面的程序中，基类的 x 和 y 数据还是不能定义为 private，否则，在 Distance 函数中就不能直接使用它们。当然，也可以通过 getx 和 gety 函数来读取。

(2) 派生类构造函数是个空函数，因为没有新的数据需要初始化。

　　例 9.3　在例 9.2 的程序中，增加析构函数的定义。在构造函数和析构函数中都增加输出函数被调用的信息。观察在程序执行时，基类、派生类构造函数、析构函数调用的顺序。

分析

(1) 为了观察构造函数、析构函数的调用过程，经常会使用在函数中输出信息的方法。不仅教材中会使用，学习时也可以使用。

(2) 由于增加的语句很简单，新的程序就不再给出。

运行结果

　　base class constructor called　1　2

　　base class constructor called　5　2

derived class constructor called   1   2

两点间距离是：4

derived class destructor called

base class destructor called   5   2

base class destructor called   1   2

程序说明

运行结果说明，先调用基类构造函数，构造派生类的基类成分；再调用内嵌对象的构造函数(现在还是基类构造函数)构造内嵌对象；最后执行派生类构造函数的语句。

执行析构函数的顺序刚好相反。

例 9.4   定义教师类和学生类，教师可以修改学生成绩，用一个成员函数来实现，该函数必须定义成学生类的友元吗？

分析

友元(Friend)是可以访问类的私有成员和保护成员的特定的外部对象、方法。

通过友元的方式，一个普通函数或者类的成员函数或者类可以访问封装于某个类中的私有数据，这相当于给类的封装开了一个小小的孔，通过它可以看到类内部的私有数据。从这个角度来讲，友元是对数据隐藏和封装的破坏。但是考虑到数据共享的必要性，为了提高程序的效率，很多情况下这种小的代价也是必要的，关键是掌握好度。

程序

```cpp
//例 9.4 友元的使用
//head.h 定义两个类：teacher, student
#pragma once
#include <string>
#include <iostream>
class student; //注意，在 teacher 类需使用 student 对象，故需先声明
class teacher
{
public:
    teacher(std::string str=std::string(), std::string num=std::string())
        : name(str), id(num){};
    ~teacher(){;}                                    //do nothing
    void monitor_score( student& a, float tgt_sce ); //修改学生成绩，需要声明为 student
                                                     //的友元
    void change_score( student& a, float tgt_sce );  //如果不是 student 的友元,应如何修改
                                                     //学生成绩
    void print_info()
    {
        std::cout<<"teacher's name: "<<name<<"\tID: "<<id<<std::endl;
    }
```

```cpp
private:
    std::string name;
    std::string id;
};


class student
{
public:
    //声明 teacher 类的一个方法为友元
    friend void teacher::monitor_score( student& a, float tgt_sce );
    student(std::string nm=std::string(), float se=0.0)
        :name(nm), score(se) { }
    student( const student& cp )    //copy constructor function
    {
        if( this!=&cp )
        {
            this->name=cp.name;
            this->score=cp.score;
        }
    }
    student& operator=( const student& cp )
    {
        if( this!=&cp )
        {
            this->name=cp.name;
            this->score=cp.score;
        }
        return *this;
    }
    ~student(){ }
    std::string get_name() const {return name;} //use const to avoid user modify score
    void print_info()
    {
        std::cout<<"student's name: "<<name<<"\tscore:"<<score<<std::endl;
    }
private:
    std::string name;
    float score;
};
```

```
//teacher.cpp 定义 teacher 类的两个方法
void teacher::monitor_score( student &a, float tgt_sce )
{
        a.score=tgt_sce;   //直接给 student 类实例赋值
}


void teacher::change_score( student& a, float tgt_sce)
{
        //std::string name_a=a.get_name();
        //student b=student( name_a,tgt_sce );
        //a=b;
        //以下代码即上面 3 行注释代码的简写
        a=student( a.get_name(),tgt_sce );
}

//main.cpp    主函数，测试 teacher 类中方法对 student 类中数据能否正常修改
#include "head.h"
void main()
{
        student a("liming",98), b("wanghua",78.5);
        teacher t("Miss Li","10010");
        a.print_info();                 //输出：student's name:  liming     score:98
        b.print_info();                 //输出：student's name:  wanghua   score:78.5
        t.print_info();                 //输出：student's name:  Miss Li    ID:10010
        t.monitor_score( a,95 );        //修改分值
        a.print_info();                 //输出：student's name:  liming     score:95
        t.change_score( b,89.5 );       //修改分值
        b.print_info();                 //输出：student's name:  wanghua   score:89.5
}
```

例 9.5　可不可以把类的成员定义为常量？举例说明。

分析

C++中的常量修饰符为 const。凡是由 const 修饰的数据成员都为常数据成员，表示只能在初始化时为该成员赋值，之后不可重新被赋值。所以在构造函数中必须给常数据成员初始化为一个确定的值。

类的成员函数也可以定义为常成员函数，在类的外部通过常对象只能访问常成员函数，这种应用不常见，更多的时候常对象是用于做函数参数传递。常成员函数不能更新对象的数据成员，也不能调用该类中的非常成员函数，但可以和普通成员函数构成重载。

程序

```
//例 9.5 常对象、常数据成员、常成员函数
```

```cpp
//book.h：定义一个图书类
#include <string>
class book
{
public:
    //带默认形参的构造函数
    book( std::string   tit="unknow", std::string id="unknow",float pri=0,float dc=1):
    title(tit),isbn(id),price(pri) //初始化列表，常成员的初始化必须写在初始化列表中
            { discount=dc;}
    void setDiscount( float dc ){ this->discount=dc;   }
    float getDiscount( ) { return this->discount;   }
    float getTitle( ) { return this->title;   }
    float getISBN( ) { return this->isbn;   }
    float getPrice( ) { return this->price;   }
    void printInfo() const   //常成员函数，函数体内只能读取数据成员的值
    {
        cout<<"Title: "<<title<<", ISBN: " <<isbn<<", Price: " <<price*discount<<endl;
    }
private:
    const std::string   title;
    const std::string   isbn;
    const float price;
    float discount;
};
//main.cpp：主程序
#include   "book.h"
#include   <iostream>
using namsspace std;
void main()
{
    book   history( "Ming Dynasty those things", "UW200712120001",50);
    history.setDiscount(0.95);
    cout<< history.getTitle();
    cout <<", the ISBN is "<<history.getISBN();
    cout<<", sales $"<< history.getPrice()*history.getDiscount() << endl;
    book const   program( "C++ Programing", "UW201202010123",30,0.8);
    ///program.setDiscount(0.9);//报错
    cout<<program.printInfo()<<endl;
}
```

运行结果

    Ming Dynasty those things, the ISBN is UW200712120001, sales $47.5

    Title: C++ Programing, ISBN: UW201202010123, Price: 24

程序说明

常数据成员必须在初始化时赋值，以后不能更改，所以不要使用默认参数值。常数据成员的初始化必须写在初始化列表中。简单地给普通成员赋值也可以写在初始化列表中。

常成员函数一般是为了常对象的访问专门定义的，常对象的所有数据成员的值不能被修改，所以不能调用普通的成员函数，也因此常成员函数代码只能读取数据成员的值而不能修改其值。

例 9.6　设计并实现一个简单的字符串处理的类 TString。

分析

标准 C++语言的数据类型没有字符串类型，只能使用字符数组或字符指针处理字符串，为了使用的方便，可以用类自己定义一个字符串类型。虽然各种集成开发环境提供了字符串类库，但是有时为了程序的可移植性，不使用开发环境提供的类库，而是自己开发一套工具型的类库。

简单的字符串类设计为：用字符指针存储字符串，并用一个整数保存字符串的字符个数；对字符串进行操作的函数可以有：在字符串末尾再添加一些字符，在字符串中查找某个字符，把字符串中某个字符替换为新的字符，等等。

在进行程序设计时，一个类即可看做一个最小的模块，在设计时可以将该类的定义作为一个单独的文件存放，将类的方法实现作为另一个文件存放，将调用该类的程序单独用一个文件，构成多文件系统，这对于可读性、可维护性、重用性都有益处。

在大多数例子中，main 函数中的代码仅仅是测试类的设计和实现的正确性，在实际大型工程项目中，如何使用类要根据实际需求决定，不一定要调用类中所有的函数，类的某个函数在该工程项目中没有被调用，可能在另一个工程项目中会被使用，所以，设计类的时候要尽量考虑周全，读者可以在示例代码的基础上补充。

程序

```
//例 9.6 简单的字符串处理的类 TString
//TString.h 头文件，类的声明
#include <iostream>
using namespace std;
class TString
{
public:
        TString()
        {
                Length=0;
                Buffer=0;
        }
```

```
        TString(const char *str);
        void Setc(int index, char newchar);
        char Getc(int index) const;
        int GetLength() const {return Length;}
        void Print() const
        {
                if(Buffer==NULL)
                        cout<<"empty"<<endl;
                else
                        cout<<Buffer<<endl;
        }
        void Append(const char * Tail);
        ~TString(){delete [] Buffer;}
private:
        int Length;
        char *Buffer;
};
//TString.cpp 类的实现代码
#include "TString.h"
#include <string.h>
TString::TString(const char *str)
{
        Length=strlen(str);
        Buffer=new char[Length+1];
        strcpy(Buffer,str);
}
void TString::Setc(int index, char newchar)
{
        if(index>0 && index<=Length)
                Buffer[index-1]=newchar;
}
char TString::Getc(int index) const
{
        if(index>0 && index<=Length)
                return Buffer[index-1];
        else
                return 0;
}
void TString::Append(const char *Tail)
```

```
        {
                char *tmp;
                Length+=strlen(Tail);
                tmp=new char[Length+1];
                strcpy(tmp,Buffer);
                strcat(tmp,Tail);
                delete[] Buffer;
                Buffer=tmp;
        }
//main9.cpp 测试程序
#include "TString.h"//只要包含类的声明就知道了类的接口信息，不需要知道类的实现
void main()
        {
                TString s0, s1("a string.");
                s0.Print();
                s1.Print();
                cout<<s1.GetLength()<<endl;
                s1.Setc(5,'p');
                s1.Print();
                cout<<s1.Getc(6)<<endl;
                TString s2("this is ");
                s2.Append("a string.");
                s2.Print();
        }
```

程序说明

该程序使用了 string.h 中的 strlen、strcpy 和 strcat 函数。

size_t strlen(char* str)：计算 char 型字符串的长度，以 '\0' 为结束符。返回长度。

char* strcpy(char* dst,const char* src)：复制字符串 src 到字符串 dst，以 '\0' 为结束符。返回 dst 指针。

char* strcat(char* str1, const char* str2)：函数将字符串 str2 连接到 str1 的末端，并返回指针 str1。

该程序中构造函数实现了重载。函数重载即名字相同、用法有差异的一组函数的集合。重载的类型有以下几种：

(a) 函数的形参表不同。形参表差异包括：不同类型，引用和指针有无 const 修饰符。

(b) 对类对象，有相同形参的非常量成员函数与常量成员函数可以构成重载。

(c) 返回类型不同并不构成重载。

Setc()函数的功能为：对非空的对象成员 buffer，将合法的(注意合法的判断准则)索引号处的字符替换为给定字符。

Getc()函数的功能为：对非空的对象成员 buffer，获取对应合法的索引号的字符；

否则返回 0。

Append()函数的功能为：将目标字符串串接到对象成员 buffer 的末尾，并修改字符串 buffer 的长度(注意 strcpy 时，长度为字符串实际的长度再加 1，以腾出空间存放结尾标志 '\0')。

函数 Print()中不用 if 语句，只写下面一条语句：

cout<<Buffer<<endl;

也是可以的。当 Buffer 为 NULL 时输出空行。

例 9.7　为 TString 类增加运算符重载：加(+)、加等于(+=)、输出(<<)运算符、赋值(=)运算符、是否相等(==)运算符。

分析

由题 9.6 中的运算符重载规则可知，TString 类需增加以下接口和友元：

```
String operator=(const String& s);
String operator+=(const String& s);
friend String operator+(const String& a, const String& b);
friend ostream& operator<<(ostream& out, const String& s);
friend bool operator==( const String& a, const String& b);
friend bool operator!=( const String& a, const String& b);
String operator=(const String& s);
String operator+=(const String& s);
friend String operator+(const String& a, const String& b);
friend ostream& operator<<(ostream& out, const String& s);
friend bool operator==( const String& a, const String& b);
friend bool operator!=( const String& a, const String& b);
```

程序

```cpp
//例 9.7 为 TString 类增加运算符重载
//String.h : 头文件 String 类的声明及部分函数实现
#ifndef _STRING    //头文件宏，判断头文件是否已经被项目包含
#define _STRING    //头文件宏，用于设置 String.h 头文件仅被整个项目包含一次
#include <iostream>
#include <string.h>
class String
{
public:
    String operator=(const String& s)
    {
        if(this!=&s)
        {
            Length=s.Length;
            if( Buffer ) delete[] Buffer;
```

```
                        Buffer=new char[Length+1];
                        strcpy( Buffer,s.Buffer );
                }
                return *this;
        }
        String& operator+=(const String& s);
        friend String operator+(const String& a, const String& b);
        friend std::ostream& operator<<(std::ostream& out, const String& s);
        friend bool operator==( const String& a, const String& b);
        friend bool operator!=( const String& a, const String& b);
        String()
        {
                Length=0;
                Buffer=0;
        }
        String(const char* ps)
        {
                Length=strlen(ps);
                Buffer=new char[Length+1];
                strcpy( Buffer,ps );
        }
        String(const String& s)
        {
                Length=s.Length;
                Buffer=new char[Length+1];
                strcpy( Buffer,s.Buffer );
        }
        ~String(){delete [] Buffer;}
private:
        int Length;
        char *Buffer;
};
#endif

//String.cpp：实现 String 类的方法成员
#include "String.h"
using namespace std;
String& String::operator+=(const String& s)
{
```

```
        Length+=s.Length;
        char* tmp=new char[Length+1];
        strcpy(tmp,Buffer);
        strcat(tmp,s.Buffer);
        delete[] Buffer;
        Buffer=tmp;
        return *this;
    }
String operator+(const String& a, const String& b)
{
        String c(a);
        c+=b;
        return c;
}


ostream& operator<<(ostream& out, const String& s)
{
        cout<<s.Buffer;
        return out;
}
bool operator==( const String& a, const String& b)
{
        return strcmp( a.Buffer,b.Buffer );
}
bool operator!=( const String& a, const String& b)
{
        return !(a==b);
}
//main.cpp：主程序，调用 String.h 中定义的 String 类
#include "String.h"
using namespace std;
int main()
{
        String a("copy_test"), b("_char");
        String c(a);
        cout<<a<<"\t"<<b<<"\t"<<c<<endl;          //输出 copy_test _char    copy_test
        c+=b;
        cout<<c<<endl;                             //输出 copy_test_char
        cout<<(a+b)<<endl;                         //输出 copy_test_char
```

```
        cout<<(a==b)<<endl;                     //输出 1，注意 bool 变量非 0 即为真
        return 0;
    }
```

例 9.8 编程定义单链表类 link、节点类 node、link 类内嵌 node 类对象指针 head 和 tail 作为数据成员。node 类包含一个整型变量 x 和后向指针 next 作为数据成员，构造函数带默认参数值(int n=0)。link 类的成员函数有：构造函数；复制构造函数；析构函数；add(v)在链表尾添加值为 v 的新节点；del(v)删除链表中第一个找到的值为 v 的节点；show()输出链表数据。编写主函数测试类的使用。

程序

```
//例 9.8
#include <iostream>
using namespace std;
class node
{
private:
        int x;
        node * next;
public:
        node(int n=0){
                x = n;
                next = NULL;
        }
        friend class link;
};
class link
{
private:
        node* head;
        node* tail;
public:
        link();
        link(link& );
        ~link();
        void add(int v);
        void del(int v);
        void show(){
                node* temp = head;
                while (temp != NULL){
                        cout<<temp->x<<endl;
```

```
                    temp = temp->next;
              }
        }
};
link::link()
{
     head = new node;
     tail = head;
}
link::~link()
{
     node* temp = head;
     node* temp1;
     while (temp->next != NULL)
     {
          temp1 = temp;
          temp = temp->next;
          delete temp1;
     }
}
link::link(link& l)
{
     head = new node;
     head->x = l.head->x;
     node* templ = l.head;
     node* temp = head;
     while (templ->next != NULL)
     {
          temp->next = new node(templ->next->x);
          templ = templ->next;
          temp = temp->next;
     }
     temp->next = NULL;
     tail = temp;
}
void link::add(int v)
{
     node* temp = new node;
     temp->x = v;
```

```
                temp->next = 0;
                tail->next = temp;
                tail = temp;
        }
        void link::del(int v)
        {
                node* temp = head;
                while ((temp->next != NULL) && (temp->next->x != v))
                        temp = temp->next;
                if (temp->next != NULL)
                        temp->next = temp->next->next;
        }
        void main()
        {
                link linktable;
                linktable.add(5);
                linktable.add(10);
                linktable.add(15);
                linktable.show();
                linktable.del(10);
                linktable.show();
                link table2(linktable);
                table2.show();
        }
```

例 9.9 编程定义链表节点类 node，它包含一个整型变量 x 和后向指针 next，定义静态成员变量 head 和 tail 作为链表的头指针和尾指针，静态成员函数 getHead 取得链表头指针 head。类 node 的带参构造函数自动将该节点接入链表尾，析构函数自动将该节点从链表中删除，函数 show 输出链表中的数值。编写主函数测试类的使用。

分析

这里没有链表类，只有链表节点类，但是要实现链表的功能：增加、删除、显示。功能的实现主要依赖于静态成员。

程序

```
//例 9.9
#include <iostream>
using namespace std;
class node
{
private:
        int x;
```

```
            node * next;
            static node *head, *tail;
public:
            node(){
                x = 0;
            }
            node(int n);
            ~node();
            static node * getHead(){
                return head;
            }
            void show(){
                node* temp = head;
                while (temp != NULL){
                    cout<<temp->x<<endl;
                    temp = temp->next;
                }
            }
};
node * node::head = new node;
node * node::tail = head;
node::node(int n)
{
        x = n;
        next = 0;
        tail->next = this;
        tail = this;
}
node::~node()
{
        node* temp = head;
        while (temp->next != this)
                temp = temp->next;
        temp->next = this->next;
}

void main()
{
        node* n1 = new node(15);
```

```
        node * linktable = node::getHead();
        linktable->show();
        node* n2 = new node(27);
        linktable->show();
        delete n1;
        node* n3 = new node(89);
        linktable->show();
        delete n2;
        linktable->show();
        delete n3;
    }
```

例 9.10 利用 C++的类定义一种数组类型，重载下标运算符[]，保证给数组动态赋值不会越界，并编程测试。

程序

```cpp
#include <iostream>
using namespace std;
#define increment 10
class Array
{
public:
    Array():next(0),size(0),storage(0){ }
    ~Array();
    void* operator [](int index) const;
    int add(void* element);
    void* remove(int index);
    int count() const;
private:
    int next;              //有效的下一个空间下标
    int size;              //内存空间的大小
    void** storage;        //内存空间的指针
};
Array::~Array()
{
    delete []storage;
}
void* Array::operator [](int index) const
{
    if(index<size && index>=0) return storage[index];
    else return 0;
```

```
    }
    int Array::add(void* element)
    {
        if(next>=size)
        {
            void** t=new void*[size+increment];
            memset(t,0,(size+increment)*sizeof(void*));
            memcpy(t,storage,size*sizeof(void*));
            delete []storage;
            size+=increment;
            storage = t;
        }
        storage[next++]=element;
        return next-1;
    }
    void* Array::remove(int index)
    {
        void *t=operator[](index);
        if(index!=0)
        {
            for(int i=index;i<next;i++)
            storage[i] = storage[i+1];
            next--;
        }
        return t;
    }
    int Array::count() const
    {
        return next;
    }
    void main()
    {
        Array arr;
        for(int i=0;i<25;i++)
        arr.add(new int(i));
        for(i=0;i<arr.count();i++)
        cout<<*(int*)arr[i]<<endl;
    }
```

例 **9.11**　创建一个 RMB 类，并重载数据类型转换"()"运算符，将 RMB 对象转换为实数。

分析

强制类型转换使用"()"运算符完成，在 C++中可以将"()"运算符进行重载，达到数据转换的目的。转换运算符声明形式为

operator 类型名();

重载后的转换运算符有两种用法：

(1) 直接调用：当需要将对象转换为指定的数据类型时，通过语句直接调用；

(2) 自动调用：当表达式中对象运算不能进行时，自动寻找重载的转换函数，如果转换后表达式的运算可以进行，就计算结果；否则，报错。

程序

```cpp
#include <iostream>
using namespace std;
class RMB
{
public:
    RMB(double value=0.0)
    {
        yuan =value;
        fen = (value-yuan)*100+0.5;
    }
    void ShowRMB()
    {
        cout<<yuan<< "元" <<fen<< "分" <<endl;
    }
        operator double ()                      //转换运算符
    {
        return yuan+fen/100.0;
    }
private:
    int yuan, fen;
};
void main()
{
    RMB r1(1.01),r2(2.20);
    RMB r3;
    r3 = RMB((double)r1+(double)r2);            //显式转换类型
    r3.ShowRMB();
    r3=r1+2.40;                                 //自动转换类型
    r3.ShowRMB();
```

```
        r3 =2.0-r1;                              //自动转换类型
        r3.ShowRMB();
    }
```

程序说明

  运行结果：

  3 元 21 分

  3 元 41 分

  0 元 99 分

对于 r3 = r1 + 2.40; C++ 系统按如下顺序进行工作：

(1) 寻找重载的成员函数 + 运算符。

(2) 寻找重载的友元函数 + 运算符。

(3) 寻找转换运算符。

(4) 验证转换后的类型是否支持 + 运算。

  第一步和第二步由于 RMB 类中没有重载 "+" 运算符，寻找失败，因此 C++ 搜索是否有重载转换运算符，如果有，则对转换运算符的转换类型进行分析，判断是否支持 "+" 运算，如果是，则匹配成功；否则给出编译错误提示。

9.3 实 践 题 目

  设计词表类和文档类，文档类派生出文章类，编写程序计算两篇文章的相似度。由于词表是文档向量化的依据，所以文档类内嵌词表类对象作为成员。

第10章
多态

10.1 《C++语言程序设计》习题及答案

10.1 定义一个 Shape 基类，在此基础上派生出 Rectangle 和 Circle 类，二者都有 GetArea()函数计算对象的面积。在 main 函数中通过基类指针访问派生类对象的成员函数。要求实现对运行时多态的支持。

答案：

```
//shape.h 头文件 Shape、Circle、Rectangle 类的声明
#ifndef SHAPE_H
#define SHAPE_H
class Shape                          //基类 Shape 的声明
{
public:
    virtual double getArea() const;
};                                   //Shape 类声明结束

class Circle : public Shape          //派生类 Circle 的声明
{
public:
    Circle( int = 0, int = 0, double = 0.0 );
    double getArea() const;          //返回面积
private:
    int x,y;                         //圆心坐标
    double radius;                   //圆半径
};                                   //派生类 Circle 声明结束

class Rectangle : public Shape       //派生类 Rectangle 的声明
{
```

```
public:
    Rectangle( int = 0, int = 0);        //构造函数
    double getArea() const;              //返回面积
private:
    int a,b;                             //矩形的长和宽
};                                       //派生类 Rectangle 声明结束

#endif

//shape.cpp   Shape、Circle、Rectangle 类中方法的实现
#include <iostream>
using std::cout;
using std::endl;
#include "shape.h"                       //包含头文件

double Shape::getArea() const
{
    cout<<"基类的 getArea 函数，面积是 ";    return 0.0;
}                                        //Shape 类 getArea 函数的定义

Circle::Circle( int xValue, int yValue, double radiusValue )
{
    x=xValue;   y=yValue;
    radius= radiusValue ;
}                                        //Circle 类构造函数
double Circle::getArea() const
{
    cout<<"Circle 类的 getArea 函数，面积是 "<<endl;
    return 3.14159 * radius * radius;
}                                        //Circle 类 getArea 函数定义

Rectangle::Rectangle( int aValue, int bValue )
{
    a=aValue;   b=bValue;
}                                        //Rectangle 类构造函数
double Rectangle::getArea() const
{
    cout<<"Rectangle 类的 getArea 函数，面积是 "<<endl;
    return a * b;
```

```
    }                                         //Rectangle 类 getArea 函数定义
//10.1.cpp 测试程序
#include <iostream>
using std::cout;
using std::endl;

#include "shape.h"                            //包含头文件
void main()
{
    Shape *shape_ptr;                         //指向基类对象的指针
    Circle circle( 22, 8, 3.5 );              //创建 Circle 类对象
    Rectangle rectangle( 10, 10 );            //创建 Rectangle 类对象
    shape_ptr = &circle;                      //Circle 类对象地址初始化基类指针
    cout << "circle 对象初始化 shape_ptr 指针访问的 getArea 函数是 "<<endl;
    cout<<shape_ptr->getArea() << endl;       //动态联编

    shape_ptr = &rectangle;                   //Rectangle 类对象地址初始化基类指针
    cout << "rectangle 对象初始化 shape_ptr 指针访问的 getArea 函数是 "<<endl;
    cout<<shape_ptr->getArea() << endl;       //动态联编
}                                             //结束 main 函数
```

难度：3

解析：

希望通过基类指针指向派生类对象，访问不同的类成员函数，实现运行时多态，就需要把函数定义为虚函数，只要在基类中定义为虚函数，在派生类中函数原型与基类中保持一致就可以了。

采用多文件结构：头文件 shape.h 中是基类 Shape、派生类 Circle 和 Rectangle 的定义。源文件 shape.cpp 是类的成员函数的实现。应用程序 10.1.cpp 中创建了 Circle 类和 Rectangle 类的对象，通过基类指针调用 getArea 函数计算图形的面积，测试运行时动态的实现效果。

这种方式的函数调用，在编译的时候是不能确定具体调用哪个函数的。只有程序运行后，才能知道指针 shape_ptr 中存放的是什么对象的地址，然后再决定调用哪个派生类的函数。这是一种运行时决定的多态性。

10.2　可以通过基类对象的引用来访问派生类中与基类函数同名的函数。试修改 10.1 的 main()函数，定义基类对象的引用，并通过引用来调用派生类的 getArea()函数。观察运行结果。

答案：

```
//10.2 通过基类对象的引用来访问派生类中与基类函数同名的函数
#include <iostream>
using namespace std;
```

```
#include "shape.h" //包含头文件
void main()
{
    Circle circle( 22, 8, 3.5 );          //创建 Circle 类对象
    Rectangle rectangle( 10, 10 );        //创建 Rectangle 类对象
    Shape &shape_refc=circle;
    cout << "circle 对象初始化 shape_ref 引用访问的 getArea 函数是 "<<endl;
    cout<<shape_refc.getArea() << endl; //动态联编
    Shape &shape_refr=rectangle;
    cout << "rectangle 对象初始化 shape_ref 引用访问的 getArea 函数是 "<<endl;
    cout<<shape_refr.getArea() << endl;       //动态联编
} //结束 main 函数
```

运行结果和 10.1 相同，都能调用不同派生类的 getArea 函数。

难度：2

解析：

在 10.1 的类定义中，已经把 getArea 定义为虚函数，在类外也可以通过基类对象引用访问到不同类的 getArea 函数。

10.3 分析以下程序，编译时哪些语句会出现错误？为什么？将有错误的语句屏蔽后，程序运行结果如何？其中哪些调用是静态联编，哪些是动态联编？

```
#include <iostream.h>
class BB
{
public:
    virtual void vf1(){cout<<"BB::vf1 被调用\n";}
    virtual void vf2(){cout<<"BB::vf2 被调用\n";}
    virtual void vf3(){cout<<"BB::vf3 被调用\n";}
};
class DD:public BB
{
    public:
    virtual void vf1(){cout<<"DD::vf1 被调用\n";}
    void vf2(int i){cout<<i<<endl;}
    virtual void vf4(){cout<<"DD::vf4 被调用\n";}
};
class EE:public DD
{
public:
    void vf4(){cout<<"EE::vf4 被调用\n";}
    void vf2(){cout<<"EE::vf2 被调用\n";}
    void vf3(){cout<<"EE::vf3 被调用\n";}
```

```
        };
        void main()
        {
            DD d;
            BB *bp=&d;
            bp->vf1();
            bp->vf2();
            d.vf2();
            EE ee;
            DD *dp=&ee;
            dp->vf4();
            dp->vf2();
            dp->vf3();
        }
```

答案：

调用 d.vf2()是错误的：对象将直接调用本类函数，但是 DD 类的 vf2 函数需要一个参数。

调用 dp->vf2()是错误的：由于 DD 类的 vf2 函数和基类 vf2 的参数不一致，虚函数关系不成立，调用将指向 DD 类的 vf2 函数，仍然出现参数的不一致。

这两个语句注释掉后，运行的结果是：

DD::vf1   被调用

BB::vf2   被调用

EE::vf4   被调用

EE::vf3   被调用

联编的方式分别是：动态联编、静态联编、动态联编、动态联编。

难度：3

解析：

基类指针指向派生类对象时，通过指针访问虚函数，能够访问派生类里定义的函数体。如果不是虚函数，则执行基类里定义的函数体。这里是 3 个类之间的继承关系，函数 vf2 这里的主要问题为，它在类 BB 里定义为虚函数，但是在派生类 DD 里定义了同名函数并且带参数，函数原型不同，这样就不能继承基类的同名函数了。在类 EE 里又重新定义函数 vf2，3 个类的函数 vf2 都是各自定义的，没有继承关系。

10.4　在 10.1 中，如果将 main()函数修改为

```
        int main()
        {
            Circle circle(1,1,10);
            Shape &shape_ref=circle;
            return 0;
        }
```

或者

```
int main()
{
        Shape *shape_ptr=new Circle(1,1,10);
        delete shape_ptr;
        return 0;
}
```

在这两种情况下，基类 Shape 的析构函数是不是必须定义为虚析构函数？根据上述情况，对于虚析构函数的定义可以得出什么结论？

答案：

第一种情况，基类 Shape 的析构函数不必定义为虚析构函数，因为派生类对象是直接创建的，也会直接释放。释放时先调用派生类析构函数，再调用基类析构函数。

第二种情况，基类 Shape 的析构函数必须定义为虚析构函数，因为在用 delete 运算符删除派生类对象的时候，由于指针是指向基类的，通过静态联编，只会调用基类的析构函数，而不会调用派生类析构函数。

结论是当用动态创建派生类对象地址初始化基类的指针时，必须要定义基类的析构函数为虚析构函数。

难度：3

10.5 以下程序使用了重载函数模板。请问 main()函数中的 4 次函数调用分别调用的是哪个函数？如果出现错误的调用，请指出并加以改正。

```
#include<iostream>
using namespace std;
template<class T>                //定义函数模板
T add(T x,T y)
{
        return x+y ;
}
int add(int a, int b)
{                                //定义重载的非模板函数
        return a+b;
}
int main()
{
        int a=100;
        float f=200.5;
        cout<<add(a,a);
        cout<<add(f, f);
        cout<<add(a, f);
        cout<<add(f, a);
```

```
        return 0;
    }
```

答案：

add(a, a)调用非模板函数。

add(f, f)调用函数模板。

add(a, f)错误，没有可匹配的函数。

add(f, a)错误，没有可匹配的函数。

程序修改为

```
#include<iostream>
using namespace std;
template<class T>  //定义函数模板
T add(T x,T y)
{ return x+y ;}
int add(int a, float b);          //定义重载的非模板函数
{ return a+b ;}
void main()
{
    int a=100;
    float f=200.5;
    cout<<add(a,a);
    cout<<add(f, f);
    cout<<add(a, f);
    cout<<add(f, a);
}
```

难度：3

解析：

请不要以为后两次函数调用可以通过参数自动转换调用非模板函数，因为匹配过程是有顺序的，已经选择过的函数就不会再选择。

10.6　以下带有函数模板的程序运行结果是什么？结果是否正确？为什么？如果结果有不正确的地方，请修改程序，以得到正确的结果。

```
#include<iostream>
#include<string>
using namespace std;
template<class T>                    //函数模板的定义
T max(T x,T y)
{
    return (x>y)?x : y;
}
void f(int a,char c)
```

```
    {
        cout<<max(a,200)<<endl;            //调用模板函数 max(int,int)
        cout<<max('c',c)<<endl;            //调用模板函数 max(char,char)
    }
    int main()
    {
        f(100,'a');
        char a[]={"abc"},b[]={"bcd"};
        cout<<max(a,b)<<endl;              //调用模板函数 max(char *, char *)
        cout<<max(b,a)<<endl;
        return 0;
    }
```

答案：

答：程序运行的结果为

200

c

abc

abc

字符串比较的结果不正确，应该另外定义非模板函数，进行字符串的比较。

```
    #include<iostream>
    #include<cstring>
    using namespace std;
    template<class T>
    T max(T x,T y)
    { return (x>y)?x:y;}
    char *max(char *s1, char *s2)        //新定义的非模板函数
    {
        char *temp;
        if(strcmp(s1,s2)>0)
        temp = s1;
        else temp = s2;
        return temp;
    }
    void f(int a,char c)
    {
        cout<<max(a,200)<<endl;           //调用模板函数 max(int,int)
        cout<<max('c',c)<<endl;           //调用模板函数 max(char,char)
    }
    int main()
```

```
    {
        f(100,'a');
        char a[]={"abc"},b[]={"bcd"};
        cout<<max(a,b)<<endl;          //调用模板函数 max(char *, char *)
        cout<<max(b,a)<<endl;
        return 0;
    }
```
难度：4

10.7　以下使用类模板的程序，哪些地方是错误的？

```
#include <iostream>
using namespace std;
template <class T1, class T2>
class MyClass
{
    T1 x;
    T2 y;
public:
    MyClass( T1 a, T2 b );
    void display( );
};
template < class T1, class P2>
MyClass< T1,P2 >::MyClass( T1 a, P2 b )
{
    x = a;
    y = b;
}
template <class T1, class T2>
void MyClass< T2, T1 >::display( ){
    cout<<x<<endl;
    cout<<y<<endl;
}
int main(){
    MyClass<int,float> ss(6,6.6);
    ss.display();
    return 0;
}
```
答案：
只有一处错误：
```
void MyClass< T2, T1 >::display()
```

应该改为：

```
void MyClass< T1, T2 >::display()
```

难度：3

10.8 用不带整型参数的类模板编写一个栈的模板，要求创建的栈的大小是可变的。栈的成员函数包括进栈(push)、出栈(pop)、判栈空(stackEmpty)、判栈满(stackFull)。栈的数据成员请自己考虑。编写指定的类模板，并测试其功能。

答案：

```
#include <iostream>
using namespace std;
template< class T >
class myStack
{
public:
    myStack( int = 5 );                 //默认栈的大小是 5
    ~myStack()                          //析构函数
    { delete [] stackPtr;}
    }
    bool push( const T& );              //push 函数原型
    bool pop( T& );                     //pop 函数原型
    bool stackEmpty() const             //检查栈空函数
    { return top == size;}
    bool stackFull() const              //检查栈满函数
    { return top == 0; }
private:
    int size;                           //栈的大小
    int top;                            //栈顶指示
    T *stackPtr;                        //栈存储区
};
template< class T >                     //构造函数定义
myStack< T >::myStack( int s )
{
    size = s > 0 ? s : 5;
    top = size;                         //空栈时
    stackPtr = new T[ size ];           //申请栈的空间
}
template< class T >                     //push 函数定义
bool myStack< T >::push( const T &pushValue )
{
    if ( !stackFull() )
```

```
                {
                        stackPtr[ --top ] = pushValue;         //top 减 1 后数据入栈
                        return true;                           //入栈成功
                }
                return false;                                  //否则，进栈不成功
        }
        template< class T >                                    //pop 函数定义
        bool myStack< T >::pop( T &popValue )
        {
                if ( !stackEmpty() )
                {
                        popValue = stackPtr[ top++ ];          //数据出栈后 top 加 1
                        return true;                           //出栈成功
                }
                cout<<"栈内无数据可以弹出\n ";
                return false;                                  //出栈不成功
        }
        void main()                                            //栈类模板测试程序
        {
                myStack<int> ss;                               //实例化为整数栈
                ss.push(4);
                int m;
                ss.pop(m);
                cout<<m<<endl;
                myStack<char*> ww;                             //实例化为字符串栈
                ww.push("China");
                char *p;
                ww.pop(p);
                cout<<p<<endl;
                ww.pop(p);
        }
```

难度：4

解析：

栈是一种先进后出的数据区，不同数据类型需要分别定义相应的栈类。为了避免这种重复的定义方式，可以使用类模板。如果要求创建的栈的大小可变，就不能用数组作为栈的存储体，而应该申请堆空间。

安排一个栈指针 top 指向栈顶。栈指针 top 初始化在栈的最高位置，每次进栈(push)操作，top 先减 1，再存入数据。每次出栈(pop)时，数据弹出后，top 加 1。当 top = 0 时，表示栈满。

10.9 构造函数能作为虚函数吗？析构函数呢？为什么？

答案：构造函数不能作为虚函数，而析构函数可以是虚函数。构造函数不需要作为虚函数；而析构函数有时需要作为虚函数：如果使用 new 运算符动态创建派生类对象，并以此对象的地址初始化基类的指针，在用 delete 运算符删除派生类对象的时候，由于指针是指向基类的，通过静态联编，只会调用基类的析构函数，而不会调用派生类析构函数。为了解决这个问题，需要将基类的析构函数设置为虚函数，此时再使用基类对象指针销毁派生类对象时，就会通过动态联编调用派生类的析构函数，完成派生类的清理工作。

难度：2

解析：

在编程过程中，如果存在使用基类指针访问派生类对象的可能性，那么，即使在派生类的其他成员函数的定义中没有使用动态联编，也需要考虑使用虚析构函数。

10.10　什么叫抽象类？能否定义该类对象？

答案：凡是带有一个或多个纯虚函数的类，就是抽象类。抽象类不能实例化。

难度：1

10.11　函数模板与函数重载有什么区别？函数模板可以重载吗？

答案：函数重载可以用同一个函数名定义许多功能相近而参数表不同的函数，但是，每个重载函数都要具体定义，也就是说，并没有减少定义函数的工作量。属于重载多态。

函数模板是函数重载概念的发展和延伸，函数模板则像是一个函数发生器，使用具体的数据类型取代模板中的参数化类型，即可得到一个个具体的函数。这种通过类型取代获得的多态，属于参数多态。

函数模板也可以重载。

难度：2

10.12　函数模板中哪些地方能使用参数化类型？函数名可以吗？

答案：参数化类型可以用于三个位置：

(1) 函数返回值类型；

(2) 函数参数表内形式参数的类型；

(3) 函数体内，自动变量的类型。

函数名不可以参数化。

难度：2

10.13　模板类的成员函数可以是函数模板吗？

答案：可以。

难度：1

10.14　读以下程序回答问题。

```
#include <iostream>
#include <cstring>
using namespace std;


class Student
```

```
    {
        char coursename[100];              //课程名
        int classhour;                     //学时
        int credit;                        //学分
    public:
        Student( ){ strcpy( coursename,"#");classhour=0;credit=0;}
        virtual void Calculate( ){credit=classhour/16;}
        void SetCourse( char str[], int hour )
        {
            strcpy( coursename, str);
            classhour = hour;
        }
        int GetHour( ){return classhour;}
        void SetCredit( int cred ){ credit = cred;}
        void Print( )
        {
            cout<<coursename<<'\t'<<classhour<<"学时"<<'\t'<<credit<<"学分"<<endl;
        }
    };


    class GradeStudent:public Student
    {
    public:
        GradeStudent( ){ };
        void Calculate( ){    SetCredit( GetHour( )/20 );    }
    };
    void main( )
    {
        Student s,*ps;
        GradeStudent g;
        s.SetCourse("物理", 80);
        g.SetCourse("物理",80);
        ps = &s;
        ps->Calculate( );
        cout<<"本科生："；
        ps->Print( );
        ps = &g;
        ps->Calculate( );
        cout<<"研究生："；
```

```
            ps->Print( );
      }
```

(1) 程序运行的结果显示是什么。

(2) 若 main 函数改为如下形式，请编写一个函数 Calfun，要求程序执行结果保持不变。

```
      void main()
      {
            Student s;
            GradeStudent g;
            cout<<"本科生: ";
            Calfun( s, "物理", 80 );
            cout<<"研究生: ";
            Calfun( g, "物理", 80 );
      }
```

答案：

(1) 运行结果：

本科生：　物理　　　　　80 学时　　　5 学分

研究生：　物理　　　　　80 学时　　　4 学分

(2)

```
      void Calfun( Student &ps, char str[], int hour )
      {
            ps.SetCourse( str, hour );
            ps.Calculate( );
            ps.Print( );
      }
```

难度：4

10.15　关于虚函数说法正确的是(　　)。

A．基类的析构函数定义为虚函数，则其派生类的析构函数自动成为虚函数。

B．纯虚函数没有函数体但可以被调用。

C．具备动态联编特征的函数不一定是虚函数。

D．函数覆盖现象(override)不一定与继承有关。

答案：A

难度：2

10.2　编程案例及参考例程

例 10.1　定义简单的 Shape 类和 Circle 类，并定义相应的构造函数和析构函数，通过基类指针指向派生类对象，观测创建和释放时如何调用构造函数和析构函数。

分析

基类指针可以指向派生类对象，如果从堆空间分配空间给派生类对象，并由基类指针指向该对象，构造函数是如何被调用的呢？定义派生类对象时，会先执行基类构造函数体，再执行派生类构造函数体。那么释放堆空间时析构函数又是如何被调用的呢？一般对象析构，会先执行派生类析构函数体，再执行基类析构函数体，但是，在这里通过基类指针释放空间，就需要把析构函数定义为虚函数，才能自动调用派生类析构函数，否则，只调用基类析构函数。

程序

```cpp
//例 10.1 虚析构函数的使用
//10.1.cpp
#include <iostream>
using std::cout;

class Shape
{                                           //基类 Shape 的定义
public:
        Shape(){cout<<"Shape 类构造函数被调用\n";}
        virtual   ~Shape(){cout<<"Shape 类析构函数被调用\n";};
};                                          //Shape 类定义结束

class Circle : public Shape                 //派生类 Circle 的定义
{
public:
        Circle( int xx= 0, int yy= 0, double rr= 0.0 )
        {
                x = xx; y = yy; radius =rr;
                cout<<"Circle 类构造函数被调用\n";
        }
        ~Circle(){cout<<"Circle 类析构函数被调用\n"; }
private:
        int x,y;                            //圆心坐标
        double radius;                      //圆半径
};                                          //派生类 Circle 定义结束

void main()
{
        Shape *shape_ptr;
        shape_ptr = new(Circle)(3,4,5);
        delete shape_ptr;
}
```

程序说明

程序运行后在屏幕上显示：

Shape 类构造函数被调用

Circle 类构造函数被调用

Circle 类析构函数被调用

Shape 类析构函数被调用

　　如果不定义析构函数为虚函数，派生类的析构函数将不会被调用，这样就无法释放派生类成员的空间。为了解决派生类对象释放不彻底的问题，必须将基类的析构函数定义为虚析构函数。此时，无论派生类析构函数是不是用 virtual 来说明，也都是虚析构函数。

　　此时再使用基类对象指针销毁派生类对象时，就会通过动态联编调用派生类的析构函数，而指向派生类析构函数后，是一定会调用基类的析构函数的，从而使得所创建的派生类对象可以完全地释放。

　　注意：即使在派生类的其他成员函数的定义中没有使用动态联编，也需要考虑是否必须使用虚析构函数。

　　例 10.2　如果在例 10.1 中定义一个 Circle 类的对象，这个对象将占用多大的存储空间？注意 Shape 的析构函数定义为虚析构函数。如果将基类 Shape 和派生类 Circle 的析构函数都显式地定义为虚析构函数，这个对象占用的存储空间又是多大？

　　答案：这个对象的空间是 24 字节。首先有 16 字节是数据成员的存储空间：两个整型数据和一个实型数据的空间；另外就是虚函数表的空间，这里只有一个虚析构函数。

　　基类和派生类析构函数都用 virtual 说明后，这个对象的空间仍然是 24 字节。说明基类析构函数定义为虚析构函数后，派生类的析构函数就是虚析构函数了，无论派生类的析构函数是否用 virtual 来说明。

　　例 10.3　在例 10.1 中，如果将 main 函数修改为

```
void main()
{
    Circle circle(3,4,5);
    Shape &shape_ref=circle;
}
```

或者

```
void main()
{
    Circle *circle_ptr=new Circle(3,4,5);
    delete circle_ptr;
}
```

在这两种情况下，基类 Shape 的析构函数是不是必须定义为虚析构函数？

再结合例 10.1 本身，对于虚析构函数的定义可以得出什么结论？

答案：

这两种情况下，基类 Shape 的析构函数都不需要定义为虚析构函数。第一种情况

派生类对象是直接创建的，也会直接释放。释放时先调用派生类析构函数，再调用基类析构函数。第二种情况是通过派生类指针来调用派生类析构函数，属于静态联编，也会自动调用基类的析构函数。

只有用动态创建派生类对象地址初始化基类的指针时，才需要定义基类的析构函数为虚析构函数。

例 10.4 编写一个程序，可以动态地创建 Circle 类或者 Rectangle 类的对象，并且显示所创建对象的面积。在编程中注意使用多态性。

分析

为了使程序尽可能具有通用性，在基类 Shape 中定义函数 getArea 为纯虚函数，并且统一用指向基类的指针指向所创建的对象。

在 main 函数中通过函数 creat_object 来创建对象，所创建对象的地址赋值给基类指针*ptr。由于该函数是通过函数的参数修改指针中的地址，因此，不能直接用指针作为函数的参数，而要用指针变量的地址来作为参数。

通过函数 display_area 输出对象的面积。

函数都使用同样的基类指针作为参数。注意创建不同派生类对象时，这个指针中的地址也是不同派生类对象的地址。

程序

```cpp
//例 10.4  纯虚函数的应用
// shape2.h 头文件
#ifndef SHAPE_H
#define SHAPE_H


class Shape                          //基类 Shape 的声明
{
public:
    virtual double getArea() const=0;    //纯虚函数
    void print() const;
    virtual ~Shape(){}                   //虚析构函数
};                                   //Shape 类声明结束
class Circle : public Shape          //派生类 Circle 的声明
{
public:
    Circle( int = 0, int = 0, double = 0.0 );
    double getArea() const;          //返回面积
    void print() const;              //输出 Circle 类对象信息
protected:
    int x,y;                         //圆心坐标
    double radius;                   //圆半径
};                                   //派生类 Circle 声明结束
```

```
class Rectangle : public Shape              //派生类 Rectangle 的声明
{
public:
    Rectangle( int = 0, int = 0);           //构造函数
    double getArea() const;                 //返回面积
    void print() const;                     //输出 Rectangle 类对象信息
protected:
    int a,b;                                //矩形的长和宽
};                                          //派生类 Rectangle 声明结束
#endif


// shape2.cpp
#include <iostream>
using std::cout;
using std::endl;
#include "shape2.h"                         //包含头文件

void Shape::print() const
{
    cout<<"Base class Object"<<endl;
}                                           //Shape 类 print 函数定义

Circle::Circle( int xValue, int yValue, double radiusValue )
{
    x=xValue;   y=yValue;
    radius= radiusValue ;
}                                           //Circle 类构造函数
double Circle::getArea() const
{
    cout<<"Circle 类的 getArea 函数，面积是 ";
    return 3.14159 * radius * radius;
}                                           //Circle 类 getArea 函数定义
void Circle::print() const
{
    cout << "center is ";
    cout<<"x="<<x<<"    y="<<y;
    cout << "; radius is " << radius<<endl;
}                                           //Circle 类 print 函数定义


Rectangle::Rectangle( int aValue, int bValue )
```

```
{
    a=aValue;    b=bValue;
}                                        //Rectangle 类构造函数
double Rectangle::getArea() const
{
    cout<<"Rectangle 类的 getArea 函数，面积是  ";
    return a * b;
}                                        //Rectangle 类 getArea 函数定义
void Rectangle::print() const
{
    cout << "hight is "<<a;
    cout<<"width is"<<b<<endl;
}                                        //Rectangle 类 print 函数定义


// 10.4.cpp
#include <iostream>
using std::cout;
using std::cin;
using std::endl;


#include "shape2.h"                      //包含头文件
void creat_object(Shape **ptr);
void display_area(Shape *ptr);
void delete_object(Shape *ptr);


void main()
{
    Shape *shape_ptr;
    creat_object(&shape_ptr);
    display_area(shape_ptr);
    delete_object(shape_ptr);
}                                        //结束 main 函数
void creat_object(Shape **ptr)
{
    char type;
    *ptr = NULL;
    do{
        cout<<"创建对象。c:Circle 类对象；r:Rectangle 类对象"<<endl;
        cin>>type;
        switch (type)
```

```
        {
            case 'c':
            {
                int xx,yy;
                double rr;
                cout<<"请输入圆心的坐标和圆的半径：";
                cin>>xx>>yy>>rr;
                *ptr = new Circle(xx,yy,rr);
                break;
            }
            case 'r':
            {
                int aa,bb;
                cout<<"请输入矩形的长和宽：";
                cin>>aa>>bb;
                *ptr = new Rectangle(aa,bb);
                break;
            }
            default:cout<<"类型错误，请重新选择\n";
        }
    }while(*ptr==NULL);
}


void display_area(Shape *ptr)
{
    cout<<"显示所创建对象的面积，调用的是"<<endl;
    cout<<ptr->getArea() << endl;
}


void delete_object(Shape *ptr)
{
    delete(ptr);
}
```

程序说明

这个程序中，使用了虚函数、纯虚函数、虚析构函数、基类指针访问派生类对象等技术，实现了运行时的多态。

程序具有很好的通用性。所创建的对象，不论是哪个派生类的，都通过同一个基类的指针来访问。而不论是哪个派生类的对象，都是通过同一个函数 display_area 来显示对象的面积。如果需要，还可以编写另一个或者几个函数，统一处理派生类对象的其他操作。例如，通过一个 display_object 显示对象的全部信息，等等。

　　程序具有很好的可扩展性。如果需要增加新的派生类，不论是 Shape 的派生类还是 Circle 的派生类，只需要增加和新派生类定义有关的代码，并且在创建对象时也要增加相关代码。而其他反映派生类对象行为的函数(如 display_area，display_object 等函数)都不需要修改，就可以显示新增加类的对象的面积。这种可扩展性也是多态性特点的一种具体的体现。

　　这个例子还显示了：抽象类中可以为各派生类定义一些通用的接口。这些通用的接口就是抽象类中的纯虚函数。新增加的派生类的对象，都可以使用这样的通用接口，表现派生类对象的行为特性。

　　例 10.5　　在例 10.4 的基础上，现在需要增加一个 Rectangle 的派生类：Cube，也就是立方体类。任意创建 Circle、Rectangle、Cube 类的对象，并显示对象的面积。

　　分析

　　现在需要做的只有两件事：定义新的 Cube 类，并且在 create_object 函数中增加创建 Cube 类对象的内容。其他函数就不需要修改了。

　　可以增加一个新类定义的头文件和相应的.cpp 文件，称为 cube.h 和 cube.cpp。修改 main 函数中的函数 create_object。原来定义的 Shape2.h 和 Shape2.cpp 仍然可以继续使用。函数 display_area 和 delete_object 都不需要修改。

　　程序

```
//例 10.5　抽象类和软件重用
//cube.h　头文件　Cube 类的声明
#ifndef CUBE_H
#define CUBE_H
#include "shape2.h"                //包含头文件

class Cube : public Rectangle      //派生类 Cube 的声明
{
public:
    Cube(int, int, int);
    double getArea() const;
    void print() const;
protected:
    int c;
};                                  //Cube 类声明结束
#endif                              //cube.h 文件结束

//cube.cpp
#include <iostream>
using namespace std;

#include "shape2.h"
```

```
#include "cube.h"

Cube::Cube(int aValue, int bValue, int cValue): Rectangle(aValue,bValue)
{
    c=cValue;
}
double Cube::getArea() const
{
    cout<<"Cube 类的 getArea 函数，表面积是：";
    return 2*(a*b+b*c+c*a);
}
void Cube::print() const
{
    Rectangle::print();
    cout<<"height is "<<c<<endl;
}


//10.5.cpp
#include <iostream>
using std::cout;
using std::cin;
using std::endl;

#include "cube.h"

void creat_object(Shape **ptr);
void display_area(Shape *ptr);
void delete_object(Shape *ptr);

void main()
{
    Shape *shape_ptr;
    creat_object(&shape_ptr);
    display_area(shape_ptr);
    delete_object(shape_ptr);
}                                        //结束 main 函数
void creat_object(Shape **ptr)
{
    char type;
    *ptr = NULL;                         //空指针
```

```
        do{
            cout<<"创建对象。请选择：";
            cout<<"c:Circle 类对象；r:Rectangle 类对象；u:Cube 类对象"<<endl;
            cin>>type;
            switch (type)
            {
                case 'c':                    //创建 Circle 类对象
                {
                    int xx,yy;
                    double rr;
                    cout<<"请输入圆心的坐标和圆的半径：";
                    cin>>xx>>yy>>rr;
                    *ptr = new Circle(xx,yy,rr);
                    break;
                }
                case 'r':                    //创建 Rectangle 类对象
                {
                    int aa,bb;
                    cout<<"请输入矩形的长和宽：";
                    cin>>aa>>bb;
                    *ptr = new Rectangle(aa,bb);
                    break;
                }
                case 'u':                    //创建 Cube 类对象
                {
                    int aa,bb,cc;
                    cout<<"请输入立方体的长、宽、高：";
                    cin>>aa>>bb>>cc;
                    *ptr = new Cube(aa,bb,cc);
                    break;
                }
            default:cout<<"类型错误，请重新选择\n";
        }
    }while(*ptr==NULL);
}


void display_area(Shape *ptr)
{
    cout<<"显示所创建对象的面积，调用的是"<<endl;
    cout<<ptr->getArea() << endl;
```

```
    }
    void delete_object(Shape *ptr)
    { delete(ptr); }
```

程序说明

将以上 3 个文件：cube.h、cube.cpp、10.5.cpp 和文件 shape2.h、shape2.cpp 共 5 个文件在 VC 编译环境中进行编译，就实现了新的功能：实现程序的功能扩展。

程序运行后，屏幕的显示如下：

创建对象。请选择：c:Circle 类对象；r:Rectangle 类对象；u:Cube 类对象

u

请输入立方体的长、宽、高：4 5 6

显示所创建对象的面积，调用的是

Cube 类的 getArea 函数，表面积是 148

在本例的 main 函数中，很容易加上循环，以便反复地产生各种对象，以及输出相应的信息。当然，也必须能够在一定条件下，结束对象的创建和退出程序。读者可以自己完成这样的修改。

例 10.6 某小型公司需要一个简单的员工管理系统，公司的员工分为 4 类：经理，每月有固定工资；兼职技术人员，按工作时间计算薪酬；兼职销售人员，按销售额获得提成；销售经理，每月在固定工资的基础上再加上销售提成。希望每月月底打印出所有员工的工资单。

分析

4 类员工计算薪酬的方法不同，可以设计一个员工类作为抽象类，每个员工的属性应该有：姓名、工号、月薪，4 个派生类可以在此基础上增加属性。设计的类图如图 10-1 所示。

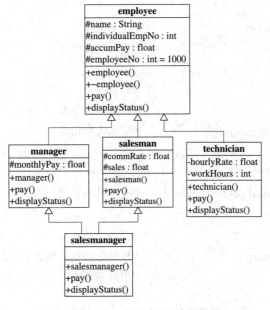

图 10-1　员工管理系统类图

从图中可以看出，"销售经理"从两个基类中派生，并且这两个基类还有共同的基类，所以需要声明为虚拟继承。

在员工类中用静态数据成员来记录工号的最大编号。由于编号希望统一用 4 位数字，所以为静态数据成员赋初值 1000。

程序

```cpp
//例 10.6 基于类的简单的员工管理系统
//employee.h  头文件 各个类的声明
class employee
{
protected:
    char *name;                          //姓名
    int individualEmpNo;                 //个人编号
    float accumPay;                      //月薪总额
    static int employeeNo;               //本公司职员编号目前最大值
public:
    employee();                          //构造函数
    ~employee();                         //析构函数
    virtual void pay()=0;                //计算月薪函数(纯虚函数)
    virtual void displayStatus()=0;      //显示人员信息(纯虚函数)
};


class technician:public employee         //兼职技术人员类
{
private:
    float hourlyRate;                    //每小时酬金
    int workHours;                       //当月工作时数
public:
    technician();                        //构造函数
    void pay();                          //计算月薪函数
    void displayStatus();                //显示人员信息
};


class salesman:virtual public employee   //兼职推销员类
{
protected:
    float CommRate;                      //按销售额提取酬金的百分比
    float sales;                         //当月销售额
public:
    salesman();                          //构造函数
```

```
    void pay();                        //计算月薪函数
    void displayStatus();              //显示人员信息
};

class manager:virtual public employee    //经理类
{
protected:
    float monthlyPay;                  //固定月薪数
public:
    manager();                         //构造函数
    void pay();                        //计算月薪函数
    void displayStatus();              //显示人员信息
};

class salesmanager:public manager,public salesman    //销售经理类
{
public:
    salesmanager();                    //构造函数
    void pay();                        //计算月薪函数
    void displayStatus();              //显示人员信息
};

//empfunc.cpp    各个类的方法的实现
#include<iostream.h>
#include<string.h>
#include"employee.h"

int employee::employeeNo=1000;         //员工编号基数为

employee::employee()
{
    char namestr[50];                  //输入雇员姓名时首先临时存放在 namestr 中
    cout<<"请输入下一个雇员的姓名:";
    cin>>namestr;
    name=new char[strlen(namestr)+1];  //动态申请用于存放姓名的内存空间
    strcpy(name,namestr);              //将临时存放的姓名复制到 name
    individualEmpNo=employeeNo++;       //新输入的员工，其编号为目前最大编号加 1
    accumPay=0.0;                      //月薪总额初值为 0
}
```

```
employee::~employee()
{
    delete name;                    //在析构函数中删除为存放姓名动态分配的内存空间
}

technician::technician()
{
    hourlyRate=100;                 //每小时酬金元
}

void technician::pay()
{
    cout<<"请输入"<<name<<"本月的工作时数:";
    cin>>workHours;
    accumPay=hourlyRate*workHours;  //计算月薪，按小时计酬
    cout<<"兼职技术人员"<<name<<"编号"<<individualEmpNo
        <<"本月工资"<<accumPay<<endl;
}
void technician::displayStatus()
{
    cout<<"兼职技术人员"<<name<<"编号"<<individualEmpNo
        <<"级别为"<<grade<<"级，已付本月工资"<<accumPay<<endl;
}

salesman::salesman()
{
    CommRate=0.04;                  //销售提成比例%
}

void salesman::pay()
{
    cout<<"请输入"<<name<<"本月的销售额：";
    cin>>sales;
    accumPay=sales*CommRate;        //月薪=销售提成
    cout<<"推销员"<<name<<"编号"<<individualEmpNo
        <<"本月工资"<<accumPay<<endl;
}
```

```
void salesman::displayStatus()
{
    cout<<"推销员"<<name<<"编号"<<individualEmpNo
        <<"级别为"<<grade<<"级，已付本月工资"<<accumPay<<endl;
}


manager::manager()
{
    monthlyPay=8000;              //固定月薪元
}


void manager::pay()
{
    accumPay=monthlyPay;          //月薪总额即固定月薪数
    cout<<"经理"<<name<<"编号"<<individualEmpNo
        <<"本月工资"<<accumPay<<endl;
}


void manager::displayStatus()
{
    cout<<"经理"<<name<<"编号"<<individualEmpNo
        <<"级别为"<<grade<<"级，已付本月工资"<<accumPay<<endl;
}


salesmanager::salesmanager()
{
    monthlyPay=5000;
    CommRate=0.005;
}


void salesmanager::pay()
{
    cout<<"请输入"<<employee::name<<"所管辖部门本月的销售总额：";
    cin>>sales;
    accumPay=monthlyPay+CommRate*sales;   //月薪=固定月薪+销售提成
    cout<<"销售经理"<<name<<"编号"<<individualEmpNo
        <<"本月工资"<<accumPay<<endl;
}
```

```cpp
void salesmanager::displayStatus()
{
        cout<<"销售经理"<<name<<"编号"<<individualEmpNo
            <<"级别为"<<grade<<"级，已付本月工资"<<accumPay<<endl;
}


//测试用主程序：10.6.cpp
#include<iostream.h>
#include"employee.h"

int main()
{
    manager m1;
    technician t1;
    salesmanager sm1;
    salesman s1;
    employee *emp[4]={&m1,&t1,&sm1,&s1};
    //用指针数组的各个元素存放各对象的地址

    int i;
    for(i=0;i<4;i++)
    { /*依次调用各派生类对象的成员函数，完成各自不同的升级、
        月薪计算、信息功能显示。*/
        emp[i]->promote();
        emp[i]->pay();
        emp[i]->displayStatus();
    }
    return 0;
}
```

例 10.7 用函数模板编写冒泡排序和数组输出，支持 int 型数组和 double 型数组。在 main 函数中调用函数模板进行测试。

程序

```cpp
#include<iostream>
using namespace std;
template<class T>
void TSort(T a[], int num)
{
    int i,j;
    T t;
```

```
        for (i=0;i<num-1;i++)
            for (j=i+1;j<num;j++)
                if (a[i]>a[j])
                {
                    t=a[i];
                    a[i]=a[j];
                    a[j]=t;
                }
    }
    template <class T>
    void TPrint(T a[],int num)
    {
        int i;
        for (i=0;i<num;i++)
            cout<<a[i]<<',';
        cout<<"\n";
    }
    int main()
    {
        int i,a[6];
        for(i=0;i<6;i++)
            cin>>a[i];
        TSort(a,6);
        TPrint(a,6);

        double b[7];
        for(i=0;i<7;i++)
            cin>>b[i];
        TSort(b,7);
        TPrint(b,7);
        return 0;
    }
```

例 10.8 用类模板编写二维平面上点的通用类。在 main 函数中定义整型和浮点型的坐标点进行测试。

程序

```
    using namespace std;
    template <class T>
    class TPoint
    {
```

```
private:
    T x,y;
public:
    TPoint(T ix=0, T iy=0)
    {
        x = ix;
        y = iy;
    }
    void show();
};
template <class T> void    TPoint<T>::show()
{
    cout<<"x="<<x<<",y="<<y<<endl;
}
void main()
{
    TPoint<int> oa(10,20);
    oa.show();
    TPoint<double> ob(5.5,6.6);
    ob.show();
}
```

10.3 实 践 题 目

设计词表类和文档类，文档类派生出文章类，编写程序计算两篇文章的相似度。在 main 函数中使用这些类时，允许基类指针指向派生类对象，实现运行时多态。

第 **11** 章
异常处理

11.1 《C++语言程序设计》习题及答案

11.1 以下程序运行的结果将显示什么？如果要对 main 函数中的三次函数调用都能够完成测试，应该如何修改程序？

```cpp
#include<iostream.h>
int Div(int x,int y);
void main()
{
    try{
        cout<<"5/2="<<Div(5,2)<<endl;
        cout<<"8/0="<<Div(8,0)<<endl;
        cout<<"7/1="<<Div(7,1)<<endl;
    }
    catch(int){                    //捕获异常处理
        cout<<"except of dividing zero.\n";
    }
    cout<<"that is ok.\n";
}
int Div(int x,int y)
{
    if(y==0)   throw y;            //如果除数为 0，则抛掷一个整型异常
    return x/y;
}
```

答案：运行结果如下：

5/2=2

except of dividing zero.

that is ok.

程序修改如下：

```
#include<iostream>
using namespace std;
int Div(int x,int y);
void main()
{
    int a[3]={5,8,0}, b[3]={2,0,1};
    for(int i=0;i<3;i++)
    try
    {
        cout<<a[i]<<'/'<<b[i]<<'='<<Div(a[i],b[i])<<endl;
    }
        catch(int){              //捕获异常处理
        {
            cout<<"except of dividing zero.\n";
        }
        cout<<"that is ok.\n";
    }
        int Div(int x,int y) {
            if(y==0) throw y;      //如果除数为 0，则抛掷一个整型异常
        return x/y;
}
```

难度：3

11.2　以下程序有没有编译错误和运行错误？在什么情况下会有运行错误？这说明了什么问题？如果有错误，如何对程序进行改正？

```
#include <iostream.h>
int main()
{
    try {
        int a ;
        double b ;
        cin>>a>>b;
        if(a>b) throw a;
        else throw   b ;
    }
    catch ( double y ) {
        cerr << "The double value " << y << " was thrown\n";
    }
    return 0;
}
```

答案：没有编译错误。当输入数据 a>b 时会出现运行错误，因为 a>b 时会抛掷一个整型异常。而异常处理器只能处理 double 类型的异常。结果是没有语句可以处理异常，出现错误。这个情况说明，在抛掷异常和捕获异常时，必须互相类型匹配。不存在捕获异常时的类型自动转换。只要增加一个能够捕获 double 类的异常处理器即可。改正后的程序如下：

```
#include <iostream>
using namespace std;
int main()
{
    try {
            int a ;
            double b ;
            cin>>a>>b;
            if(a>b) throw a ;
            else throw b;
        }
        catch ( int x ) {
        cerr << "The int value " << x << " was thrown\n";
    }
        catch ( double y ) {
            cerr << "The double value " << y << " was thrown\n";
    }
        return 0;
}
```

难度：3

11.3 定义一个 exception 类的派生类 DivideByZeroException，用它来传递除法分母为 0 的异常。编写并测试相应的程序，希望除法可以连续进行和继续检测异常。

答案：程序如下：

```
#include <iostream>
#include <exception>
using namespace std;
class DivideByZeroException : public exception {
public:
    DivideByZeroException::DivideByZeroException()
        : exception( "attempted to divide by zero" ) { }
}; // 类 DivideByZeroException 定义结束
double quotient( int numerator, int denominator )
{
    if ( denominator == 0 )
```

```
        throw DivideByZeroException(); //
        return static_cast< double >( numerator ) / denominator;
    } // end function quotient
    int main()
    {
        int number1; // 用户定义的分子
        int number2; // 用户定义的分母
        double result; // 除法的商
        cout << "输入两个整数 (回车结束输入): ";
        while ( cin >> number1 >> number2 ) { //用户输入两个整数
            try { //try 块中进行除法
                result = quotient( number1, number2 );
                cout << "商等于: " << result << endl;
            } // try 结束
            catch ( DivideByZeroException &divideByZeroException ) {
                cout << "发生异常: "<< divideByZeroException.what() << endl;
            } // catch 结束
            cout << "\n 输入两个整数 (回车结束输入): ";
        } // end while
        cout << endl;
        return 0; // 正常结束
    } // end main
```

难度：4

11.4 以下程序是模拟在构造函数中发生的异常,也就是在对象还没有构造完成时就检测到异常。请分析程序的输出将显示什么，这个结果说明了什么？

```
#include <iostream.h>
#include <string.h>
class Test{ };
class ClassB
{
public:
    ClassB(){ };
    ClassB(char *s){ };
    ~ClassB(){cout <<"ClassB 析构函数!"<<endl;};
};
class ClassC
{
public:
    ClassC()
```

```
        {
                throw Test();
        };
            ~ClassC(){cout <<"ClassC 析构函数!"<<endl;};
        };
        class ClassA
        {
            ClassB lastName;
            ClassC records;
        public:
                ClassA(){};
                ~ClassA(){cout <<"ClassA 析构函数!"<<endl;};
        };
        void main()
        {
            try{
                ClassB collegeName("NJIT");
                ClassA S;
                }
                catch (...) {cout << "exception!"<<endl;
            }
        }
```

答案：程序的输出如下：

ClassB 析构函数!

ClassB 析构函数!

exception!

这个结果说明，在发生异常后进行的异常处理中，将释放已经构造的对象，而不会释放还没有构造完毕的对象。

本题中，首先构造了 ClassB 的对象，然后构造 ClassA 的对象。ClassA 中包括了 ClassB、ClassC 的对象成员。构造 ClassA 的对象时，先完成了 ClassB 对象的构造，再构造 ClassC 的对象，而在构造 ClassC 的对象时发生和检测到了异常，于是退出 ClassC 对象的构造，也就终止了 ClassA 对象的构造。

所以在异常处理时，先释放已经单独构造的 ClassB 的对象 BB，然后再释放构造对象 AA 时已经构造的 ClassB 的对象，而 ClassA 和 ClassC 对象构造都没有完成，也就无所谓释放，所以在输出显示中看到，ClassB 的析构函数调用了两次。

难度：3

11.5 重新编写可以检测和处理数组下标越界的异常处理程序。要求：

(1) 不使用系统提供的 exception 类，而是自己定义一个 RangeError 类，用这个类的对象传递数组越界异常；

(2) 定义数组类 LongArray，数据成员是执行数组的指针 long *data，数组大小 size。要定义相应的构造函数、析构函数和读取数组元素的 long Get(unsigned i)函数；

(3) 在 long Get(unsigned i)函数内检测下标越界异常，如果有异常，则抛掷一个 RangeError 类对象。注意：不用对"[]"算符重载来检测越界异常。

完成相应的程序，包括对可能的异常检测和处理。

答案：程序如下：

```cpp
#include <stdio.h>
#include <iostream>
using namespace std;
class RangeError { };
class LongArray {
public:
    LongArray( unsigned sz = 0 );
    ~LongArray();
    long Get( unsigned i ) const;
private:
    long * data; // array of long integers
    unsigned size; // allocation size
};
LongArray::LongArray( unsigned sz )
{
    size = sz;
    data = new long[size];
}
LongArray::~LongArray()
{
    delete [] data;}
long LongArray::Get( unsigned i ) const
{
    if( i >= size )
    throw RangeError();
    return data[i];
}
unsigned ArraySize = 50;
void GetArrayElement( const LongArray & L )
{
    unsigned i;
    cout << "Enter subscript: ";
    cin >> i;
    ong n = L.Get( i );
```

```
        }
        int main()
        {
                try {
                LongArray L( ArraySize );
                GetArrayElement( L );
                cout << "Program completed normally.\n";
                }
                catch( const RangeError & R )
                {
                        cout << "Subscript out of range\n";
                }
                catch( ... )
                {
                        cout << "Unknown exception thrown\n";
                }
                return 0;
        }
```

难度：4

11.2　编程案例及参考例程

例 11.1　定义函数 Fib(int n)计算斐波那契数列的第 n 项。如果 n<=0，则抛掷整型异常；如果 n>=47，则抛掷字符串"n>=47 overflow"。编程测试异常处理。

程序

```
        #include <iostream>
        using namespace std;
        int Fib(int n)
        {
                if (n<=0) throw n;
                if (n>=47) throw "n>=47 overflow";
                if (n==1||n==2)
                        return 1;
                else
                        return Fib(n-1)+Fib(n-2);
        }
        void main()
        {
                int n,fn;
```

```
try
{
    cin>>n;
    cout<<Fib(n)<<endl;
}
catch (int m)
{
    cout<<"运行 D 异常 n="<<m<<endl;
}
catch (char* s)
{
    cout<<s<<endl;
}
}
```

例 11.2 设计一个异常 Expt 抽象类，在此基础上派生一个 OutOfMemory 类响应内存不足，派生一个 RangeError 类响应输入的数不在指定范围内。在基类中定义函数 ShowReason()为纯虚函数。在派生类中定义的 ShowReason 函数，具体说明发生哪种异常。

再定义两个函数 MyFunc 和 CheckRange，可以分别抛掷 OutOfMemory 异常类对象和 RangeError 异常类对象。

编程并实现和测试这几个类。

程序

```
#include <iostream>
using namespace std;
class Expt
{
    public:
    Expt(){};
    ~Expt(){};
    virtual const char *ShowReason() const = 0;
};
class OutofMemory : public Expt
{
public:
    const char *ShowReason() const
    {
    return "内存不足。";
    }
};
class RangeError : public Expt
```

```
{
public:
    const char *ShowReason() const
    {
        return "输入的数不在指定范围。";
    }
};
class Demo
{
public:
    Demo()
    {
        cout << "构造 Demo." << endl;
    }
    ~Demo()
    {
        cout << "析构 Demo." << endl;
    }
};
void MyFunc()
{
    Demo D;
    cout<< "在 MyFunc()中抛掷 OutofMemory 类异常。" << endl;
    throw OutofMemory();
}
void CheckRange(int n)
{
    if ((n<0) || (n>9))
    throw RangeError();
}
int main()
{
    cout << "请输入 0-9 之间的一个数：";
    int i;
    cin >> i;
    try
    {
        cout << "在 try 块中，调用 CheckRange()。" << endl;
        CheckRange(i);
```

```
        }
        catch( RangeError E )
        {
            cout << "在 catch 异常处理程序中。" << endl;
            cout << "捕获到 RangeError 类型异常：";
            cout << E.ShowReason() << endl;
            cout << "输入无效，将使用默认值。" << endl;
        }
        catch( char *str )
        {
            cout << "捕获到其他的异常：" << str << endl;
        }
        cout << "回到 main 函数。继续执行。" << endl;
        try
        {
            cout << "在 try 块中，调用 MyFunc()。" << endl;
            MyFunc();
        }
        catch( OutofMemory M )
        {
            cout << "在 catch 异常处理程序中。" << endl;
            cout << "捕获到 OutofMemory 类型异常：";
            cout << M.ShowReason() << endl;
        }
        catch( char *str )
        {
            cout << "捕获到其他的异常：" << str << endl;
        }
        cout << "回到 main 函数。从这里恢复执行。" << endl;
        return 0;
    }
```

第12章
图形用户界面

12.1 基于 Windows API 编程

Windows 是多任务操作系统，有一个图形界面，所有程序都通过菜单和对话框与用户进行信息交互。要编写 Windows 程序，就必须了解 Windows 的相关知识，遵守 Windows 的相应规则。

Windows 编程最主要的机制是事件驱动机制。传统的 **MS-DOS** 程序主要采用顺序的、关联的、过程驱动的程序设计方法。一个程序是一系列预先定义好的操作序列的组合，具有开头、中间过程和结束。程序直接控制程序事件和过程的顺序。这样的程序设计方法是面向程序而不是面向用户的，交互性差，用户界面不够友好，因为它强迫用户按照某种不可更改的模式进行工作。它的基本模型如图 12-1(a)所示。

事件驱动程序设计是一种全新的程序设计方法，不由事件的顺序来控制，而由事件的发生来控制。这种事件的发生是随机的、不确定的，并没有预定的顺序，这样就允许用户用各种合理的顺序来安排程序的流程。它是一种面向用户的程序设计方法，更多地考虑了用户可能的各种输入，并针对性地设计相应的处理程序。它是一种"被动"式程序设计方法，程序开始运行时，处于等待用户输入事件状态，然后取得事件并做出相应反应，处理完毕又返回并处于等待事件状态。它的处理流程如图 12-1(b)所示。

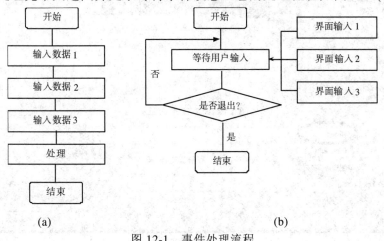

图 12-1 事件处理流程

　　事件驱动围绕着消息的产生与处理展开，靠消息循环机制来实现。消息是一种报告有关事件发生的通知，类似于 DOS 下的用户输入。Windows 应用程序的消息来源有以下 4 种：

　　(1) 输入消息：包括键盘和鼠标的输入。这一类消息首先放在系统消息队列中，然后由 Windows 将它们送入应用程序消息队列中，由应用程序来处理。

　　(2) 控制消息：用来与 Windows 的控制对象，如列表框、按钮、检查框等进行双向通信。当用户在列表框中改动当前选择或改变了检查框的状态时发出此类消息。这类消息一般不经过应用程序消息队列，而是直接发送到控制对象上去。

　　(3) 系统消息：对程序化的事件或系统时钟中断做出反应，如创建窗口消息、屏幕刷新。

　　(4) 用户消息：这是程序员自己定义并在应用程序中主动发出的，一般由应用程序的内部处理。

　　从程序员的角度看，一致的用户界面来自于 Windows 构造菜单和对话框的内置程序，所有菜单都有同样的键盘和鼠标界面。这项工作是由 Windows 而不是由应用程序处理的。编写应用程序时，需要通过 Windows API(Application Program Interface)与 Windows 进行交互，包括函数调用、使用相关的数据类型和结构。

　　按照下面步骤建立一个最简单的 Windows 程序：

　　(1) 打开 VC2015，从起始页里"开始"位置点击"新建项目"，或者从菜单中选择"文件→新建→项目→Visual C++→win32 项目"命令，界面如图 12-2 所示。输入名称，然后单击"确定"按钮。

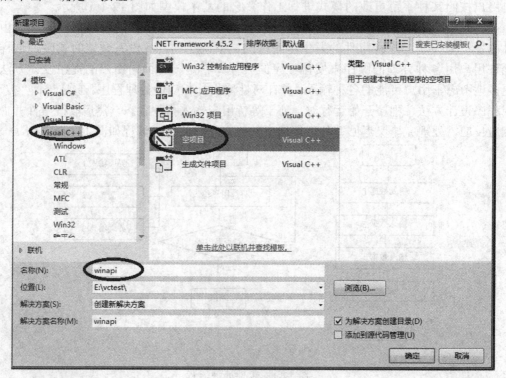

图 12-2　新建项目

(2) 从菜单中选择"项目→添加新项"命令，在弹出的对话框中选择"代码"，然后选择"C++文件(.cpp)"，输入名称，如图 12-3 所示。单击"添加"按钮，就可以编写源程序了。

图 12-3　添加源文件

例 12.1　最简单的 Windows 程序示例。

```
//例 12-1
#include <windows.h>
int WINAPI WinMain(HINSTANCE hInstance,HINSTANCE hPrevInstance,PSTR lpCmdLine,
int nCmdShow)
    {
        MessageBox(NULL,TEXT("Hello world!"),TEXT("HelloWin"),0);
        return 0;
    }
```

在这里，WinMain 代替了 main 函数，它是一个 Windows API 函数。该函数必须带有 4 个参数，这 4 个参数是操作系统传递该给该函数的。

第 1 个参数 hInstance，标识该应用程序当前实例的句柄，它唯一地代表了该应用程序，在后面建立窗口时会用到这个参数。它是 HINSTANCE 类型，表示 Handle of Instance，即实例的句柄。

"实例"代表的是应用程序执行的整个过程和方法。一个应用程序如果没有被执行，只是存在于磁盘上，那么就说它没有被实例化；只要一执行，则说该程序的一个实例在运行。在 Windows 中，能多次同时打开运行某一个程序，即运行多个"实例"。

"句柄"指的是一个对象的把柄。在 Windows 中，有各种各样的句柄，它们都是 32 位的指针变量，用来指向该对象所占的内存区起始位置。

第 2 个参数 hPrevInstance，标识该应用程序的前一个实例的句柄。在老版本的 Windows 操作系统中需要使用它。

第 3 个参数 lpCmdLine，是指向应用程序命令行参数字符串的指针。

第 4 个参数 nCmdShow 是一个用来指定窗口显示方式的整数。

程序中调用 MessageBox 函数创建一个消息"窗口"。"窗口"是一个类，组件成员包括标题栏、缩放按钮、关闭按钮、图标、菜单、工具栏、滚动条、文本或图形的输入/显示区。

如果应用程序需要使用一个或几个"窗口"对象实例，则需要调用 Windows API 函数 CreateWindow 来实现。

例 12.2 源码略显复杂，但工程的建立方法同例 12.1。

```
//例 12-2
#include <windows.h>

LRESULT CALLBACK WndProc(HWND,UINT,WPARAM, LPARAM);

int WINAPI WinMain(HINSTANCE hInstance,HINSTANCE hPrevInstance, PSTR lpCmdLine,
int nCmdShow)
{
    static TCHAR szAppName[] = TEXT("HelloWin");
    HWND hwnd;
    MSG msg;
    WNDCLASS wndobj;

    wndobj.style     = CS_HREDRAW|CS_VREDRAW;
    wndobj.lpfnWndProc = WndProc;              //窗口过程名称
    wndobj.cbClsExtra = 0;
    wndobj.cbWndExtra = 0;
    wndobj.hInstance = hInstance;
    wndobj.hIcon = LoadIcon(NULL,IDI_APPLICATION);
    wndobj.hCursor = LoadCursor(NULL,IDC_ARROW);
    wndobj.hbrBackground= (HBRUSH) GetStockObject(WHITE_BRUSH);
    wndobj.lpszMenuName = NULL;
    wndobj.lpszClassName = szAppName;

    if (!RegisterClass(&wndobj))               //第 1 件事：窗口类注册
    {
        MessageBox(NULL,TEXT("HELLOWIN ERROR"), szAppName,MB_ICONERROR);
        return 0;
    }
    //第 2 件事：创建窗口
    hwnd = CreateWindow(szAppName,             //window class name
```

```
                    TEXT("The Hello Window Program"), //window caption
                    WS_OVERLAPPEDWINDOW, //window style
                    CW_USEDEFAULT,        //initial x position
                    CW_USEDEFAULT,        //initial y position
                    CW_USEDEFAULT,        //initial x size
                    CW_USEDEFAULT,        //initial y size
                    NULL,                 //parent window handle
                    NULL,                 //window menu handle
                    hInstance,            //program instance handle
                    NULL);                //creation parameters
        ShowWindow(hwnd,nCmdShow);
        UpdateWindow(hwnd);

        while(GetMessage(&msg,NULL,0,0))   //第 3 件事：消息循环
        {
            TranslateMessage(&msg);
            DispatchMessage(&msg);
        }
        return msg.wParam;
    }


//第 4 件事：窗口过程
LRESULT CALLBACK WndProc(HWND hwnd,UINT message,WPARAM wParam,LPARAM
lParam)
    {
        HDC hdc;
        PAINTSTRUCT ps;
        RECT rect;

        switch(message)
        {
        case WM_CREATE:
            return 0;
        case WM_PAINT:
            hdc = BeginPaint(hwnd,&ps);
            GetClientRect(hwnd,&rect);
            DrawText(hdc,TEXT("Hello,mywindow!"),-1,&rect,DT_SINGLELINE|DT_
            CENTER|DT_VCENTER);
            EndPaint(hwnd,&ps);
```

```
            return 0;
    case WM_DESTROY:
            PostQuitMessage(0);
            return 0;
    }

    return DefWindowProc(hwnd,message,wParam,lParam);
}
```

每一个 Windows 程序代码都包括上面程序的大部分。这个程序可以看成是所有 Windows 程序的框架，所有程序都是在这个程序的基础上再添加代码的。程序中完成了 4 件大事。

第 1 件事：注册窗口类。WNDCLASS 是一个结构体：

```
typedef struct WNDCLASS
{
    UINT        style;                //窗口类风格
    WNDPROC     lpfnWndProc;          //指向窗口过程函数的指针
    int         cbClsExtra;           //窗口类附加数据
    int         cbWndExtra;           //窗口附加数据
    HINSTANCE   hInstance;            //拥有窗口类的实例句柄
    HICON       hIcon;                //最小窗口图标
    HCURSOR     hCursor;              //窗口内使用的光标
    HBRUSH      hbrBackground;        //用来着色窗口背景的刷子
    LPCTSTR     lpszMenuName;         //指向菜单名的指针
    LPCTSTR     lpszClassName;        //指向窗口类名的指针
}
```

应用程序向 Windows 系统申请要开一个自己的程序窗口，Windows 系统就要求程序"填写一张申请表"：WNDCLASS 结构，于是程序中就得很繁琐地给 WNDCLASS 结构成员一一赋值。然后调用 API 函数 RegisterClass 进行注册。函数调用注册成功会返回一个非 0 值。如果不能成功注册，程序中就会调用 MessageBox 弹出一个消息窗口，提示出错。

第 2 件事：创建窗口。首先调用 API 函数 CreateWindow，该函数有诸多参数，各项的含义请参见程序中的注释，返回值是窗口句柄；然后调用 API 函数 ShowWindow 和 UpdateWindow，将窗口显示出来，这些都需要用刚才创建的窗口句柄做参数。

第 3 件事：消息循环。什么是"消息"呢？窗口显示后，用户要通过鼠标单击窗口上的按钮，或者要通过键盘输入信息，但是用户要做什么操作，程序是不可预知的。在 Windows 程序中是由事件的发生来控制程序的。Windows 程序设计的任务就是对正在开发的应用程序中要发出的或要接收的处理请求进行排序和管理。这样的处理请求就是"消息"。

窗口以"消息"的形式接收用户的输入，窗口也用消息与其他窗口通信。比如，当用户改变窗口的大小时，Windows 给程序发送一条消息指出新窗口的大小。

Windows 操作系统包括 3 个内核基本元件：GDI、ERNEL 和 USER。其中 GDI(如图形设备接口)负责在屏幕上绘制像素；系统内核 KERNEL 支持与操作系统密切相关的功能，如进程加载、内存管理、线程管理等；USER 为用户界面对象提供支持，用于接收和管理所有输入消息、系统消息并把它们发给相应的窗口的消息队列。消息队列是一个系统定义的内存块，用于临时存储消息；每个窗口维护自己的消息队列，并从中取出消息，利用窗口函数进行处理。消息驱动模型的处理流程如图 12-4 所示。

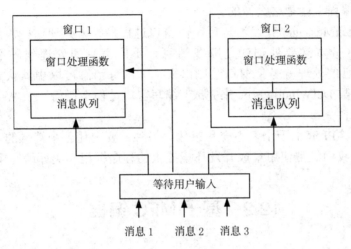

图 12-4　消息驱动模型

Windows 为每个正在运行的应用程序都保持一个消息队列。当用户按下鼠标或键盘时，Windows 并不是把这个事件直接送给应用程序(并不是直接调用应用程序中处理该事件的函数)，而是将输入的事件先翻译成一个消息，然后把这个消息放到该应用程序的信息队列中。所以，窗口显示之后要做的事情就是：检查消息队列、取出消息、翻译消息并分发消息，找到相应的处理函数，分别调用 API 函数 GetMessage、TranslateMessage、DispatchMessage 来完成。如果队列中没有任何消息，GetMessage 函数将一直空闲直到队列中又有消息时返回。GetMessage 总是返回 TRUE，除了接收到 WM_QUIT 消息，GetMessage 会返回 FALSE，退出程序。所以，用 While 处理消息循环可以一直循环下去，如图 12-5 所示。

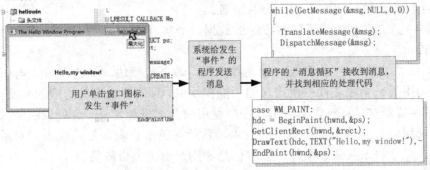

图 12-5　事件→消息→处理代码

第 4 件事：编写窗口过程。"操作系统给程序发送消息"可不是一封电子邮件，实际上是 Windows 调用程序中的一个函数，称为"窗口过程"。"窗口过程"是一个特殊的函数，需要标明 CALLBACK(回调函数)，意即"由操作系统调用的函数"，函数名可以由程序员命名，但在注册窗口类时必须把函数名赋值给窗口对象的数据成员 lpfnWndProc，参见源代码中的语句：wndobj.lpfnWndProc = WndProc。

在"窗口过程"里给出各种消息的处理代码。如果程序要处理的消息很多，那么"窗口过程"的代码会很长。若要把每个消息的处理代码编写成各自的处理函数，就要在"窗口过程"里各个 case 下调用相应的函数，这样程序结构会更清晰，事实上 12.2 中"基于 MFC 编程"就是这么做的。

调用 DispatchMessage 分发消息后，由窗口过程最终来处理这些消息。程序中用 switch 语句来区分本次要处理的是哪条消息，不同消息的处理代码不同，比如：WM_PAINT 消息的处理就是把窗口绘制出来。大部分消息可以由默认处理函数来处理，调用 API 函数 DefWindowProc 来完成。编写窗口过程是任何一个 Windows 程序必须要实现的又一件大事。

Windows 的 API 有上千个，不容易记住。另外，要记住各个消息的名称，也是一项苦差事，所以我们经常使用集成开发环境提供的程序框架和类库编写窗口程序。

12.2　基于 MFC 编程

微软基础类库(Microsoft Foundation Class，MFC)是微软为 Windows 程序员提供的一个面向对象的 Windows 编程接口，它大大简化了 Windows 编程工作。使用 MFC 类库的好处是：首先，MFC 提供了一个标准化的结构，这样开发人员不必从头设计创建和管理一个标准 Windows 应用程序所需的程序，而是"站在巨人肩膀上"，从比较高的起点编程，节省了大量的时间；其次，它提供了大量的代码，指导用户编程时实现某些技术和功能——MFC 库充分利用了 Microsoft 开发人员多年开发 Windows 程序的经验，并可以将这些经验融入你自己开发的应用程序中去；最后，开发人员不需要自己再编程绘制各种窗口，直接调用 MFC 提供的这些类，就能够轻松实现一个 Windows 程序。

一个 MFC 程序包含 3 类文件：C++源文件，扩展名是 .cpp；C++ 头文件，扩展名是 .h；C++ 资源文件，通常以 .RC 为后缀名。

(1) C++源文件：包含了应用程序的数据、类实现(包括事件处理、用户界面对象初始化等)。

(2) C++头文件：包含了 C++ 源文件中所有数据、模块、类的声明。当一个 C++ 源文件要调用另一个源文件中所定义的功能模块时，只需要包含其对应的头文件即可。

(3) C++资源文件：包含了应用程序所使用的全部资源定义。这里说的资源是应用程序能够使用的一类预定义工具中的对象，包括字符串资源、加速键表、对话框、菜单、位图、光标、工具条、图标、版本信息和用户自定义资源等。

MFC 在一个 C++ 类集合中封装了许多 Windows 编程中的繁重内容，为编程提供了一个面向对象的界面，但这些类也有上百个。MSDN(Microsoft Developer Network)是一个好帮手，编程时可以查找所需要的帮助信息，包括 Windows API 和 MFC 类。

MFC 提供了 3 种程序框架，如图 12-6 所示。其中多文档结构可以同时打开多个文档，比如 Visual Studio 集成环境；单文档结构每次只能打开一个文档，比如 paintbrush 画图；基于对话框的程序不具备标准的标题栏、主菜单、工具栏、状态栏等组件，比如 Windows 属性页。

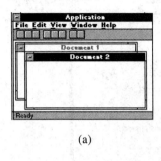 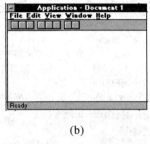 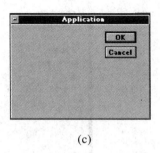

(a) (b) (c)

图 12-6 MFC 应用程序框架

应用程序组件就是 MFC 类，包括窗口类、对话框类、控件类、文件类、画图类等等。开发人员不需要自己在编程绘制各种窗口，直接调用 MFC 提供的这些类，就能够编写一个 Windows 程序。

12.2.1 单文档应用程序

下面介绍建立一个单文档应用程序的步骤，并分析常见的类。

(1) 选择菜单项"文件→新建→项目"，在弹出的对话框中选择"MFC→MFC 应用程序"，然后填写项目名称等，如图 12-7 所示，单击"确定"按钮。

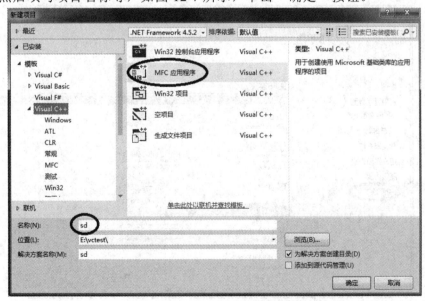

图 12-7 MFC 编程的新建项目

(2) 在弹出的"MFC 应用程序向导"对话框中，单击"下一步"按钮。选择"单个文档"和"MFC 标准"，如图 12-8 所示。单击"下一步"按钮，后续步骤都可以使用默认值，直到完成。

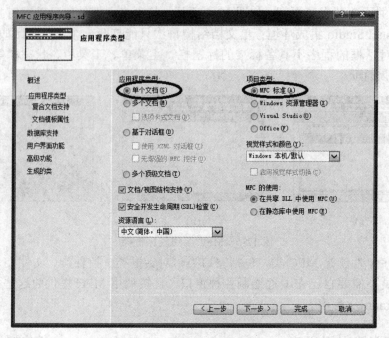

图 12-8　应用程序类型

(3) 后续步骤都可以使用默认值，仅仅在最后一步"生成的类"弹出对话框时，为视图类选择基类，从下拉列表中选择"CEditView"替换默认值"CView"，如图 12-9所示，然后单击"完成"按钮。

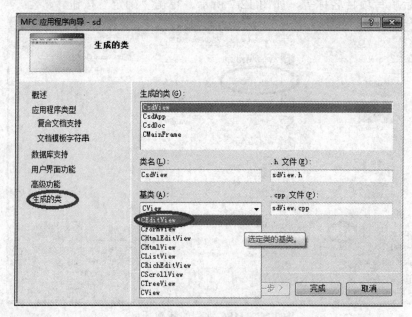

图 12-9　选择基类

这时程序的框架已经建立，可以看到解决方案资源管理器和类视图，如图 12-10所示。

图 12-10　程序框架

普通的 MFC 应用程序包含 4 个主要的类：文档类、视图类、主框架窗口类和应用类，程序的主要任务在这 4 个主要的类中分配，AppWizard 为每个类产生了各自的源文件：头文件(.h)和实现文件(.cpp)。

在生成的源文件中，除了 5 个主要的类的源文件(10 个源文件)外，还有许多建立一个系统所需的文件，对它们简要描述如下：

*.rc 包含程序资源的定义(菜单、对话框、字串、键盘加速键和图符)。一般情况下，这个文件由 App Studio 进行维护，也可以人工修改这个文件。

*.dsw 包含着一个工作平台的组成情况(如包含哪些程序项目、打开哪些文件、参数设置等)，在用来打开一个项目时调用。

*.clw 这个文件包含着 ClassWizard 编辑存在的类和增加新类的信息。里面也包含了 ClassWizard 建立和编辑各种消息处理函数和映射变量等的信息。

*.dsp 存储着一个项目包所包含的文件内容，在打开项目时用。

res*.ico 包含程序图符的数据。最初，这个文件包含标准的 "AFX" 图符，可以用 AppStudio 对其进行修改。

res\toolbar.bmp 是工具条的位图文件。

Stdafx.cpp 和 stdafx.h 用于生成预编译的头文件。

resource.h 包含系统资源的常量定义。这个文件与*.rc 相对应，包含程序资源中的常量定义，一般也是由 AppStudio 进行维护的。

*.def 提供 Microsoft LINK 程序进行连接时，用于准备可执行的应用程序文件的有关的信息，一般不必编辑这个文件，因为它包含适合于大多数 MFC Windows 程序的值。

readme.txt 包含对所有该程序的源文件的解释信息。

下面着重关注 4 个主要的类。

1. 文档类

它由 MFC 的 CDocument 类派生。文档类负责存放程序数据并读写磁盘文件数据，在建立一个图形系统时，存储图形元素的数据结构等都放在文档类中。

2. 视图类

它由 MFC 的类 CView 派生。视图类负责显示文档类的数据，可以显示在屏幕上，也可以输出到打印机或其他设备上。这个类负责处理用户的输入。在屏幕上，这个类管理客户窗口。在实现一个图形系统时，屏幕上显示、打印机上绘图的工作都是由视图类完成的。

3. 主框架窗口类

生成一个多文档程序框架时，系统中包含着两个框架类：主框架类 CMainFrame 和子框架类 CChildFrame。生成单文档程序时只有 CMainFrame。

主框架类 CMainFrame 由 MFC 的 CMDIFrameWnd 类派生，其头文件是 mainframe.h，实现文件是 mainframe.cpp。CMainFrame 提供了一个多文档界面(MDI) 的主窗口的所有功能及管理窗口中的子窗口，用来显示一个标题、一个菜单条、窗口最大化和最小化键、边框、一个系统菜单、工具条以及状态条等。

子框架类 CChildFrame 由 MFC 的 CMDIChildWnd 派生，其头文件是 childfrm.h，实现文件是 childfrm.cpp。子框架类的功能是管理子窗口。一个子窗口非常像主窗口，但子窗口仅能在主窗口内显示，而不在 Windows 桌面上。子窗口没有自己的菜单条，但它分享主窗口的菜单，程序自动将框架窗口菜单作为当前窗口的菜单。

4. 应用类

应用类管理程序的总体，它完成不属于任何其他 3 类的一般工作，例如初始化程序以及进行最后的程序清除工作。每个 MFC Windows 程序必须正确地生成 CWinApp 派生类的一个实例(对象)。

基于 MFC 的应用程序的框架中各个类的作用可以比喻为：假定有一些文稿、一块黑板、一些工具盒，由这些组成了一个工作环境或平台。程序框架中的 4 个主要的类所完成的工作就可以做如下的理解：

(1) 文档类创建的对象负责文稿的管理工作，每个对象负责一份文稿的管理。在单文档程序框架(SDI)中只有一份文稿，也就只需创建一个文档对象负责文稿的管理工作；在多文档程序框架(MDI)中可以有多份不同的文稿，那么就需要文档类创建多个文档对象来管理多份文档，一个对象管理一份文档资料。文稿中内容的增加、删除、修改、归档保存等管理和维护的工作是由文档对象来完成的。

(2) 黑板用来显示文档的内容，框架类的对象负责黑板的管理工作。一个主框架类的对象负责在黑板上划出一个区域来(主框架)。在这个区域内，主框架对象负责安排摆放如粉笔盒的位置等(菜单、工具条、状态条等的布置)。同时，主框架对象又能够把从自己管辖范围内划出的一块区域(窗口)交给一个子框架类对象来管理。这个子框架类对象把管理的窗口中划出一部分交给一个视图对象来使用(客户区)，视图对象可以在这个区域内书写内容。

　　在单文档框架中，主框架类管理的区域内只能分配一个区域(窗口)。此时，只能有一个客户区供一个视图对象来使用。而在多文档框架中，主框架对象可以将黑板中分成多个区域(窗口)，每个区域交给一个子框架类对象来管理。子框架类对象将这个区域的一部分(客户区)交给一个视图对象来使用。主框架类根据需求来维护和管理这些区域，像区域的创建、删除、改变大小等的工作都是由主框架类来完成的。Windows 下的窗口与黑板中的区域不同的是，窗口是可以任意重叠的。

　　(3) 视图类的作用是将文档类中的内容进行显示，在黑板中创建的一个子窗口内的客户区都被一个视图对象所使用。同时，这个视图对象在创建时已经被规定用来显示哪份文档。它的任务是将这份文稿中的内容显示在黑板中其拥有的客户区区域。在单文档框架下，只有一份文档、一个文档类对象，也只有一个视图类对象。这个视图类对象负责把文档的内容显示到黑板上，如何显示(用文字还是用图表现，用大字还是小字，用红粉笔还是白粉笔)是由视图对象决定的。而在多文档资料框架(MDI)下，情况复杂多了，这时可以有多份文稿，黑板中可以创建有多个子窗口区域。一份文稿，可以创建多个视图对象来显示。如，有两份文档，对其中的一份创建了 5 个视图对象，对于另外一个文档创建了 3 个视图对象，这时，就有 8 个视图类对象，创建了 8 个子框架窗口对象，管理黑板中创建的 8 个子窗口，5 个视图对象在显示第一份文档的内容，3 个视图对象在显示另一份文档的内容。一份文稿由多于一个视图对象在不同窗口的区域(客户区)上进行显示就是所谓的多视图，有多于一个的文稿在不同的区域上被显示就是多文档。

　　(4) 应用程序类创建一个对象(且只创建一个对象)负责建立启动这个工作环境，并建立起文档、视图、框架对象之间的相互联系。如，当我们建立或打开一个文档时，框架类会创建一个子框架类对象，同时视图类会创建一个视图对象，并确定子框架对象和视图对象是与建立的文档联系的，这些工作是由应用程序类创建的对象来完成的。

　　对于一个多文档 MFC 应用程序，在程序运行过程中，只有一个应用程序类对象、一个主框架类对象，可以有多个子框架类对象、多个文档类对象和多个视图类对象。子框架类对象的数目与视图类对象相同，文档类对象可以比视图类、子框架类对象少，因为一个文档对象可以有多个视图。

　　以上讨论了框架中文档、视图、窗口的关系和各主要类的作用。在实际的程序设计中，用得最多的是文档类、视图类。在有些设计中，文档类和视图类的一些作用区分是不明显的，特别是在单文档编制程序的情况下，因为在这种情况下，只有一个文档，也只有一个视图；换句话说，文档类和视图类都被实例化了一次，所以有些数据和函数放在文档类和视图类中都是一样的。而在多文档程序设计中就不一样了，举一个简单的例子，如果有一个变量来控制文档的显示比例，这个变量定义在文档对象中时，对于这个文档对象的多个视图在显示比例上是一样的，一个视图比例变化时，其他属于这个文档的视图比例也发生变化；如果这个变量是在视图对象中，多个视图在显示比例上就可以不一样。所以，只有真正理解了视图文档这个框架结构，才能实现随心所欲地组织程序。

　　理解了主要类和文件，就可以编译运行程序了，执行结果如图 12-11 所示。

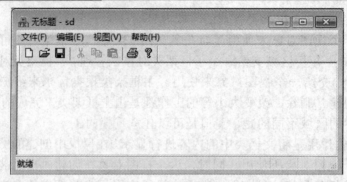

图 12-11　sd 的执行结果

MFC 应用程序必须定义有且只有一个应用程序类的对象。在文件 sd.cpp 中可以找到一个全局定义的应用程序类的对象：

　　　CsdApp theApp;

(1) 调用 CWinApp 类构造函数。

由于全局定义 theApp，在程序开始运行时，先调用类的构造函数。在 sd.cpp 中可以找到类 CsdApp 的构造函数：

```
CsdApp::CsdApp()
{
    //TODO: 在此处添加构造代码
    //将所有重要的初始化放置在 InitInstance 中
}
```

在调用这个构造函数时，同时调用基类 CWinApp 的构造函数完成构造任务。将应用程序类的对象 theApp 定义成全局的是为了在 MFC 中能够对 CWinApp 的成员函数进行调用。

(2) 调用函数 InitInstance 进行初始化。

全局对象创建后，就调用执行 CsdApp 类的成员函数 InitInstance 来进行程序的初始化。在 sd.cpp 中可以找到此函数的实现。

这个函数所完成的最主要任务是，定义并初始化了一个单文档模板对象 pDocTemplate。构造这个对象时用了 4 个参数：第 1 个参数是显示和管理文档的程序资源，IDR_MAINFRAME 就是当打开文档时显示在主框架窗口的图标的 ID 号(可以打开 sd.rc，在里面找到 ID 号是 IDR_MAINFRAME 的资源)，另外 3 个参数是文档类、子框架类和视图类的信息，通过 MFC 宏 RUN_TIME_CLASS 取得，这样就把应用程序类和另外 3 个类建立了联系。最后，程序显示并更新框架窗口。

(3) WinMain 处理消息。

完成初始化任务后，WinMain 进入消息循环。"消息映射"机制已经把各种消息映射到对应的函数中，只要应用程序接收到消息，则激活并运行相应的消息处理函数中。只要下面来分析一下"消息映射"。

这时的程序仅仅是一个简单的文本编辑器，可以打开一个文件，做修改并保存，也可以新建一个文件。下面给程序添加一点代码，实现简单的鼠标操作功能。

首先在类视图下选中"CsdView"，单击鼠标右键弹出快捷菜单，选择菜单项"属性"命令。

在属性窗口的工具栏中，找到表示"消息"的图标并单击，然后在消息列表中找到 WM_LBUTTONDOWN，单击右侧的下拉框，选中"<添加>OnLButtonDown"，如图 12-12 所示。

图 12-12　选择 OnLButtonDown

在函数 OnLButtonDown 中，填写如下代码，程序运行后就会发现，每次单击鼠标左键都会在当前位置显示字符串："Hi, Left Button Down!"。

```
void CsdView::OnLButtonDown(UINT nFlags, CPoint point)
{
    //TODO: 在此添加消息处理程序代码和/或调用默认值
    CClientDC dc(this);
    CString str("Hi, Left Button Down!");
    dc.TextOutW(point.x, point.y,str);

    CEditView::OnLButtonDown(nFlags, point);
}
```

在这个过程中，MFC 应用程序向导帮我们做了消息映射，把 WM_LBUTTONDOWN 消息映射到函数 OnLButtonDown，自动添加了如下代码：

```
BEGIN_MESSAGE_MAP(CsdView, CEditView)
```

```
                ......
          ON_WM_LBUTTONDOWN()
    END_MESSAGE_MAP()
    并且在头文件中填加如下代码：
    //生成的消息映射函数
    protected:
          DECLARE_MESSAGE_MAP()
    public:
          afx_msg void OnLButtonDown(UINT nFlags, CPoint point);
```

消息处理函数与一般成员函数不同。一般成员函数包括两部分：函数的声明和函数的实现。定义一个一般成员函数时，在类中声明函数的原型(一般在包含文件中)，在实现文件中实现函数的具体代码，而消息处理函数除了这两个部分以外，还有第三部分：映射部分。

AppWizard 产生的程序框架将文档、视图、框架(窗口)对象结合在了一起，在编制程序时，需要能够实现各个类的对象之间的联系。

(1) 视图类对象对文档类对象的调用。

视图的作用是在客户区显示文档的内容，两者之间的调用最为常用。在视图对象中，通过以下函数得到文档对象的指针：

```
    public:
          CsdDoc* GetDocument(); //得到文档类的指针
    在 sdView.cpp 中实现：
    CsdDoc* CsdView::GetDocument() //non-debug version is inline
    {
          ASSERT(m_pDocument->IsKindOf(RUNTIME_CLASS(CsdDoc)));
          return (CsdDoc*)m_pDocument;
    }
```

在类 CsdView 中可以找到一个函数，此函数在 sdView.h 中定义，它的作用就是得到视图对象所属的文档对象的指针。在 CsdView 成员函数中可以通过以下代码得到文档对象指针：

```
    CsdDoc   * pDoc＝ GetDocument();
    ASSERT_VALID(pDoc);
```

得到当前视图对象所对应的文档对象的指针 pDoc，同使用别的类对象指针一样可以调用文档类的成员变量和成员函数(只能调用公有函数)。

(2) 在框架类对象中获得当前的文档和视图对象指针。

在主框架类 CMainFrame 和子框架类 CChildFrame 中，都可以利用父类的函数得到当前活动的文档类对象和视图类对象。下面的语句可以获得当前活动的文档类对象和视图类对象：

```
    CsdDoc * pDoc =(CsdDoc *) GetActiveDocument();
    CsdView * pView＝(CsdView *) GetActiveView();
```

(3) 获得应用类对象的指针。

在 MFC 应用程序运行过程中，自始至终存在一个应用类对象，可以在 MFC 派生类或非 MFC 派生类中，通过全局 API 函数 AfxGetApp 得到应用类对象的指针。如，可以在工程中的文件的任何地方，通过以下代码获得程序应用类对象的指针：

    CsdApp *pWinApp=(CsdApp *)AfxGetApp ();

(4) 从应用类对象中获得主框架类对象的指针。

通过 MFC 应用程序运行时的应用类对象，可以获得当前应用程序的主框架类对象的指针。在应用类 CWinApp 中存在一个数据成员 m_pMainWnd，其中包含指向应用程序主框架类的指针。通过此指针可以获得当前应用程序中主框架类对象的指针。以下操作可实现获得主框架对象的指针：

    CMainFrame *pFrame=(CMainFrame*)(AfxGetApp()->m_pMainWnd);

此代码可以应用在视图类、文档类以及非 MFC 派生类的成员函数(如全局函数)中，通过 API 函数获得的应用类对象指针(AfxGetApp())得到主框架类的指针。

通过 AfxGetApp()函数获得应用类对象的指针，再通过应用类对象得到主框架类对象的指针，通过主框架窗口对象又可以获得当前活动的文档和视图对象的指针。这种调用可以保证在各种情况下获得 MFC 应用程序中各主要框架类对象的指针，通过指针使用各框架类对象的数据成员或函数成员。

12.2.2　对话框应用程序

这里以编写基于 MFC 的简易计算器软件为例，学习 MFC 事件驱动机制、MFC 界面设计、MFC 控件使用，并掌握 MFC 应用程序的设计方法，完成一个 MFC 的应用程序。

1．需求分析

MFc 计算器的功能类似于 Windows 提供的计算器的功能。简单来说，该软件应该具备如下基本功能：

(1) 单击数字键，显示当前数值。

(2) 单击"+"、"−"、"*"、"/"键进行运算。

(3) 单击"="键，显示运算结果。

(4) 单击"C"键，清除已有结果。

(5) 进行连续四则运算。

2．程序设计

程序设计分成 3 个步骤进行：创建 MFC 应用程序框架；界面设计；事件驱动编程。通过这 3 步，完成一个简单计算器的应用程序编写。

1) 创建 MFC 应用程序框架

打开 VC2015，单击"开始→新建→项目"命令，弹出如图 12-13 所示的对话框。在左边树中选择"Visual C++→MFC"命令，然后在右边选择模板"MFC 应用程序"，并输入项目名称。单击"确定"按钮，进入下一步，如图 12-14 所示。

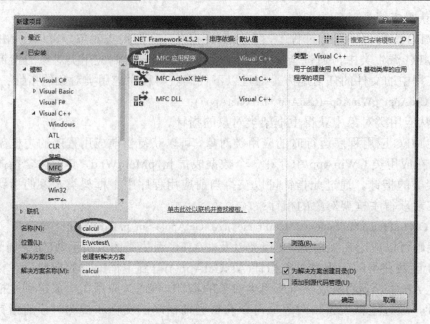

图 12-13　新建 MFC 应用程序

在图 12-14 中选择应用程序类型为"基于对话框"，单击"下一步"按钮。后续步骤都使用默认值，直到完成。

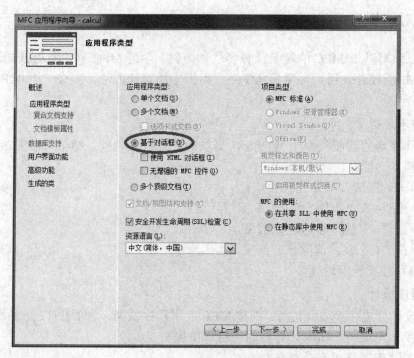

图 12-14　选择应用程序框架

工程名为"calcul"的 MFC 应用程序创建后，系统自动生成两个类：应用程序类和主对话框类，每个类对应有一个.h 文件和 cpp 文件，如图 12-15 右面的文件树所示。此外，系统还自动生成主对话框类对应的界面资源，如图 12-15 左边的设计窗口所示。

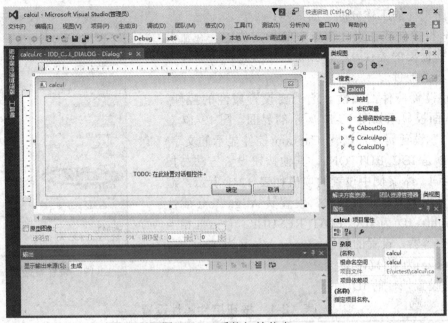

图 12-15　系统初始信息

2) 界面设计

MFC 应用程序的界面设计是遵循"所见即所得"的设计理念，即设计窗口的样子和程序最后运行的界面是一致的。如图 12-16 所示，左边是工具箱，单击菜单"视图→工具箱"，打开右边的设计窗口。本案例只使用了两类控件：编辑框和按钮，如图 12-16 左边的圈出部分所示。

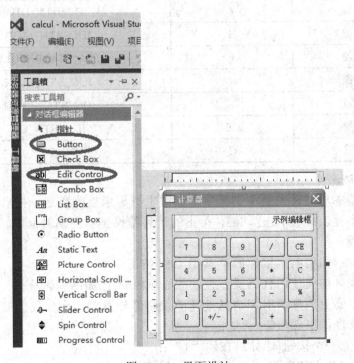

图 12-16　界面设计

界面设计的工作分成下面3步：

(1) 将控件放在设计窗口中的指定位置。在工具箱中选择需要的控件，在设计窗口中合适的位置绘制合适大小的控件。

(2) 设置控件的属性。选中要设置属性的控件，"属性"面板显示如图 12-17 所示的界面。图 12-17 对按钮"1"设置属性，设置 Caption(控件显示的文字)为 1，ID 是 IDC_BUTTON1。其他按钮设置方法与按钮"1"相同。本案例中设置的项值如表 12-1 所示。编辑框控件用来显示运算结果，设置其 Align Text 属性值为 Right，ID 为 IDC_EDIT_RESULT。对话框相当于控件的容器，设置的属性 System Menu 为 True，属性 Font(size)为宋体(10)。

(3) 设置控件的 ID。

图 12-17　设置属性窗口

表 12-1　按钮控件属性设置

控　件	Caption	ID
0～9 数字键	0～9	IDC_BUTTON0...IDC_BUTTON9
加号键	+	IDC_BTN_ADD
减号键	-	IDC_BTN_SUB
乘号键	*	IDC_BTN_MULT
除号键	/	IDC_BTN_DIV
取余键	%	IDC_BTN_MOD
等号键	=	IDC_BTN_RESULT
符号键	+/-	IDC_BTN_SIGN
小数点	.	IDC_BTN_POINT
删除键	CE	IDC_BTN_CE
清空键	C	IDC_BTN_C

3) 事件驱动设计

计算器的基本功能首先是单击数字键，编辑框显示当前数字，接着单击运算符，然后再单击数字键，最后单击"="键，得出的计算结果显示在编辑框中。这个过程涉及两个方面的问题：

● 事件驱动：如何响应鼠标的单击(比如：按钮)；

● 数据交换：如何使用代码操作控件的显示内容(比如：编辑框)。

事件驱动主要由消息映射和消息处理函数两部分组成，比如我们要为按钮添加单击事件响应，其操作步骤如下：

(1) 选中任意一个按钮(比如：按钮"1")；

(2) 在属性窗口上部选择 ⚡，显示控件事件；

(3) 选择"BN_CLICKED"按钮单击事件消息号，选择<添加>OnBnClickedButton1，
则添加按钮"1"的单击事件完成，如图 12-18 所示。此时系统自动生成消息映射代码
和消息处理函数框架代码。

图 12-18　添加事件响应

消息映射代码：在主对话框对应的类实现 CalculDlg.cpp 中，系统生成消息映射代
码如下：

BEGIN_MESSAGE_MAP(CcalculDlg, CDialog)

ON_BN_CLICKED(IDC_BUTTON1, &CcalculDlg::OnBnClickedButton1)

END_MESSAGE_MAP()

消息映射就是告诉系统：哪一个控件，收到哪一个消息后，执行哪一个函数。比
如，本例中就是 IDC_BUTTON1 控件，收到 BN_CLICKED 消息后，执行
OnBnClickedButton1 函数。

消息处理函数框架代码：在主对话框对应的类声明 CalculDlg.h 中生成消息处理函
数的函数声明，在类实现 CalculDlg.cpp 中生成消息处理函数的函数体。

CalculDlg.h 中的代码：

afx_msg void OnBnClickedButton1();

CalculDlg.cpp 中的代码：

void CcalculDlg::OnBnClickedButton1()

{

// TODO: 在此添加控件通知处理程序代码

}

对于编程者，只需要在消息处理函数中编写事件响应代码即可，用户编写的代码
一律写在系统生成的提示"//TODO: 在此添加控件通知处理程序代码"之后，这就是
事件驱动编程。

数据交换：本案例中，需要在单击按钮"1"后，将字符 1 添加显示在编辑框中，
因此我们需要在代码和界面显示资源之间进行数据交互。数据交换实质上就是使界面
资源和代码中的变量进行一一对应，达到操作代码和操作界面一样的效果。数据交换

操作步骤如下：

    (1) 选择要进行数据交换的控件，单击鼠标右键，弹出如图 12-19 所示的快捷菜单；

    (2) 选择"添加变量"，弹出如图 12-20 所示按键的窗口；

    (3) 在该窗口中选择控件对应的变量类别——Control 或者 Value，输入变量名，单击"完成"按键即可。

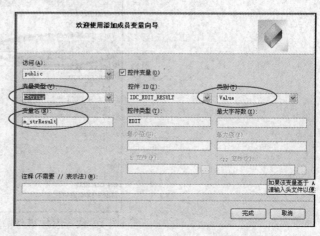

图 12-19　添加控件变量的快捷菜单　　　　　图 12-20　添加控件对应的变量

注：Control 类型的变量可以完全控制界面控件资源，包括控件显示的数据、控件的状态等；Value 类型的变量只能控制界面资源的数据显示。本例中只需要显示数据，所以类别选择"Value"，变量类型选择"CString"即可(CString 是 MFC 提供的一个用于处理字符串的类)。

经过上面的操作，系统自动生成变量和控件的映射代码如下所示。

CalculDlg.h 中的代码：

```
CString m_strResult;
```

CalculDlg.cpp 中的代码：

```
void CcalculDlg::DoDataExchange(CDataExchange* pDX)
{
        CDialog::DoDataExchange(pDX);
        DDX_Text(pDX, IDC_EDIT_RESULT, m_strResult);
}
```

数据交换机制表明了控件和变量是一一对应的，比如本例中控件 IDC_EDIT_RESULT 和变量 m_strResult 是一一对应的。系统提供了一个数据交换函数 UpdateData()供编程者使用，使用方法如下：

- 为变量赋值，将该值显示在控件中：UpdateData(TRUE)。
- 在控件中输入数值，使其保存到变量中：UpdateData(FALSE)。

比如，当用户单击按钮"1"后，编辑框中显示 1，则代码如下：

```
void CcalculDlg::OnBnClickedButton1()
{
                // TODO: 在此添加控件通知处理程序代码
```

```
            UpdateData(TRUE);           //将编辑框中的原有数据保存到变量 m_strResult 中
            m_strResult = m_strResult+"1";
            UpdateData(FALSE);          //将变量 m_strResult 的值显示在编辑框中
    }
```

运行该程序，不断单击按钮"1"，则编辑框中显示多个 1，这就是数据交换机制。

本例中其他 9 个数字的操作同按钮"1"完全一样，只是当单击不同数字时，显示的数字不同。

4) 业务逻辑设计

计算器的使用有其自己的逻辑，进行运算时的步骤：按数字键显示数值、再按运算符键、再按数字、再按"="键或者其他运算符，每按下一个运算符后，可以显示前一步的运算结果。因此，进行运算时，必须要保留前一步的按键，以供后续步骤使用。本案例以整数四则运算为例，设计并实现运算流程逻辑，具体步骤如下：

(1) 在 CalculDlg.h 中设置 CcalculDlg 类的公有成员变量：

```
        int      m_nTemp1;                  //保存第一个操作数
        int      m_nTemp2;                  //保存第二个操作数
        char     m_chOper;                  //保存输入的运算符
        bool     m_IsFirstNum;              //记录按下操作符后的状态
```

(2) 在 CalculDlg.cpp 中 CcalculDlg 类的构造函数中进行初始化：

```
    CcalculDlg::CcalculDlg(CWnd* pParent /*=NULL*/)
        : CDialog(CcalculDlg::IDD, pParent), m_strResult(_T(""))
    {
            m_hIcon = AfxGetApp()->LoadIcon(IDR_MAINFRAME);
            m_nTemp1 = 0;
            m_nTemp2 = 0;
            m_chOper = ' ';
            m_IsFirstNum = TRUE;
    }
```

(3) 为 CcalculDlg 类添加一个公有成员函数：

函数名：Compute。

输入参数：char chOper 运算符。

返回值：无。

函数功能：根据不同的运算符，对前一次和当前保存的数值进行计算，并将计算结果显示在编辑框中。

函数实现如下：

```
        void CcalculDlg::Compute(char chOper)
        {
                UpdateData(TRUE);                    //获取编辑框的值
                m_nTemp2 = atof(m_strResult);        //转化成整数
                switch(chOper)
```

```
            {
            case '+':
                    m_nTemp2 = m_nTemp1 + m_nTemp2;    break;
            case '-':
                    m_nTemp2 = m_nTemp1 - m_nTemp2;    break;
            case '*':
                    m_nTemp2 = m_nTemp1 * m_nTemp2;    break;
            case '/':
                    m_nTemp2 = m_nTemp1 / m_nTemp2;    break;
            case '%':
                    m_nTemp2 = m_nTemp1 % m_nTemp2;    break;
            }
            m_nTemp1 = m_nTemp2;
            m_strResult.Format("%d",m_nTemp2);      //将整型转化成 CString 类型
            m_IsFirstNum = TRUE;
            UpdateData(FALSE);
    }
```

(4) 实现运算符 "+" "−" "*" "/" "%" "=" 事件响应逻辑。以 "+" 运算为例，具体操作为：在界面设计窗口双击按钮 "+"，自动生成事件处理函数 OnBnClicked-BtnAdd()和相应的消息映射，在文件 TestDlg.cpp 中的 OnBnClickedBtnAdd()函数中调用 Compute 函数即可，代码如下：

消息映射：

```
    BEGIN_MESSAGE_MAP(CcalculDlg, CDialog)
            ON_BN_CLICKED(IDC_BTN_ADD, &CcalculDlg::OnBnClickedBtnAdd)
    END_MESSAGE_MAP()
```

消息处理函数：

```
    void CcalculDlg::OnBnClickedBtnAdd()
    {
            // TODO: 在此添加控件通知处理程序代码
            Compute(m_chOper);
            m_chOper = '+';
    }
```

其他运算符操作步骤一样，仅将代码 m_chOper = '+';换成不同的操作符即可。

(5) 修改各数字键 "0" ～ "9" 的事件响应逻辑，为 CcalculDlg 添加一个公有成员函数。

函数名：ClickNum。

输入参数：const char* strNum 当前按键数字。

返回值：无。

函数功能：若是数值的第一个数字，则清空编辑框，显示第一个数字；若是后续

数字，则直接添加到原有数值后面。

函数实现如下：

```
void CcalculDlg::ClickNum(const char* strNum)
{
    UpdateData(TRUE);
    if (m_IsFirstNum)
    {
        m_strResult = "";
        m_IsFirstNum = FALSE;
    }
    m_strResult = m_strResult+strNum;
    UpdateData(FALSE);
}
```

以按键"1"为例，则更新其显示逻辑为

```
void CcalculDlg::OnBnClickedButton1()
{
    ClickNum("1");
}
```

(6) 按键"CE"用来删除最后一次键入的数值，其事件响应逻辑代码如下：

```
void CTestDlg::OnBnClickedBtnCe()
{
    // TODO: 在此添加控件通知处理程序代码
    UpdateData(TRUE);
    m_strResult = m_strResult.Left(m_strResult.GetLength()-1);
    UpdateData(FALSE);
}
```

(7) 按键"C"用来重新开始计算，其事件响应逻辑就是恢复系统初始状态，代码如下：

```
void CTestDlg::OnBnClickedBtnC()
{
    // TODO: 在此添加控件通知处理程序代码
    m_nTemp1 = 0;
    m_nTemp2 = 0;
    m_chOper = ' ';
    m_strResult = "";
    m_IsFirstNum = TRUE;
    UpdateData(FALSE);
}
```

上例仅分析了整数四则运算的基本功能的设计和实现，对于浮点数的运算，以及其他辅助功能的实现，将有待于学生在实践中自我摸索。

12.3　基于 QT 跨平台编程

目前除了 Windows 系列操作系统，Linux、MacOS 等操作系统也都是图形界面。设计窗口程序时，如果需要支持跨平台应用，可以选择 Qt 类库和 Qt Creator 集成开发环境。

Qt 是一个跨平台的 C++ 图形用户界面应用程序框架。Qt Creator 是使用 Qt 类库的集成开发环境，启动界面如图 12-21 所示。

图 12-21　Qt 启动界面

单击"New Project"按钮，新建一个工程项目。

如图 12-22 所示，选择项目类型。"Qt Widgets Application"适用于开发桌面版的图形用户界面程序。

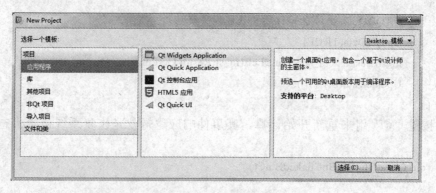

图 12-22　Qt 新建工程

Qt Quick 是基于脚本的，是用 qml 语言编写的，脚本需要有个引擎来解释和执行。"Qt Quick UI"只适用于 qml 文件，使用 script-based 程序环境，提供了一个全新的创建 UI 和开发的方式。一般来讲，复杂程序逻辑和重量级的处理应该使用 C++，然后把 API 暴露给 Qt Quick，这时可以选用"Qt Quick Application"。"HTML5 应用"支持 Qt 和 HTML5 混合编程开发移动应用。"控制台应用程序"不带图形用户界面。

这里，单击"Qt Widgets Application"，然后单击"选择"按钮，出现如图 12-23 所示界面。为新建项目选择"创建路径"，并填写"名称"，然后单击"下一步"按钮。

图 12-23　Qt 填写项目名称

在图 12-24 中若选择基类，基类为 QMainWindow，将会提供一个有菜单条、工具条和状态条的主应用程序窗口。基类为 QDialog，可以创建一个基于对话框的应用程序。QWidget 类是所有用户界面对象的基类，如果不确定，就选 QWidget 作为基类。

这里，选择 QDialog 作为基类，然后单击"下一步"按钮。

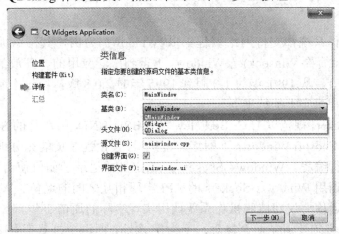

图 12-24　选择基类

创建对话框类应用程序，自动生成的类如图 12-25 左半部分，运行效果如图 12-25 右半部分。接下来，可以在"dialog.ui"中增加控件，设计界面，然后在源文件中编写控制代码。

图 12-25　Qt 对话框应用程序

把项目路径 D:\2016C++\test 下的整个工程复制下来，移植到 Linux 环境下，就可以重新编译运行了。

第 **13** 章
邮件发送程序设计

本章以编写邮件客户端软件为例,学习 SOCKET 相关网络知识、SMTP 协议相关知识、MFC 相关界面设计,学习复杂网络应用程序的设计方法,逐步完成一个网络应用。

13.1 SOCKET 编程

绝大多数操作系统都支持网络编程。以 Windows 为例,其网络编程的规范——Windows Sockets(简称 Winsock)是 Windows 下得到广泛应用的、开放的、支持多种协议的网络编程接口。从 1991 年的 1.0 版到 1995 年的 2.0.8 版,经过不断完善,已成为 Windows 网络编程事实上的标准。

Windows Sockets 规范以 U.C. Berkeley 大学 BSD UNIX 中流行的 Socket 接口为范例,定义了一套 Micosoft Windows 下网络编程接口,它使程序员能充分地利用 Windows 消息驱动机制进行编程。Windows Sockets 规范定义并记录了如何使用 API 与 TCP/IP 连接,应用程序调用 Windows Sockets 的 API 实现相互之间的通信。Windows Sockets 利用下层的网络通信协议功能和操作系统调用实现实际的通信工作。

Sockets 编程必须要清楚两个概念:一是 IP 地址,即每个机器都有唯一的 IP 地址;二是端口,即一个机器运行多个进程,每个进程对应唯一的端口号。Sockets 分成两类:流套接字和数据报。流套接字是面向连接的服务,一般用于服务器/客户端模式,适用于 TCP;数据报是无连接服务,一般用于点对点模式,适用于 UDP。对于 TCP,Winsock 提供的 API 分成服务器和客户端两类,如图 13-1 所示。"服务器"其实是一个进程,它需要等待任意数量的客户机连接,以便为它们的请求提供服务;而"客户端"只需要连接上服务器即可。

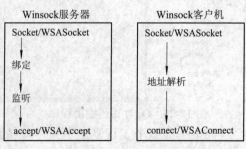

图 13-1 服务器和客户机 Winsock 基础

Windows 环境下使用 SOCKET 网络编程,必须将下面的代码添加到自己的工程中:

```
#include < Winsock2.h.>
#pragma comment(lib, " Ws2_32.lib ")
```

以 TCP 客户端网络通信为例, 使用 Windows Sockets 传输数据步骤如下:

(1) 初始化网络环境。

每个 Winsock 应用都必须加载 Winsock DLL 的相应版本。如果调用 Winsock 之前,没有加载 Winsock 库, 这个函数就会返回一个 SOCKET_ERROR。

加载 Winsock 库是通过调用 WSAStartup 函数实现的。这个函数的定义如下:

```
int WSAStartup(
        WORD wVersionRequested ,
        LPWSADATA lpWSAData
);
```

wVersionRequested 参数用于指定准备加载的 Winsock 库的版本。高位字节指定所需要的 Winsock 库的副版本,而低位字节则是主版本。然后,可用宏 MAKEWORD(2,2) 方便地获得 wVersionRequested 的值。

lpWSAData 参数是指向 LPWSADATA 结构的指针,WSAStartup 用其加载的库版本有关的信息填在这个结构中。WSADATA 可参考 Visual Stutio 2015 配套的 MSDN。

具体参考代码如下:

```
WSADATA wsadata;
int dwRet =   WSAStartup(MAKEWORD(2,2),&wsadata);
if (dwRet == SOCKET_ERROR)                        //错误处理
{
        return -1;
}
```

(2) 创建 Socket。

所谓套接字, 就是一个指向传输提供者的句柄。Win32 中, 套接字不同于文件描述符, 所以它是一个独立的类型—SOCKET。它可定义为

```
SOCKET socket(
        int af,
        int type,
        int protocol);
```

参数 af,是协议的地址家族, 比如, 如果想建立一个 UDP 或 TCP 套接字,可用常量 AF_INET 来指代互联网协议(IP)。参数 type, 是协议的套接字类型。套接字的类型可以是下面 5 个值:SOCK_STREAM、SOCK_DGRAM、SOCK_SEQPACKET、SOCK_RAW 和 SOCK_RDM, 常用的是 SOCK_STREAM 流数据服务, 适用于 TCP;SOCK_DGRAM 数据报服务,适用于 UDP。参数 protocol 一般默认为 0。若创建 SOCKET 失败, 则这个函数就会返回一个 INVALID_SOCKET。

创建 TCP 类型的 Socket 参考代码如下:

```
        SOCKET sockid;
        sockid = socket(AF_INET, SOCK_STREAM, 0);
        if (sockid == INVALID_SOCKET)                    //错误处理
            {
                    return -1;
            }
```

(3) 设置服务器 IP 地址。

计算机都分配有一个 IP 地址，用一个 32 位数来表示，正式的称呼是"IPv4 地址"。客户机需要通过 TCP 或 UDP 和服务器通信时，必须指定服务器的 IP 地址和服务端口号。Winsock 中，应用通过 SOCKADDR_IN 结构来指定 IP 地址和服务端口信息，该结构的格式如下：

```
        struct sockaddr_in
        {
                short          sin_family;
                u_short        sin_port;
                struct in_addr sin_addr;
                char           sin_zero[8];
        };
```

其中 sin_family 字段必须设为 AF_INET，以告知 Winsock 我们此时正在使用 IP 地址家族。

具体参考代码如下：

```
        struct sockaddr_in addr;
        addr.sin_family    = AF_INET;                    //接收端地址类型
        addr.sin_port      = htons(25);                  //设置接收端侦听端口号 25
        addr.sin_addr.s_addr = inet_addr("192.168.0.1"); //接收端 IP 地址
```

此外，若使用域名作为接收地址，还需要使用 gethostbyname()函数获取域名对应的 IP 地址，即地址解析。比如：获取域名 mail.bupt.cn 的 IP 地址：

```
        struct hostent *phostent = gethostbyname( " mail.bupt.cn" );
        CopyMemory(&addr.sin_addr.s_addr,  phostent->h_addr_list[0],
                        sizeof(addr.sin_addr.s_addr));
```

(4) 连接服务器。

客户端连接服务器使用 connect 函数实现，任何数据传送都必须在建立好连接的基础上进行，connect 函数定义为

```
        int connect(
                    SOCKET s,
                    const struct sockaddr FAR* name,
                    int namelen
        );
```

其中参数 s 是已经创建的那个有效 TCP 套接字，参数 name 是针对 TCP 连接的服

务器的套接字 IP 地址结构(SOCKADDR_IN)，参数 namelen 则是名字参数的长度。如果连接的服务器不存在，则返回错误 SOCKET_ERROR。

具体参考代码如下：

```
int dwRet = connect( sockid, (struct sockaddr *)&addr, sizeof(struct sockaddr_in);
if(dwRet   == SOCKET_ERROR)
{
            return -1;
}
```

(5) 收发信息。

在已建立连接的套接字上发送信息可以使用 send()函数，它定义如下：

```
int send (
          SOCKET s,
          const char FAR* buf,
          int len,
          int flags
     );
```

参数 s 是已建立连接的套接字，将在这个套接字上发送数据；参数 buf 是字符缓冲区，缓冲区内包含即将发送的数据；参数 len，指定即将发送的缓冲区内的字符；参数 flags 可为 0、MSG_DONTROUTE 或 MSG_OOB，默认为 0。MSG_DONTROUTE 标志要求传送层不要将它发出的包路由出去，MSG_OOB 标志表示数据应该被带外发送。若发生错误，就返回 SOCKET_ERROR。

在已建立连接的套接字上接收信息可以使用 recv()函数，它定义如下：

```
int recv (
          SOCKET s,
          const char FAR* buf,
          int len,
          int flags
     );
```

参数 s 是已建立连接的套接字，将在这个套接字上接收数据；参数 buf 是字符缓冲区，缓冲区内包含接收的数据；参数 len，准备接收的字节数；参数 flags 可为 0、MSG_PEEK 或 MSG_OOB，默认为 0。MSG_PEEK 会使有用的数据复制到所提供的接收端缓冲内，但是没有从系统缓冲中将它删除。若发生错误，就返回 SOCKET_ERROR。

连接建立之后，客户端和服务器可以进行反复多次数据收发。

(6) 关闭 Socket。

数据发送和接收全部完成后，就必须关掉连接，释放套接字相关的所有资源。标记好的关闭连接的方式是：先调用 shutdown 从容关闭连接，再调用 closesocket 关闭连接。这是因为为了保证通信方能够收到应用发出的所有数据，应该通知接收端"不再发送数据"。同样，通信方也应该如此。这就是所谓的"从容关闭"方法，并由 shutdown 函数来执行。shutdown 的定义如下：

```
int shutdown(
    SOCKET s,
    int how
);
```

参数 s，是指要关闭的套接字；参数 how 可以是下面的任何一个值：SD_RECEIVE、SD_SEND 或 SD_BOTH。如果是 SD_RECEIVE，就表示不允许再调用接收函数。另外，对 TCP 接字来说，不管数据在等候接收，还是数据接连到达，都要重设连接。尽管如此，UDP 套接字上仍然接受并排列接入的数据。如果选择 SD_SEND，表示不允许再调用发送函数。对 TCP 套接字来说，这样会在所有数据发出并得到接收端确认之后，生成一个 FIN 包。最后如果指定 SD_BOTH，则表示取消连接两端的收发操作。

关闭连接使用 closesocket，它定义如下：

```
int closesocket( SOCKET sockid);
```

closesocket 的调用会释放套接字描述符，再利用套接字执行调用就会失败，并出现错误。

(7) 清除网络资源。

结束 Winsock 库，而且不再需要调用任何 Winsock 函数时，附带例程会卸载这个库，释放资源。这个函数的定义是

```
WSACleanup();
```

通过以上 7 个步骤，客户端就可以与任何一个正在提供 TCP 服务的服务器进行通信。

13.2　SMTP 协议

SMTP(Simple Mail Transfer Protocol)即简单邮件传输协议，是一种提供可靠且有效电子邮件传输的协议。SMTP 是建立在 FTP 文件传输服务上的一种邮件服务，主要用于传输系统之间的邮件信息并提供与来信有关的通知。SMTP 目前事实上已是在 Internet 传输 E-Mail 的标准，是一个相对简单的基于文本的协议。SMTP 建立在 TCP 之上，使用 TCP 端口 25。

SMTP 独立于特定的传输子系统，其重要特性之一是能跨越网络传输邮件，即 "SMTP 邮件中继"—电子邮件从客户机传输到服务器；或者从某一个服务器传输到另一个服务器。

SMTP 是个请求/响应协议，命令和响应都基于 ASCII 文本，并以 CR 和 LF 符结束。在二进制文件上 SMTP 处理得并不好。后来开发了用来编码二进制文件的标准，如 MIME，以使其通过 SMTP 来传输。今天，大多数 SMTP 服务器都支持 8 位 MIME 扩展，它使二进制文件的传输变得几乎和纯文本一样简单。

SMTP 命令是发送于 SMTP 主机之间的 ASCII 信息，可能使用到的命令如表 13-1 所示。

表 13-1　SMTP 命令

命　令　字	命令号	描　　　述
HELO	220	向服务器标识用户身份，返回邮件服务器身份
AUTH LOGIN	250	启动认证程序
MAIL FROM <host>	235	在主机上初始化一个邮件会话
RCPT TO<user>	250	标识单个的邮件接收人；常在 MAIL 命令后面可有多个 rcpt to
DATA	250	开始信息写作
QUIT	250	终止邮件会话

SMTP 协议工作原理，即 SMTP 连接和发送过程如下：

(1) 建立 TCP 连接。

(2) 客户端发送 HELO 命令，告知服务器，系统才会开始认证程序。

(3) 客户端发送 AUTH LOGIN 命令，系统的认证程序将会启动，同时系统会返回一个经过 Base64 处理过的字符串，意思是"请输入用户名"，接着客户端必须发送用户名给服务器，用户名也必须经过 Base64 编码转换，服务器在通过用户名的认证之后会要求输入密码，此时输入经过 Base64 编码转换后的密码。成功后，即可运行下面的命令了。

(4) 然后客户端发送 MAIL 命令，告知服务器发件人的邮件地址；服务器端以 OK 作为响应，表明准备接收。

(5) 客户端发送 RCPT 命令，告知服务器的接收人的邮件地址，可以有多个 RCPT 行；服务器端则表示是否愿意为收件人接收邮件。

(6) 协商结束，发送邮件，客户端发送命令 DATA。输入该命令后，服务器开始正式接收数据。

(7) 数据输入完毕，以"."号表示结束，与输入内容一起发送出去，结束此次发送。

(8) 客户端发送 QUIT 命令退出。

按照 TCP 客户端建立连接的步骤，实现 SMTP 规定的交互过程，即可实现使用 SMTP 向邮件服务器发送邮件。

Base64 编码是一种使用 64 基的位置计数法，使用 2 的最大次方来代表仅可打印的 ASCII 字符，这使它可用来作为电子邮件的传输编码。使用时，在传输编码方式中指定 Base64，使用的字符包括大小写字母各 26 个，加上 10 个数字和加号"+"、斜杠"/"，一共 64 个字符。完整的 Base64 定义可见 RFC 1421 和 RFC 2045。

Base64 编码要求把 3 个 8 位字节(3*8=24)转化为 4 个 6 位的字节(4*6=24)，之后在 6 位的前面补两个 0，形成 8 位一个字节的形式，如表 13-2 所示的编码"Man"。

表 13-2　Base64 编码示意表

文本	M		a		n	
ASCII 编码	77		97		110	
二进制位	0 1 0 0 1 1 0 1		0 1 1 0 0 0 0 1		0 1 1 0 1 1 1 0	
索引	19	22		5		46
Base64 编码	T	W		F		u

在此例中，Base64 算法将 3 个字符 Man 编码为 4 个字符 TWFu。Base64 索引表如表 13-3 所示。

表 13-3　Base64 索引表

Value	Char	Value	Char	Value	Char	Value	Char
0	A	16	Q	32	g	48	w
1	B	17	R	33	h	49	x
2	C	18	S	34	i	50	y
3	D	19	T	35	j	51	z
4	E	20	U	36	k	52	0
5	F	21	V	37	l	53	1
6	G	22	W	38	m	54	2
7	H	23	X	39	n	55	3
8	I	24	Y	40	o	56	4
9	J	25	Z	41	p	57	5
10	K	26	a	42	q	58	6
11	L	27	b	43	r	59	7
12	M	28	c	44	s	60	8
13	N	29	d	45	t	61	9
14	O	30	e	46	u	62	+
15	P	31	f	47	v	63	/

例 13.1　编写一个发送 E-mail 的程序。

解　这里只有客户端程序，按照应用层协议 SMTP 进行邮件发送。程序如下：

```
#include <winsock2.h>
#pragma comment(lib,"ws2_32.lib")
#include <windows.h>
#include <stdio.h>
#include <stdlib.h>
#include <string>
using namespace std;

class SmtpMail
{
private:
    char SmtpSrvName[32];
    char Port[8];
    char UserName[32];
    char Password[32];
    char From[32];
    char To[32];
    char Subject[32];
```

```cpp
        char Msg[64];
        void Base64(const char *Data, char *chuue);
        int Talk(SOCKET sockid, const char *OkCode, char *pSend);
public:
        SmtpMail(const char* s, const char* p, const char* u, const char* w,
            const char* f, const char* t, const char* j, const char* m)
        {
            strcpy(SmtpSrvName, s);
            strcpy(Port, p);
            strcpy(UserName, u);
            strcpy(Password, w);
            strcpy(From, f);
            strcpy(To, t);
            strcpy(Subject, j);
            strcpy(Msg, m);
        }
        int SendMail();
};
//-------------------------------------------------------------------
int SmtpMail::SendMail()
{
        const int buflen = 256;
        char buf[buflen];
        //(1)初始化网络环境
        WSADATA wsadata;
        if (WSAStartup(MAKEWORD(2, 2), &wsadata) != 0)
        {
            printf("WSAStartup() error : %d\n", GetLastError());
            return 1;
        }
        //(2)创建套接字
        SOCKET sockid;
        if ((sockid = socket(AF_INET, SOCK_STREAM, 0)) == INVALID_SOCKET)
        {
            printf("socket() error : %d\n", GetLastError());
            WSACleanup();
            return 1;
        }
        //(3)得到 SMTP 服务器 IP
        struct hostent *phostent = gethostbyname(SmtpSrvName);
```

```cpp
    struct sockaddr_in addr;
    CopyMemory(&addr.sin_addr.S_un.S_addr,
        phostent->h_addr_list[0],
        sizeof(addr.sin_addr.S_un.S_addr));
    struct in_addr srvaddr;
    CopyMemory(&srvaddr, &addr.sin_addr.S_un.S_addr, sizeof(struct in_addr));
    printf("Smtp server name is %s\n", SmtpSrvName);
    printf("Smtp server ip is %s\n", inet_ntoa(srvaddr));
    addr.sin_family = AF_INET;
    addr.sin_port = htons(atoi(Port));
    ZeroMemory(&addr.sin_zero, 8);
    //(4)连接服务器
    if (connect(sockid,(struct sockaddr*)&addr,sizeof(struct sockaddr_in))==SOCKET_ERROR)
    {
        printf("connect() error : %d\n", GetLastError());
        goto STOP;
    }
    //(5)按照 SMTP 收发信息
    if (Talk(sockid, "220", "HELO asdf"))//192.168.1.2"))
    {
        goto STOP;
    }
    if (Talk(sockid, "250", "AUTH LOGIN"))
    {
        goto STOP;
    }
    ZeroMemory(buf, buflen);
    Base64(UserName, (char *)buf);
    if (Talk(sockid, "334", buf))
    {
        goto STOP;
    }
    ZeroMemory(buf, buflen);
    Base64(Password, buf);
    if (Talk(sockid, "334", buf))
    {
        goto STOP;
    }
    ZeroMemory(buf, buflen);
    sprintf_s(buf, "MAIL FROM:<%s>", From);
```

```
    if (Talk(sockid, "235", buf))
    {
        goto STOP;
    }
    ZeroMemory(buf, buflen);
    sprintf_s(buf, "RCPT TO:<%s>", To);
    if (Talk(sockid, "250", buf))
    {
        goto STOP;
    }
    if (Talk(sockid, "250", "DATA"))
    {
        goto STOP;
    }
    ZeroMemory(buf, buflen);
    sprintf_s(buf, "TO: %s\r\nFROM: %s\r\nSUBJECT: %s\r\n%s\r\n\r\n.",
        To, From, Subject, Msg);
    if (Talk(sockid, "354", buf))
    {
        goto STOP;
    }
    if (Talk(sockid, "250", "QUIT"))
    {
        goto STOP;
    }
    if (Talk(sockid, "221", ""))
    {
        goto STOP;
    }
    else
    {
        closesocket(sockid);
        WSACleanup();
        return 0;
    }
STOP://(6)关闭 socket，释放网络资源
    closesocket(sockid);
    WSACleanup();
    return 1;
}
```

```cpp
//------------------------------------------------------------------
int SmtpMail::Talk(SOCKET sockid, const char *OkCode, char *pSend)
{
    const int buflen = 256;
    char buf[buflen];
    ZeroMemory(buf, buflen);
    //接收返回信息
    if (recv(sockid, buf, buflen, 0) == SOCKET_ERROR)
    {
        printf("recv() error : %d\n", GetLastError());
        return 1;
    }
    else
        printf("%s\n", buf);
    if (strstr(buf, OkCode) == NULL)
    {
        printf("Error: recv code != %s\n", OkCode);
    }
    //发送命令
    if (strlen(pSend))
    {
        ZeroMemory(buf, buflen);
        sprintf_s(buf, "%s\r\n", pSend);
        if (send(sockid, buf, strlen(buf), 0) == SOCKET_ERROR)
        {
            printf("send() error : %d\n", GetLastError());
            return 1;
        }
    }
    return 0;
}
//Base64 编码，Data：未编码的二进制代码，chuue：编码过的 Base64 代码
void SmtpMail::Base64(const char* Data,   char *chuue)
{
    //编码表
    const char EncodeTable[] =
"ABCDEFGHIJKLMNOPQRSTUVWXYZabcdefghijklmnopqrstuvwxyz0123456789+/";
    string strEncode;
    int DataByte = strlen((char*)Data);
    unsigned char Tmp[4] = { 0 };
```

```
        int LineLength = 0;
        for (int i = 0; i<(int)(DataByte / 3); i++)
        {
                Tmp[1] = *Data++;
                Tmp[2] = *Data++;
                Tmp[3] = *Data++;
                strEncode += EncodeTable[Tmp[1] >> 2];
                strEncode += EncodeTable[((Tmp[1] << 4) | (Tmp[2] >> 4)) & 0x3F];
                strEncode += EncodeTable[((Tmp[2] << 2) | (Tmp[3] >> 6)) & 0x3F];
                strEncode += EncodeTable[Tmp[3] & 0x3F];
                if (LineLength += 4, LineLength == 76)
                        { strEncode += "\r\n"; LineLength = 0; }
        }
        //对剩余数据进行编码
        int Mod = DataByte % 3;
        if (Mod == 1)
        {
                Tmp[1] = *Data++;
                strEncode += EncodeTable[(Tmp[1] & 0xFC) >> 2];
                strEncode += EncodeTable[((Tmp[1] & 0x03) << 4)];
                strEncode += "==";
        }
        else if (Mod == 2)
        {
                Tmp[1] = *Data++;
                Tmp[2] = *Data++;
                strEncode += EncodeTable[(Tmp[1] & 0xFC) >> 2];
                strEncode += EncodeTable[((Tmp[1] & 0x03) << 4) | ((Tmp[2] & 0xF0) >> 4)];
                strEncode += EncodeTable[((Tmp[2] & 0x0F) << 2)];
                strEncode += "=";
        }

        strcpy(chuue, strEncode.c_str());
}
void main ()
{//      SmtpMail mail("mail.bupt.cn", "25", "abc123@bupt.cn", "password",
//                              "abc123@bupt.cn", "xxxx@hotmail.com", "111", "111");
        SmtpMail mail("smtp.163.com", "25", "abc123", "123456", "abc123@163.com",
                "123456789@qq.com", "hello,小李", "来信收到，谢谢！");
        mail.SendMail();
}
```

程序中用到 SMTP 协议(简单邮件传输协议 RFC821)，同一个已有的邮件服务器进行通信，把邮件发送出去，所实现的功能是最简单的部分，就像两个人在对话。

MAILSEND 程序：HELO asdf

邮件服务器：250 OK

MAILSEND 程序：AUTH LOGIN

邮件服务器：334 "username" 的 Base64 编码

MAILSEND 程序："abc123" 的 Base64 编码

邮件服务器：334 "password" 的 Base64 编码

MAILSEND 程序："123456" 的 Base64 编码

邮件服务器：235 Authentication successful

MAILSEND 程序：MAIL FROM:<abc123@163.com>

邮件服务器：250 Mail OK

MAILSEND 程序：RCPT TO:<123456789@qq.com>

邮件服务器：250 Mail OK

MAILSEND 程序：DATA

邮件服务器：354 End data with <CR><LF>.<CR><LF>

MAILSEND 程序：TO: 123456789@qq.com

　　　　　　　　FROM: abc123@163.com

　　　　　　　　SUBJECT: hello，小李

　　　　　　　　来信收到，谢谢！

邮件服务器：250 Mail OK

MAILSEND 程序：QUIT

邮件服务器：221 Bye

有的邮件服务器支持 SMTP 服务扩展(RFC1869)，各邮件服务器对协议的支持不同。如果尝试其他邮件服务器，服务器给出的反馈信息会有所不同。如果反馈信息表示有这样那样的问题，则后续对话可能无法继续。

目前很多邮件服务器要求客户端使用 SSL 验证，需要先通过浏览器登录相应邮箱服务器，获得"授权码"代替密码。

13.3　基于 MFC 框架的程序设计

13.3.1　总体设计

发送邮件客户端需要使用 TCP 向已知的 SMTP 邮件服务器发送请求，然后经过和 SMTP 服务器的一系列交互后，邮件发出。因此，我们需要对发送邮件客户端进行程序流程设计和界面设计，以更好地组织代码程序结构。程序运行效果如图 13-2 所示。

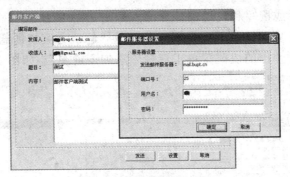

图 13-2　程序运行结果

　　程序运行时，主窗口为撰写邮件界面，单击"设置"按钮，弹出邮件服务器设置窗口，输入 SMTP 服务器的域名、端口、用户名和密码后，可以单击"确定"按钮，返回撰写邮件窗口；填写发信人、收信人、邮件题目和内容，撰写完毕，单击"发送"按钮，邮件发送完毕。

　　程序设计分成三个步骤进行：

- 创建 MFC 应用程序框架
- 进行界面设计
- 进行事件驱动编程

　　其中第一步，创建基于 MFC 的对话框应用程序，过程参见图 12-13—12-15。

13.3.2　界面设计

　　本例中创建工程名称为 SendMailClient，因此，系统自动生成应用程序类 CSendMailClient 和主对话框类 CSendMailClientDlg，主对话框就是我们要设计的撰写邮件界面。发送邮件客户端的基本功能就是能撰写邮件，并将邮件正确地发送出去。因此，界面设计就需要分成如下两部分：

- 撰写邮件界面的设计；
- SMTP 邮件服务器设置的界面设计。

　　参考目前已有的邮件客户端和 Web mail 的界面，我们可以简单地设计如下两个软件界面，并设置好每个控件的属性和 ID，如图 13-3 和图 13-4 所示，界面主要由静态控件、编辑框和按钮组成。

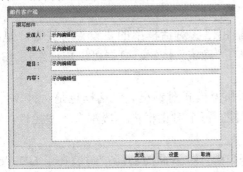

图 13-3　撰写和发送邮件界面

图 13-4　邮件服务器设置界面

把主对话框设计成撰写和发送邮件界面，如图 13-3 所示。

邮件服务器设置界面按照下列步骤进行：从"解决方案资源管理器"中，项目名称上点击鼠标右键，弹出的快捷菜单里选择"添加→资源"，如图 13-5 所示。

图 13-5　添加资源

弹出对话框，选择"Dialog"，然后点击"新建"，如图 13-6 所示。把新建的对话框按照图 13-4 进行设计。

图 13-6　添加对话框

13.3.3　事件驱动设计

本例涉及多个对话框的交互，比如：单击图 13-3 对话框中的"设置"按钮，弹出如图 13-4 所示的窗口；单击图 13-4 所示窗口的"确定"按钮，数据可以传递给图 13-3 所示的窗口。

Windows 对话框分成两类：有模式对话框和无模式对话框。对话框也是一种控件，而且还可以是容器——可以容纳其他控件的控件。每个对话框内一般都有一些控件，对话框依靠这些控件与用户进行交互。

对话框(Dialog)实际上是一个窗口。在 MFC 中，对话框的功能被封装在了 CDialog 类中，CDialog 类是 CWnd 类的派生类。从 MFC 编程的角度来看，一个对话框由两部分组成：

● 对话框模板资源

对话框模板用于指定对话框的控件及其分布，Windows 根据对话框模板来创建并显示对话框。图 13-3 和图 13-4 就是设计好的对话框模板资源。

● 对话框类

对话框类用来实现对话框的功能，由于对话框行使的功能各不相同，因此一般需要从 CDialog 类派生一个新类，以完成特定的功能。

(1) 创建对话框。

在邮件服务器设置界面设计窗口中，将控件按照图 13-4 布局放好，并设置每个编辑框 ID 如表 13-4 所示。

表 13-4　编辑框 ID 设置

控　　件	ID
对话框	IDD_SERVER_SETUP
发送服务器编辑框	IDC_EDIT_SERVER
端口号编辑框	IDC_EDIT_PORT
用户名编辑框	IDC_EDIT_USERNAME
密码编辑框	IDC_EDIT_PWD

然后，选择"邮件服务器设置"对话框，单击鼠标右键，弹出快捷菜单，如图 13-7 所示。选择"添加类"命令，弹出如图 13-8 所示的 MFC 类向导窗口。

图 13-7　"添加类"快捷菜单　　　　　　　　图 13-8　MFC 类向导

在类向导窗口中，在图 13-8 中输入对话框类名称，比如：CSetup，选择基类为 CDialog，系统自动生成一个 CDialog 派生类。该类生成代码如下：

```
class CSetup : public CDialog
{
    DECLARE_DYNAMIC(CSetup)
public:
    CSetup(CWnd* pParent = NULL);          //标准构造函数
```

```
                 virtual ~CSetup();
        //对话框数据
                 enum { IDD = IDD_SERVER_SETUP};
        protected:
                 virtual void DoDataExchange(CDataExchange* pDX);    //DDX/DDV 支持
                 DECLARE_MESSAGE_MAP()
        };
```

代码中的 enum { IDD = IDD_SERVER_SETUP};表明 CSetup 类和对话框资源 IDD_SERVER_SETUP 是一一对应的。

最后，在撰写邮件设计界面中，双击"设置"按钮，生成按钮单击事件框架函数 OnBnClickedSetup()，添加如下代码：

```
        void CSendMailClientDlg::OnBnClickedSetup()
        {
                 // TODO: 在此添加控件通知处理程序代码
                 CSetup dlg;
                 dlg.DoModal();              //弹出服务器设置对话框
        }
```

此外，在 SendMailClientDlg.cpp 文件开头添加#include "Setup.h"，否则系统报错。

DoModal ()函数负责对有模式话框的创建，即运行 DoModal ()打开对话框，控制权由父窗口转移到子窗口。

(2) 对话框之间的数据交换。

首先对 CSetup 对话框中的 4 个编辑框进行数据交换设置，方法参见图 12-19 和图 12-20，这里变量和资源的对应关系如表 13-5 所示。

表 13-5　编辑框资源——变量设置

控件 ID	变 量 类 型	变 量 名 称
IDC_EDIT_SERVER	CString	m_strServer
IDC_EDIT_PORT	CString	m_strPort
IDC_EDIT_USERNAME	CString	m_strUser
IDC_EDIT_PWD	CString	m_strPwd

此外，在撰写邮件所在类 CSendMailClientDlg 中，添加的 4 个成员变量如下：

```
        char m_strSmtpSrvName[32];
        char m_strPort[8];
        char m_szUser[32];
        char m_szPwd[32];
```

然后，修改"设置"按钮消息处理函数如下：前 4 句代码表示，如果邮件服务器已经设置，则单击"设置"按钮可以查看之前的设置；第 5 句之后代码表示，若邮件服务器还没有设置过，则在 CSetup 对话框设置完毕，单击"确定"按钮后，邮件服务器设置信息保存到 CSendMailClientDlg 的成员变量中。

```
void CSendMailClientDlg::OnBnClickedSetup()
{
        // TODO: 在此添加控件通知处理程序代码
    CSetup dlg;
    dlg.m_strServer = m_strSmtpSrvName;
    dlg.m_strPort = m_strPort;
    dlg.m_strUser = m_szUser;
    dlg.m_strPwd = m_szPwd;
    if (dlg.DoModal() == IDOK)        //单击确定
    {
        strcpy_s(m_strSmtpSrvName, dlg.m_strServer.GetBuffer());
        strcpy_s(m_strPort , dlg.m_strPort.GetBuffer());
        strcpy_s(m_szUser,    dlg.m_strUser.GetBuffer());
        strcpy_s(m_szPwd,    dlg.m_strPwd.GetBuffer());
    }
}
```

在 CSetup 对话框中，双击"确定"按钮，生成"确定"按钮的消息处理函数，添加代码如下：

```
void CSetup::OnBnClickedOk()
{
                                        //TODO: 在此添加控件通知处理程序代码
    UpdateData(TRUE);            //保存控件中的输入信息到变量中
    OnOK();
}
```

13.3.4　网络通信设计

撰写邮件界面需要首先填写要发送邮件的信息，包括发件人、收件人、邮件标题、邮件内容，然后单击"发送"按钮，连接已经设置的邮件服务器，发送数据，所以 CSendMailClientDlg 对话框中设置编辑框的 ID 和相应的变量如表 13-6 所示。

表 13-6　编辑框资源——变量设置

控　件	控件 ID	变量类型	变量名称
发信人	IDC_EDIT_FROM	CString	m_strFrom
收信人	IDC_EDIT_TO	CString	m_strTo
邮件标题	IDC_EDIT_SUBJECT	CString	m_strSubject
邮件内容	IDC_EDIT_CONTENT	CString	m_strMsg

根据 SMTP 协议，客户端需要与服务器进行多次命令交互，因此将命令接收和发送进行封装，具体说明如下：

函数名称：Talk

输入参数：SOCKET sockid，建立连接的 Socket

　　　　　const char *OkCode，命令码

　　　　　char *pSend，命令字

输出参数：无

函数说明：收发命令

```cpp
int CSendMailClientDlg::Talk(SOCKET sockid, const char *OkCode, char *pSend)
{
    const int buflen = 256;
    char buf[buflen];
    ZeroMemory(buf, buflen);
    if (recv(sockid, buf, buflen, 0) == SOCKET_ERROR)   //接收返回信息
    {
        MessageBox("recv() error !");
        return 1;
    }
    if (strlen(pSend))                          //发送命令
    {
        ZeroMemory(buf, buflen);
        sprintf_s(buf, "%s\r\n", pSend);
        if (send(sockid,buf,lstrlen(buf),0)== SOCKET_ERROR)
        {
            MessageBox("send() error ");
            return 1;
        }
    }
    return 0;
}
```

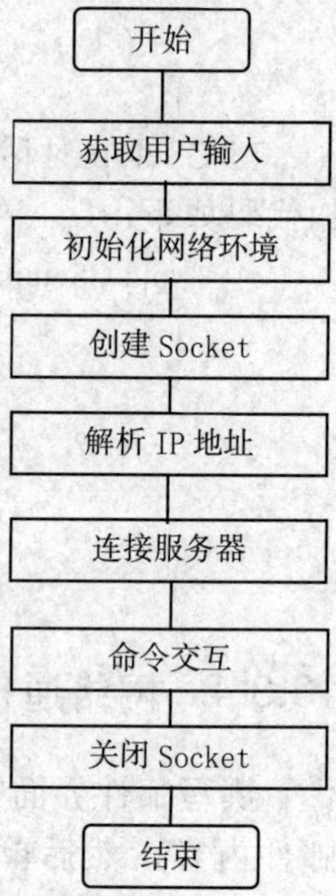

图 13-9　发送邮件流程

填写完发件人、收件人、邮件标题和内容后，单击"发送"按钮，连接邮件服务器，发送数据。因此需要对按钮"发送"进行单击消息处理，消息处理流程步骤如图 13-9 所示。

具体操作为，在界面设计窗口，双击"发送"按钮，系统自动在 CSendMailClientDlg 类中生成消息处理函数 OnBnClickedOk()，发送邮件流程就在该函数中实现，具体代码如下：

```cpp
void CSendMailClientDlg::OnBnClickedOk()
{
    // TODO: 在此添加控件通知处理程序代码
    UpdateData(TRUE);               //获取用户输入
    const int buflen = 256;
    char buf[buflen];
```

```
WSADATA wsadata;                     //初始化网络环境
if (WSAStartup(MAKEWORD(2, 2), &wsadata) != 0)
{
    MessageBox((LPCTSTR)"WSAStartup Error!");
    return;
}
SOCKET sockid;                       //创建套接字
if ((sockid = socket(AF_INET, SOCK_STREAM, 0)) == INVALID_SOCKET)
{
    MessageBox((LPCTSTR)"Sockid Error!");
    WSACleanup();
    return;
}
//解析 IP 地址
struct addrinfo *answer, hint;
ZeroMemory(&hint, sizeof(hint));
hint.ai_family = AF_INET;
hint.ai_socktype = SOCK_STREAM;
int ret = getaddrinfo(m_strSmtpSrvName, "smtp", &hint, &answer);
//使用 getaddrinfo，需要#include <ws2tcpip.h>
struct sockaddr_in addr;
addr.sin_addr = ((struct sockaddr_in *)(answer->ai_addr))->sin_addr;
addr.sin_family = AF_INET;
addr.sin_port = htons(atoi(m_strPort));
ZeroMemory(&addr.sin_zero, 8);


//连接服务器
if (connect(sockid, (struct sockaddr*)&addr,sizeof(struct sockaddr_in))==SOCKET_ERROR)
{
    MessageBox((LPCTSTR)"connect() error !");
    goto STOP;
}
//命令交互开始
if (Talk(sockid, "220", "HELO asdf"))        goto STOP;
if (Talk(sockid, "250", "AUTH LOGIN"))  goto STOP;
ZeroMemory(buf, buflen);
Base64(m_szUser, buf);
if (Talk(sockid, "334", buf))                    goto STOP;        //发送 Base64 用户名
ZeroMemory(buf, buflen);
Base64(m_szPwd, buf);
```

```cpp
        if (Talk(sockid, "334", buf))          goto STOP;      //发送 Base64 密码
        ZeroMemory(buf, buflen);
        sprintf_s(buf, "MAIL FROM:<%s>", m_strFrom);            //发信人
        if (Talk(sockid, "235", buf))          goto STOP;
        ZeroMemory(buf, buflen);
        sprintf_s(buf, "RCPT TO:<%s>", m_strTo);                //收信人
        if (Talk(sockid, "250", buf))          goto STOP;
        if (Talk(sockid, "250", "DATA"))       goto STOP;      //数据
        ZeroMemory(buf, buflen);
        sprintf_s(buf, "TO: %s\r\nFROM: %s\r\nSUBJECT: %s\r\n%s\r\n\r\n.",
            m_strTo, m_strFrom, m_strSubject, m_strMsg);
        if (Talk(sockid, "354", buf))          goto STOP;
        if (Talk(sockid, "250", "QUIT"))       goto STOP;      //结束命令
        if (Talk(sockid, "221", ""))           goto STOP;
STOP:
        shutdown(sockid, SD_BOTH);
        closesocket(sockid);
        WSACleanup();
        return;
    }
```

13.3.5　关键算法

在 CSendMailClientDlg 类中添加 Base64 算法，算法说明如下：

函数名：Base64

输入参数：Data 未编码的二进制代码

输出参数：chuue 编码过的 Base64 代码

函数功能：将 Data 字符串转化成 Base64 编码后的字符串

具体代码如下：

```cpp
    void CSendMailClientDlg::Base64(const char* Data, char* chuue)
    {
        //编码表
        const char EncodeTable[] =
        "ABCDEFGHIJKLMNOPQRSTUVWXYZabcdefghijklmnopqrstuvwxyz0123456789+/";
        string strEncode;
        int DataByte = strlen((char*)Data);
        unsigned char Tmp[4] = { 0 };
        int LineLength = 0;
        for (int i = 0; i<(int)(DataByte / 3); i++)
        {
```

```
        Tmp[1] = *Data++;
        Tmp[2] = *Data++;
        Tmp[3] = *Data++;
        strEncode += EncodeTable[Tmp[1] >> 2];
        strEncode += EncodeTable[((Tmp[1] << 4) | (Tmp[2] >> 4)) & 0x3F];
        strEncode += EncodeTable[((Tmp[2] << 2) | (Tmp[3] >> 6)) & 0x3F];
        strEncode += EncodeTable[Tmp[3] & 0x3F];
        if (LineLength += 4, LineLength == 76)
                { strEncode += "\r\n"; LineLength = 0; }
    }
    //对剩余数据进行编码
    int Mod = DataByte % 3;
    if (Mod == 1)
    {
        Tmp[1] = *Data++;
        strEncode += EncodeTable[(Tmp[1] & 0xFC) >> 2];
        strEncode += EncodeTable[((Tmp[1] & 0x03) << 4)];
        strEncode += "==";
    }
    else if (Mod == 2)
    {
        Tmp[1] = *Data++;
        Tmp[2] = *Data++;
        strEncode += EncodeTable[(Tmp[1] & 0xFC) >> 2];
        strEncode += EncodeTable[((Tmp[1] & 0x03) << 4) | ((Tmp[2] & 0xF0) >> 4)];
        strEncode += EncodeTable[((Tmp[2] & 0x0F) << 2)];
        strEncode += "=";
    }
    int n = strlen(strEncode.c_str()) + 1;
    strcpy_s(chuue, n, strEncode.c_str());
}
```

13.4　基于 MFC 类库的程序设计

13.4.1　总体设计

MFC 为套接字提供了相应的类 CAsyncSocket 和 CSocket，CAsyncSocket 提供基于异步通信的套接字封装功能，CSocket 则是由 CAsyncSocket 派生，提供更加高层次的功能，这使得编写网络应用程序更容易。CSocket 提供的通信为同步通信，数据未接收到或是未发送完之前调用不会返回。此外使用 MFC 类库进行开发时，可以不考虑网络字节顺序，和忽略掉更多的通信细节。这一节设计实现基于 CSocket 的发送邮件客户端应用程序。程序运行效果如图 13-10 所示。

程序运行时，可以在主窗口设置 SMTP 服务器的域名、端口信息，单击"连接"按钮与服务器建立连接；然后输入用户名和密码后，可以单击"身份认证"按钮；接下来可以填写发信人、收信人、邮件题目和内容，撰写完毕，单击"发送"按钮，邮件发送完毕。三个按钮并不是同时有效的，只有正确完成上一步的功能，接下来进行操作的按钮才使能，操作过程要按照 SMTP 协议进行，这样设计可以防止误操作。

图 13-10　程序运行结果

程序设计分成四个步骤进行：

- 创建 MFC 应用程序框架。
- 建立工程与 socket 之间的联系。
- 进行界面设计。
- 进行事件驱动编程。

其中第一步，创建基于 MFC 的对话框应用程序，过程可参见图 12-13—12-15。必须要注意：在应用程序向导生成程序框架代码的过程中，必须要勾选"Windows 套接字"选项，如图 13-11。

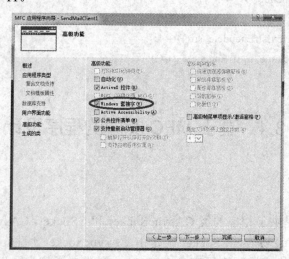

图 13-11　使用 Windows 套接字

13.4.2　建立 socket 类

在创建好的工程基础上为其添加类，进行基于 CSocket 类的 sochet 编程。方法是选择菜单命令"项目"→"添加类"，在弹出的"添加类"对话框中选择"MFC 类"，如图 13-12 所示，单击"添加"按钮。

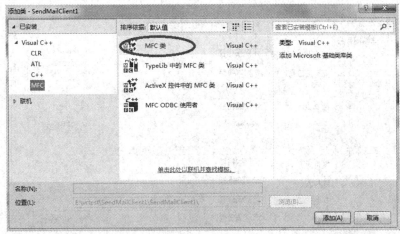

图 13-12　添加类

为程序创建一个名为"MySocket"的类用于与邮件服务器通信，如图 13-13 所示。注意：基类要选择 CSocket 类。单击"完成"按钮后，项目中的文件如图 13-14 所示。

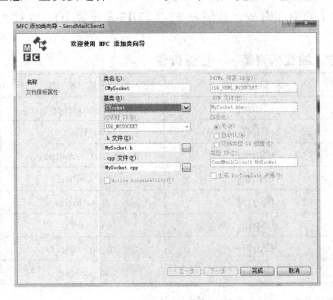

图 13-13　CSocket 类的派生类　　　　　图 13-14　项目中的文件

接下来，要在 CSendMailClient1Dlg 类中手工添加 MySocket 指针变量：

    MySocket * MyClient;

并且要记得：

    #include "MySocket.h"

13.4.3 界面设计

本例中创建工程名称为 SendMailClient1，因此，系统自动生成应用程序类 CSendMailClient1 和主对话框类 CSendMailClient1Dlg，主对话框就是我们要设计的界面。如图 13-15 所示，在界面上放置相应的编辑框和按钮，以及 static 和 groupbox。

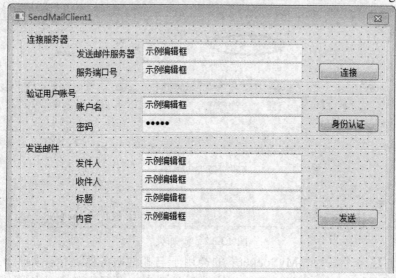

图 13-15　界面设计

编辑框和按钮为后续代码的主要操作对象，按照表 13-7 和 13-8 设置 ID、属性和变量。

表 13-7　编辑框资源——变量设置

控件 ID	变量类型	变量名称
IDC_EDIT_SERVER	CString	m_strServer
IDC_EDIT_PORT	UINT	m_iPort
IDC_EDIT_USERNAME	CString	m_strUsername
IDC_EDIT_PWD	CString	m_strPwd
IDC_EDIT_FROM	CString	m_strFrom
IDC_EDIT_TO	CString	m_strTo
IDC_EDIT_SUBJECT	CString	m_strSubject
IDC_EDIT_CONTENT	CString	m_strMsg

表 13-8　按钮属性设置

控件 ID	Caption	行为 Disabled
IDC_BUTTON_CONNECT	连接	False
IDC_BUTTON_AUTH	身份认证	True
IDC_BUTTON_SEND	发送	True

13.4.4　事件驱动设计

使用 CSocket 类能够自动解析 IP 地址，所以"连接"按钮按下时的功能为：读取发送邮件服务器的域名和端口号；调用 Create 函数和 Connect 函数，与邮件服务器取得联系；如果连接成功，则设置"身份认证"按钮使能，其他两个按钮暂不能操作。代码如下：

```
void CSendMailClient1Dlg::OnBnClickedButtonConnect()
{
    // TODO: 在此添加控件通知处理程序代码
    UpdateData(TRUE);
    CString errcode;
    MyClient = new MySocket;
    if (MyClient->Create() == 0)
    {
        errcode.Format(GetLastError());
        MessageBox(errcode);
        goto STOP2;
    }
    if (MyClient->Connect(m_strServer, m_iPort) == 0)
    {
        errcode.Format(GetLastError());
        MessageBox(errcode);
        goto STOP2;
    }
    GetDlgItem(IDC_BUTTON_CONNECT)->EnableWindow(FALSE);
    GetDlgItem(IDC_BUTTON_AUTH)->EnableWindow(TRUE);
    STOP2:
        ;
}
```

与服务器建立连接后，接下来首先需要身份认证。"身份认证"按钮按下时的功能为：读取用户名和密码；按照 SMTP 协议给服务器发送 hello 和身份信息；如果身份认证成功，则设置"发送"按钮使能，其他两个按钮暂不能操作。代码如下：

```
void CSendMailClient1Dlg::OnBnClickedButtonAuth()
{
    // TODO: 在此添加控件通知处理程序代码
    UpdateData(TRUE);
    const int buflen = 256;
    char buf[buflen];
```

```
        if (Talk("220", "HELLO asdf"))
            goto STOP1;
        if (Talk("250", "AUTH LOGIN"))
            goto STOP1;

        char temp[32];
        ZeroMemory(buf, buflen);
        sprintf_s(temp, "%ls", m_strUsername);
        Base64(temp, buf);
        if (Talk("334", buf))
            goto STOP1;       //发送 Base64 用户名
        ZeroMemory(buf, buflen);
        sprintf_s(temp, "%ls", m_strPwd);
        Base64(temp, buf);
        if (Talk("334", buf))
            goto STOP1;            //发送 Base64 密码

        GetDlgItem(IDC_BUTTON_AUTH)->EnableWindow(FALSE);
        GetDlgItem(IDC_BUTTON_SEND)->EnableWindow(TRUE);

    STOP1:
        ;
    }
```

这里需要调用自定义的 Talk 函数和 Base64 函数。Base64 函数与 13.3.5 中完全相同，这里不再重复其代码；Talk 函数与 13.3.4 中有所不同，所以把源码列在下面。

```
    int CSendMailClient1Dlg::Talk(const char *OkCode, char *pSend)
    {
        CString errcode;
        const int buflen = 256;
        char buf[buflen];
        ZeroMemory(buf, buflen);

        if (MyClient->Receive(buf, buflen) == SOCKET_ERROR)        //接收返回信息
        {
            MessageBox((LPCTSTR)"receive error");
            return 1;
        }
        if (strstr(buf, OkCode) == NULL)
        {
```

```
            MessageBox((LPCTSTR)"receive code error");
            return 1;
        }

    if (strlen(pSend))                        //发送命令
    {
        ZeroMemory(buf, buflen);
        sprintf_s(buf, "%s\r\n", pSend);
        if (MyClient->Send(buf, strlen(buf)) == SOCKET_ERROR)
        {
            errcode.Format(GetLastError());
            MessageBox(errcode);
            return 1;
        }
    }

    return 0;
}
```

　　身份认证成功后，就可以发送邮件了。"发送"按钮按下时的功能为：读取发件人、收件人、邮件标题和内容；按照 SMTP 协议，调用 Talk 函数发送邮件；成功发送后，关闭 socket，并设置"连接"按钮使能，其他两个按钮暂不能操作，后续可以重新开始发送下一封邮件。代码如下：

```
void CSendMailClient1Dlg::OnBnClickedButtonSend()
{
    // TODO: 在此添加控件通知处理程序代码
    UpdateData(TRUE);
    const int buflen = 256;
    char buf[buflen];

    ZeroMemory(buf, buflen);
    sprintf_s(buf, "MAIL FROM:<%ls>", m_strFrom);        //发信人
    if (Talk("235", buf))
        goto STOP;
    ZeroMemory(buf, buflen);
    sprintf_s(buf, "RCPT TO:<%ls>", m_strTo);            //收信人
    if (Talk("250", buf))
        goto STOP;
    if (Talk("250", "DATA"))
        goto STOP;
        goto STOP;                                        //数据
```

```
        ZeroMemory(buf, buflen);
        sprintf_s(buf, "TO: %ls\r\nFROM: %ls\r\nSUBJECT: %ls\r\n%ls\r\n\r\n.",
            m_strTo, m_strFrom, m_strSubject, m_strMsg);
        if (Talk("354", buf))
            goto STOP;
        if (Talk("250", "QUIT"))
            goto STOP;                              //结束命令
        if (Talk("221", ""))
            goto STOP;

        MyClient->Close();
        delete MyClient;
        GetDlgItem(IDC_BUTTON_CONNECT)->EnableWindow(TRUE);
        GetDlgItem(IDC_BUTTON_SEND)->EnableWindow(FALSE);

    STOP:
        ;
    }
```

第 14 章
文本分析程序设计

14.1　实践题目答案及解析

第 2 章实践题目：尝试编写程序，读取文件中的内容，把信息显示到屏幕上。

答案：

```
#include <iostream>
#include <fstream>
#include <string>
using namespace std;

void main()
{
    string s;
    ifstream ifile ("data.txt");
    ifile>>s;
    cout<<s<<endl;
}
```

解析：

使用 string 类型处理字符串很方便，程序代码从文件中读取信息，保存在字符串 s 中，然后输出到屏幕上。注意：这种读取方式在遇到文件内容有空格符或回车符时就停止了，可能文件中有更多的内容，但是无法读取到。

第 3 章实践题目：尝试编写程序，读取文件中的内容，统计单词 this 出现的次数。

答案：

```
#include <iostream>
#include <fstream>
#include <string>
using namespace std;
```

```
        void main()
        {
            int count = 0;
            string s;
            ifstream ifile ("data.txt");
            while (ifile>>s)
                if (s=="this")
                    count++;
            cout<<count<<endl;
        }
```

解析：

在第 2 章的实践题目中，使用提取运算符从文件中读取信息时，一次只能读取一个单词。使用循环就可以不断读取，直到文件结束读取不到信息时，循环结束。读取到的每个字符串与"this"比较是否相等，若相等，计数器加 1，然后继续循环，读取下一个单词；若不相等，直接继续循环读取下一个单词。

第 4 章实践题目：统计一个文本文件中各个单词出现的次数。

答案：

```
        #include <iostream>
        #include <fstream>
        #include <string>
        using namespace std;

        const int MAX_NUM = 5000;

        void main()
        {
            string words[MAX_NUM];
            int counts[MAX_NUM]={0};
            int REAL_NUM = 0;
            string s;
            ifstream ifile ("data.txt");
            while (ifile>>s)
            {
                int i = 0;
                while (counts[i]>0 && i<MAX_NUM)
                {
                    if (s==words[i])
                    {
                        counts[i]++;
```

```
                    break;
                }
            i++;
            }
        if (counts[i]==0 && i<MAX_NUM)
        {
            words[i] = s;
            counts[i] = 1;
            REAL_NUM++;
        }
    }
    cout<<"total "<<REAL_NUM<<" words."<<endl;
    for (int i = 0;i<REAL_NUM;i++)
        cout<<words[i]<<": "<<counts[i]<<endl;
}
```

解析：

在第 3 章的实践题目中，实现了统计某单词在文件中出现的次数。在此基础上，更进一步可以统计各个单词在文件中出现的次数。

在一个文本文件中出现了多少个单词，并不知道，假设最多允许出现 5000 个单词。然后就可以定义数组，保存各个单词 string words[MAX_NUM]，和它出现的次数 int counts[MAX_NUM]={0}，次数初始化为 0。

接下来，用循环从文件中读取单词。读取一个单词后，判断该单词刚才是否出现过已经保存在词表中，如果是，则对于该单词的计数器加 1；如果该单词还从未出现过，目前词表中没有该单词，则把该单词加入词表末尾，同时也给计数器加 1。

如果文件中出现的单词数超过 5000，后面的内容就放弃了。最后输出词表和对应的词频数。

第 5 章实践题目：设计函数，计算两个文本文件的相似度。

答案：

```
#include <iostream>
#include <fstream>
#include <string>
#include <cmath>
using namespace std;

const int MAX_NUM = 5000;
string words[MAX_NUM];
int REAL_NUM = 0;

void doc2vec(char filename[], int counts[])
```

```
    {
        string s;
        ifstream infile(filename);
        while (infile>>s)
        {
            int i = 0;
            while (i<REAL_NUM)
            {
                if (s==words[i])
                {
                    counts[i]++;
                    break;
                }
                i++;
            }
        }
    }

    float distance(int x[], int y[])
    {
        float sum=0;
        for (int i=0; i<REAL_NUM; i++)
        {
            int d = x[i]-y[i];
            sum += d*d;
        }
        return sqrt(sum);
    }

    void main()
    {
        string s;
        ifstream ifile ("words.txt");
        while (ifile>>s && REAL_NUM<MAX_NUM)
        {
            words[REAL_NUM] = s;
            REAL_NUM++;
        }
```

```
        int counts1[MAX_NUM]={0};
        int counts2[MAX_NUM]={0};
        char chFileName[80]="";
        cout<<"Input the file name of the first document: ";
        cin>>chFileName;
        doc2vec(chFileName, counts1);
        cout<<"Input the file name of the second document: ";
        cin>>chFileName;
        doc2vec(chFileName, counts2);

        cout<<"Distance: " <<distance(counts1, counts2)<<endl;
    }
```

解析：

(1) 首先要有一个常用词词典，保存在词表文件 words.txt 中。

(2) 对照词表中的词，统计文本文件中各个单词出现的次数。只有词表中存在的单词才做统计。统计结果用来给文本文件建立数学模型，把文本文件转换为多维向量。在第 4 章的实践题目代码基础上，编写函数 doc2vec 实现。

(3) 多个文本文件必须要使用相同的词表，这样给文本文件建立的数学模型才具有可比性。

(4) 计算平面直角坐标系中两点的距离公式，可以扩展到多维空间，计算两个多维向量之间的距离，表示两个多维向量的相似程度，距离越近越相似。编写函数 distance 实现。

第 6 章实践题目：设计程序计算两个文本文件的相似度。运行效果如图 5-9。由于文件长度和词表长度不确定，使用指针和动态内存代替数组。

答案：

```cpp
#include <iostream>
#include <fstream>
#include <string>
#include <cmath>
using namespace std;

int REAL_NUM = 0;

void doc2vec(char filename[], int* counts, string* words)
{
    string s;
    ifstream infile(filename);
    while (infile>>s)
    {
```

```
                    int i = 0;
                    while (i<REAL_NUM)
                    {
                        if (s==words[i])
                        {
                            counts[i]++;
                            break;
                        }
                        i++;
                    }
                }
            }


        float distance(int* x, int* y)
        {
            float sum=0;
            for (int i=0; i<REAL_NUM; i++)
            {
                int d = x[i]-y[i];
                sum += d*d;
            }

            return sqrt(sum);
        }


        void main()
        {
            string s;
            ifstream ifile ("words.txt");
            while (ifile>>s)
                REAL_NUM++;

            string* words = new string[REAL_NUM];
            ifile.clear();
            ifile.seekg(0,ios::beg);
            int i=0;
            while (ifile>>s)
            {
                words[i] = s;
```

```
            i++;
    }

    int* counts1 = new int[REAL_NUM];
    int* counts2 = new int[REAL_NUM];
    for (i=0;i<REAL_NUM;i++)
    {
        counts1[i]=0;
        counts2[i]=0;
    }
    char chFileName[80]="";
    cout<<"Input the file name of the first document: ";
    cin>>chFileName;
    doc2vec(chFileName, counts1,words);
    cout<<"Input the file name of the second document: ";
    cin>>chFileName;
    doc2vec(chFileName, counts2,words);

    cout<<"Distance: " <<distance(counts1, counts2)<<endl;

    delete []words;
    delete []counts1;
    delete []counts2;
}
```

解析：

由于文件长度和词表长度不确定，第 4 章和第 5 章的实践题目中使用数组来定义词表和文件向量其实不合适，这里使用指针和动态内存代替数组，其他代码与第 5 章的一致。

第 7 章实践题目：设计词表类和文档类，编写程序计算两个文本文件的相似度。

答案：

```
#include <iostream>
#include <fstream>
#include <string>
#include <cmath>
using namespace std;

class TWordList
{
private:
```

```cpp
        char filename[80];    //词表文件的文件名
        int word_num;    //词表中单词的数量
        string* pwords;    //单词列表
public:
        TWordList(char f[]);
        ~TWordList();
        string* getList();
        int getNum();
};
TWordList::TWordList(char f[])
{
        word_num = 0;
        strcpy(filename,f);

        string s;
        ifstream ifile (filename);
        while (ifile>>s)
            word_num++;    //文件中的单词数计数

        pwords = new string[word_num];    //申请堆空间，存放单词列表
        ifile.clear();
        ifile.seekg(0,ios::beg);    //设置文件读取位置回到文件头，接下来要从头读取
        int i=0;
        while (ifile>>s)
        {
            pwords[i] = s;
            i++;
        }
}
TWordList::~TWordList()
{
        delete []pwords;    //释放单词列表占用的堆空间
}
string* TWordList::getList()
{
        return pwords;
}
int TWordList::getNum()
{
```

```
        return word_num;
    }


class TDocument
{
private:
    char filename[80];    //文本文件名
    int* vect;    //对照词表把文本转换成的向量
public:
    TDocument(char f[],TWordList& wlist);
    ~TDocument();
    int* getVect();
};


TDocument::TDocument(char f[],TWordList& wlist)
{
    strcpy(filename,f);
    int word_num = wlist.getNum();
    vect = new int[word_num];
    for (int i=0;i<word_num;i++)
        vect[i]=0;

    string* pword = wlist.getList();

    string s;
    ifstream infile(filename);
    while (infile>>s)
    {
        int i = 0;
        while (i<word_num)
        {
            if (s==pword[i])
            {
                vect[i]++;
                break;
            }
            i++;
        }
    }
```

```
        }
        TDocument::~TDocument()
        {
            delete []vect;
        }
        int* TDocument::getVect()
        {
            return vect;
        }


        float distance(TDocument& x, TDocument& y, int word_num)
        {
            int* vect1 = x.getVect();
            int* vect2 = y.getVect();

            float sum=0;
            for (int i=0; i<word_num; i++)
            {
                int d = vect1[i]-vect2[i];
                sum += d*d;
            }

            return sqrt(sum);
        }


    void main()
    {
        TWordList w("words.txt");

        char chFileName[80]="";
        cout<<"Input the file name of the first document: ";
        cin>>chFileName;
        TDocument d1(chFileName,w);
        cout<<"Input the file name of the second document: ";
        cin>>chFileName;
        TDocument d2(chFileName,w);

        cout<<"Distance: "<<distance(d1, d2, w.getNum())<<endl;
    }
```

解析：

词表类包含 3 个数据成员：词表文件的文件名、词表中单词的数量和单词列表。其中单词列表使用字符串指针(不用字符串数组)。在构造函数中，打开文件，读取一个一个的单词，保存在单词列表中，用指针指向第一个单词的地址。

文档类包含 2 个数据成员：文本文件名和对照词表把文本转换成的向量。向量定义为整型指针代替整型数组，保存文本中各个单词出现的次数。构造函数有 2 个参数，一个是文件名，另一个是词表类对象的引用。构造函数读取文件中的内容，对照词表统计各个单词出现的次数，给文本建立数学模型。

main 函数中请用户输入文件名，然后定义相应的类对象，最后调用 distance 函数计算两个向量的相似度，使用类对象的引用传递函数参数。

第 8 章实践题目：设计词表类和文档类，文档类派生出文章类，编写程序计算两篇文章的相似度。

答案：

```cpp
#include <iostream>
#include <fstream>
#include <strstream>
#include <string>
#include <cmath>
using namespace std;

class TWordList
{
private:
    char filename[80];
    int word_num;
    string* pwords;
public:
    TWordList(char f[]);
    ~TWordList();
    string* getList();
    int getNum();
};
TWordList::TWordList(char f[])
{
    word_num = 0;
    strcpy(filename,f);

    string s;
    ifstream ifile (filename);
```

```
            while (ifile>>s)
                word_num++;

            pwords = new string[word_num];
            ifile.clear();
            ifile.seekg(0,ios::beg);
            int i=0;
            while (ifile>>s)
            {
                pwords[i] = s;
                i++;
            }
    }
    TWordList::~TWordList()
    {
        delete []pwords;
    }
    string* TWordList::getList()
    {
        return pwords;
    }
    int TWordList::getNum()
    {
        return word_num;
    }


    class TDocument
    {
    protected:
        char filename[80];    //文本文件名
        int* vect;    //对照词表把文本转换成的向量
        int word_num;    //词表中单词的数量
        string* pword;    //单词的列表
    public:
        TDocument(char f[],TWordList& wlist);
        ~TDocument();
        void doc2vec();
        int* getVect();
    };
```

```cpp
TDocument::TDocument(char f[],TWordList& wlist)
{
    strcpy(filename,f);
    word_num = wlist.getNum();
    vect = new int[word_num];
    for (int i=0;i<word_num;i++)
        vect[i]=0;

    pword = wlist.getList();
}
void TDocument::doc2vec()
{
    string s;
    ifstream infile(filename);
    while (infile>>s)
    {
        int i = 0;
        while (i<word_num)
        {
            if (s==pword[i])
            {
                vect[i]++;
                break;
            }
            i++;
        }
    }
}
TDocument::~TDocument()
{
    delete []vect;
}
int* TDocument::getVect()
{
    return vect;
}


class TPaper:public TDocument
{
```

```
    private:
        int * titleVec;
    public:
        TPaper(char f[],TWordList& wlist);
        ~TPaper();
        void doc2vec();
        int* getTitle();
};


TPaper::TPaper(char f[],TWordList& wlist):TDocument(f,wlist)
{
    titleVec = new int[word_num];
    for (int i=0;i<word_num;i++)
        titleVec[i]=0;
}
TPaper::~TPaper()
{
    delete []titleVec;
}
int* TPaper::getTitle()
{
    return titleVec;
}
void TPaper::doc2vec()
{
    ifstream infile(filename);
    char title[80];
    infile.getline(title, 80);
    istrstream stitle(title);

    string s;
    while (stitle>>s)
    {
        int i = 0;
        while (i<word_num)
        {
            if (s==pword[i])
            {
                titleVec[i]++;
```

```
                break;
            }
            i++;
        }
    }

    while (infile>>s)
    {
        int i = 0;
        while (i<word_num)
        {
            if (s==pword[i])
            {
                vect[i]++;
                break;
            }
            i++;
        }
    }
}

void distance(TDocument& x, TDocument& y, int word_num)
{
    int* vect1 = x.getVect();
    int* vect2 = y.getVect();

    float sum=0;
    for (int i=0; i<word_num; i++)
    {
        int d = vect1[i]-vect2[i];
        sum += d*d;
    }

    cout<<"Distance: "<<sqrt(sum)<<endl;
}
void distance(TPaper& x, TPaper& y, int word_num)
{
    int* vect1 = x.getTitle();
    int* vect2 = y.getTitle();
```

```
            int* vect3 = x.getVect();
            int* vect4 = y.getVect();

            float sum_title=0;
            float sum_text=0;
            for (int i=0; i<word_num; i++)
            {
                    int d = vect1[i]-vect2[i];
                    sum_title += d*d;
                    d = vect3[i]-vect4[i];
                    sum_text += d*d;
            }

            cout<<"Title Distance: "<<sqrt(sum_title)<<endl;
            cout<<"Text Distance: "<<sqrt(sum_text)<<endl;
    }

    void main()
    {
        TWordList w("words.txt");

        char chFileName[80]="";
        cout<<"Input the file name of the first document: ";
        cin>>chFileName;
//      TDocument d1(chFileName,w);
        TPaper d1(chFileName,w);
        d1.doc2vec();
        cout<<"Input the file name of the second document: ";
        cin>>chFileName;
//      TDocument d2(chFileName,w);
        TPaper d2(chFileName,w);
        d2.doc2vec();

        distance(d1, d2, w.getNum());
    }
```

解析：

在第 7 章实践题目的代码基础上，由 TDocument 类派生出 TPaper 类，模拟实际应用中，文本文件第一行是文章"标题"，接下来是"正文"的情况。distance 函数分别计算"标题"的相似度、"正文"的相似度。

另外，与第 7 章实践题目的代码不同的是，文档类 **TDocument** 类包含 4 个数据成员：文本文件名、对照词表把文本转换成的向量、词表中单词的数量和单词列表。构造函数的功能仅仅是对数据成员的简单初始化。在成员函数 doc2vec 中读取文件的内容，对照词表统计各个单词出现的次数，给文本建立数学模型。派生类 **TPaper** 类重新定义了成员函数 doc2vec(同名覆盖)，分别为"标题"和"正文"建立向量。

第 9 章实践题目：设计词表类和文档类，文档类派生出文章类，编写程序计算两篇文章的相似度。由于词表是文档向量化的依据，所以文档类内嵌词表类对象作为成员。

答案：

```cpp
#include <iostream>
#include <fstream>
#include <strstream>
#include <string>
#include <cmath>
using namespace std;

class TWordList
{
private:
    char filename[80];
    int word_num;
    string* pwords;
public:
    TWordList(char f[]);
    ~TWordList();
    string* getList();
    int getNum();
};
TWordList::TWordList(char f[])
{
    word_num = 0;
    strcpy(filename,f);

    string s;
    ifstream ifile (filename);
    while (ifile>>s)
        word_num++;

    pwords = new string[word_num];
```

```
            ifile.clear();
            ifile.seekg(0,ios::beg);
            int i=0;
            while (ifile>>s)
            {
                    pwords[i] = s;
                    i++;
            }
    }
    TWordList::~TWordList()
    {
            delete []pwords;
    }
    string* TWordList::getList()
    {
            return pwords;
    }
    int TWordList::getNum()
    {
            return word_num;
    }


    class TDocument
    {
    protected:
            char filename[80];
            int* vect;
            TWordList * pList;    //类的组合
    public:
            TDocument(char f[],TWordList* wlist);
            ~TDocument();
            void doc2vec();
            int* getVect();
    };


    TDocument::TDocument(char f[],TWordList* wlist)
    {
            strcpy(filename,f);
            pList = wlist;
            int word_num = pList->getNum();
```

```
            vect = new int[word_num];
            for (int i=0;i<word_num;i++)
                vect[i]=0;


    }
    void TDocument::doc2vec()
    {
            int word_num = pList->getNum();
            string* pword = pList->getList();
            string s;
            ifstream infile(filename);
            while (infile>>s)
            {
                int i = 0;
                while (i<word_num)
                {
                    if (s==pword[i])
                    {
                        vect[i]++;
                        break;
                    }
                    i++;
                }
            }
    }
    TDocument::~TDocument()
    {
            delete []vect;
    }
    int* TDocument::getVect()
    {
            return vect;
    }

    class TPaper:public TDocument
    {
    private:
            int * titleVec;
    public:
            TPaper(char f[],TWordList* wlist);
```

```cpp
        ~TPaper();
        void doc2vec();
        int* getTitle();
};

TPaper::TPaper(char f[],TWordList* wlist):TDocument(f,wlist)
{
    int word_num = pList->getNum();
    titleVec = new int[word_num];
    for (int i=0;i<word_num;i++)
        titleVec[i]=0;
}
TPaper::~TPaper()
{
    delete []titleVec;
}
int* TPaper::getTitle()
{
    return titleVec;
}
void TPaper::doc2vec()
{
    int word_num = pList->getNum();
    string* pword = pList->getList();

    ifstream infile(filename);
    char title[80];
    infile.getline(title, 80);
    istrstream stitle(title);

    string s;
    while (stitle>>s)
    {
        int i = 0;
        while (i<word_num)
        {
            if (s==pword[i])
            {
                titleVec[i]++;
                break;
```

```
                }
                i++;
            }
        }

        while (infile>>s)
        {
            int i = 0;
            while (i<word_num)
            {
                if (s==pword[i])
                {
                    vect[i]++;
                    break;
                }
                i++;
            }
        }
    }

    void distance(TDocument& x, TDocument& y, int word_num)
    {
        int* vect1 = x.getVect();
        int* vect2 = y.getVect();

        float sum=0;
        for (int i=0; i<word_num; i++)
        {
            int d = vect1[i]-vect2[i];
            sum += d*d;
        }

        cout<<"Distance: "<<sqrt(sum)<<endl;
    }
    void distance(TPaper& x, TPaper& y, int word_num)
    {
        int* vect1 = x.getTitle();
        int* vect2 = y.getTitle();
        int* vect3 = x.getVect();
        int* vect4 = y.getVect();
```

```
        float sum_title=0;
        float sum_text=0;
        for (int i=0; i<word_num; i++)
        {
                int d = vect1[i]-vect2[i];
                sum_title += d*d;
                d = vect3[i]-vect4[i];
                sum_text += d*d;
        }

        cout<<"Title Distance: "<<sqrt(sum_title)<<endl;
        cout<<"Text Distance: "<<sqrt(sum_text)<<endl;
}

void main()
{
    TWordList w("words.txt");

    char chFileName[80]="";
    cout<<"Input the file name of the first document: ";
    cin>>chFileName;
    TPaper d1(chFileName,&w);
    d1.doc2vec();
    cout<<"Input the file name of the second document: ";
    cin>>chFileName;
    TPaper d2(chFileName,&w);
    d2.doc2vec();

    distance(d1, d2, w.getNum());
}
```

解析：

在第 7 章和第 8 章的实践题目中，文档类需要对照词表建立向量，而词表类对象总是以对象引用的方式作为函数参数传递给文档类的构造函数或 doc2vec 函数。在学习了类的组合后，可以考虑把词表类对象作为文档类的内嵌数据成员，应用会更合理更方便。

在第 8 章实践题目的代码中，词表类包含 3 个数据成员：词表文件的文件名、词表中单词的数量和单词列表。文档类包含 4 个数据成员：文本文件名、对照词表把文本转换成的向量、词表中单词的数量和单词列表。其中后两个成员是词表类的主要成员，这里直接把词表类对象指针定义为文档类的数据成员。

第 10 章实践题目：设计词表类和文档类，文档类派生出文章类，编写程序计算两篇文章的相似度。在 main 函数中使用这些类时，允许基类指针指向派生类对象，实现运行时多态。

答案：

```
#include <iostream>
#include <fstream>
#include <strstream>
#include <string>
#include <cmath>
using namespace std;

class TWordList
{
private:
    char filename[80];
    int word_num;
    string* pwords;
public:
    TWordList(char f[]);
    ~TWordList();
    string* getList();
    int getNum();
};
TWordList::TWordList(char f[])
{
    word_num = 0;
    strcpy(filename,f);

    string s;
    ifstream ifile (filename);
    while (ifile>>s)
        word_num++;

    pwords = new string[word_num];
    ifile.clear();
    ifile.seekg(0,ios::beg);
    int i=0;
    while (ifile>>s)
    {
        pwords[i] = s;
```

```
                i++;
            }
    }
    TWordList::~TWordList()
    {
        delete []pwords;
    }
    string* TWordList::getList()
    {
        return pwords;
    }
    int TWordList::getNum()
    {
        return word_num;
    }


    class TDocument
    {
    protected:
        char filename[80];
        int* vect;
        TWordList * pList;
    public:
        TDocument(char f[],TWordList* wlist);
        virtual ~TDocument();    //虚析构函数
        virtual void doc2vec();    //虚函数
        int* getVect();
    };


    TDocument::TDocument(char f[],TWordList* wlist)
    {
        strcpy(filename,f);
        pList = wlist;
        int word_num = pList->getNum();
        vect = new int[word_num];
        for (int i=0;i<word_num;i++)
            vect[i]=0;

    }
    void TDocument::doc2vec()
```

```
{
    int word_num = pList->getNum();
    string* pword = pList->getList();
    string s;
    ifstream infile(filename);
    while (infile>>s)
    {
        int i = 0;
        while (i<word_num)
        {
            if (s==pword[i])
            {
                vect[i]++;
                break;
            }
            i++;
        }
    }
}
TDocument::~TDocument()
{
    delete []vect;
    cout<<"~~~Document"<<endl;
}
int* TDocument::getVect()
{
    return vect;
}

class TPaper:public TDocument
{
private:
    int * titleVec;
public:
    TPaper(char f[],TWordList* wlist);
    ~TPaper();
    void doc2vec();
    int* getTitle();
};
```

```cpp
TPaper::TPaper(char f[],TWordList* wlist):TDocument(f,wlist)
{
    int word_num = pList->getNum();
    titleVec = new int[word_num];
    for (int i=0;i<word_num;i++)
        titleVec[i]=0;
}
TPaper::~TPaper()
{
    delete []titleVec;
    cout<<"~~~TPaper"<<endl;
}
int* TPaper::getTitle()
{
    return titleVec;
}
void TPaper::doc2vec()
{
    int word_num = pList->getNum();
    string* pword = pList->getList();

    ifstream infile(filename);
    char title[80];
    infile.getline(title, 80);
    istrstream stitle(title);

    string s;
    while (stitle>>s)
    {
        int i = 0;
        while (i<word_num)
        {
            if (s==pword[i])
            {
                titleVec[i]++;
                break;
            }
            i++;
        }
```

```
        }

    while (infile>>s)
    {
        int i = 0;
        while (i<word_num)
        {
            if (s==pword[i])
            {
                vect[i]++;
                break;
            }
            i++;
        }
    }
}

void distance(TDocument* x, TDocument* y, int word_num)
{
    int* vect1 = x->getVect();
    int* vect2 = y->getVect();

    float sum=0;
    for (int i=0; i<word_num; i++)
    {
        int d = vect1[i]-vect2[i];
        sum += d*d;
    }

    cout<<"Distance: "<<sqrt(sum)<<endl;
}

void distance(TPaper* x, TPaper* y, int word_num)
{
    int* vect1 = x->getTitle();
    int* vect2 = y->getTitle();
    int* vect3 = x->getVect();
    int* vect4 = y->getVect();
```

```
        float sum_title=0;
        float sum_text=0;
        for (int i=0; i<word_num; i++)
        {
            int d = vect1[i]-vect2[i];
            sum_title += d*d;
            d = vect3[i]-vect4[i];
            sum_text += d*d;
        }

        cout<<"Title Distance: "<<sqrt(sum_title)<<endl;
        cout<<"Text Distance: "<<sqrt(sum_text)<<endl;
}

    void main()
    {
        TWordList w("words.txt");

        char chFileName[80]="";
        cout<<"Input the file name of the first document: ";
        cin>>chFileName;
        TDocument* d1 = new TPaper(chFileName,&w);
        d1->doc2vec();
        cout<<"Input the file name of the second document: ";
        cin>>chFileName;
        TDocument* d2 = new TPaper(chFileName,&w);
        d2->doc2vec();

        distance((TPaper*)d1, (TPaper*)d2, w.getNum());
        delete d1;
        delete d2;
    }
```

解析：

在第 9 章实践题目的代码的基础上，只要把文档类的 doc2vec 函数和析构函数设置为虚函数，就可以支持运行时多态了。

在 main 函数中定义基类指针指向派生类对象，调用 doc2vec 时会找到派生类的 doc2vec 析构时也能找到派生类的析构函数。

14.2　基于 QT 的程序设计

14.2.1　功能设计

计算两篇文本文档的相似度：

(1) 文章内容保存在文本文件中，第一行为"标题"，接下来为"正文"。

(2) 分别计算标题的相似度和正文的相似度。

(3) 对照已经建立好的词表文件，为文章建立数学模型。为简单起见，标题和正文使用同一个词表文件。

(4) 编写图形用户界面，界面简洁、易用。

(5) 支持跨平台移植。

(6) 建议使用英文文档，单词以空格分隔。如果是中文文档，需要先行分词。

14.2.2　界面设计

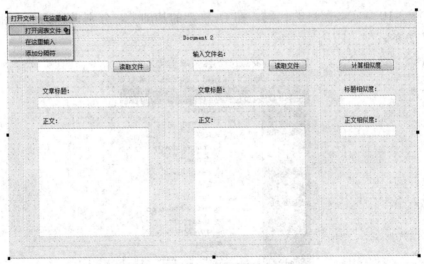

图 14-1　界面设计

(1) 通过菜单项，选择并打开词表文件。

(2) 分别输入两篇文档的文件名，点击"读取文件"，为文章建立向量，并把内容显示在界面上，方便阅读。

(3) 点击"计算相似度"按钮，分别计算标题相似度和正文相似度，并显示。

(4) 显示框里不允许输入。

(5) 只有正确打开词表文件后，两个文本文件才能读取。只有正确读取文件后，才能"计算相似度"。

主要控件清单如表 14-1。

表 14-1 控 件 清 单

控件名	类型	属性设置
filename1	QLineEdit	
filename2	QLineEdit	
openPaper1	QPushButton	
openPaper2	QPushButton	
title1	QLineEdit	readonly
title2	QLineEdit	readonly
textEdit1	QtextEdit	readonly
textEdit2	QtextEdit	readonly
Pushbutton	QPushButton	
titleSim	QLineEdit	readonly
textSim	QLineEdit	readonly
menuBar::menu::actionWords_list	QAction	

14.2.3 类设计

参考第 2-10 章实践题目的代码，在 Qt 框架的基础上，分别设计词表类和文章类，如图 14-2 所示。

图 14-2 项目中的文件

类定义的代码如下：

```
#ifndef TWORDLIST_H
#define TWORDLIST_H

#include <string>
using namespace std;
```

```cpp
class TWordList
{
private:
    char filename[80];
    int word_num;
    string* pwords;
public:
    TWordList(char f[]);
    ~TWordList();
    string* getList();
    int getNum();
};


#endif // TWORDLIST_H
#ifndef TPAPER_H
#define TPAPER_H

#include <string>
using namespace std;

class TPaper
{
private:
    string filename;
    string title;
    string paper;
    int* vect;
    int * titleVec;
public:
    TPaper(string f,int word_num);
    ~TPaper();
    void doc2vec(int word_num, string* pword);
    int* getTitleVec();
    int* getVect();
    string getTitle();
    string getPaper();
};


#endif // TPAPER_H
```

14.2.4 类实现

1) 词表类

```cpp
#include "TWordList.h"
#include <string.h>
#include <fstream>
using namespace std;

TWordList::TWordList(char f[])
{
    word_num = 0;
    strcpy(filename,f);

    std::string s;
    std::ifstream ifile (filename);
    while (ifile>>s)
        word_num++;

    pwords = new string[word_num];
    ifile.clear();
    ifile.seekg(0,ios::beg);
    int i=0;
    while (ifile>>s)
    {
        pwords[i] = s;
        i++;
    }
}
TWordList::~TWordList()
{
    delete []pwords;
}
string* TWordList::getList()
{
    return pwords;
}
int TWordList::getNum()
{
    return word_num;
}
```

2) 文章类

```cpp
#include "tpaper.h"
#include <fstream>
#include <strstream>
using namespace std;

TPaper::TPaper(string f,int word_num)
{
    filename = f;
    title = "";
    paper ="";
    vect = new int[word_num];
    for (int i=0;i<word_num;i++)
        vect[i]=0;

    titleVec = new int[word_num];
    for (int i=0;i<word_num;i++)
        titleVec[i]=0;
}
TPaper::~TPaper()
{
    delete []vect;
    delete []titleVec;
//    cout<<"~~~TPaper"<<endl;
}
int* TPaper::getTitleVec()
{
    return titleVec;
}
int* TPaper::getVect()
{
    return vect;
}
void TPaper::doc2vec(int word_num, string* pword)
{
    ifstream infile(filename);
    char t[80];
    infile.getline(t, 80);
    title = t;
    istrstream stitle(t);
```

```
            string s;
            while (stitle>>s)
            {
                int i = 0;
                while (i<word_num)
                {
                    if (s==pword[i])
                    {
                        titleVec[i]++;
                        break;
                    }
                    i++;
                }
            }

            while (infile>>s)
            {
                paper += ' ';
                paper += s;
                int i = 0;
                while (i<word_num)
                {
                    if (s==pword[i])
                    {
                        vect[i]++;
                        break;
                    }
                    i++;
                }
            }
    }
    string TPaper::getTitle()
    {
        return title;
    }
    string TPaper::getPaper()
    {
        return paper;
    }
```

14.2.5　界面实现

```
#include <QFileDialog>
#include "mainwindow.h"
#include "ui_mainwindow.h"
#include "tpaper.h"
#include "TWordList.h"

MainWindow::MainWindow(QWidget *parent) :
    QMainWindow(parent),
    ui(new Ui::MainWindow)
{
    ui->setupUi(this);
    wl = NULL;
    p1 = NULL;
    p2 = NULL;
    ui->openPaper1->setEnabled(false);
    ui->openPaper2->setEnabled(false);
    ui->pushButton->setEnabled(false);
}

MainWindow::~MainWindow()
{
    delete ui;
    delete wl;
    delete p1;
    delete p2;
}

void MainWindow::on_actionWords_list_triggered()
{
    QString fName = QFileDialog::getOpenFileName(this, tr("打开词表文件"), " ",
tr("Allfile(*.*);;txtfile(*.txt)"));
    if (fName!="")
    {
        wl = new TWordList(fName.toStdString());
        ui->openPaper1->setEnabled(true);
        ui->openPaper2->setEnabled(true);
    }
}
```

```cpp
void MainWindow::on_openPaper1_clicked()
{
    p1 = new TPaper(ui->filename1->text().toStdString(),wl->getNum());
    p1->doc2vec(wl->getNum(),wl->getList());
    ui->title1->setText(QString::fromStdString(p1->getTitle()));
    ui->textEdit1->setText(QString::fromStdString(p1->getPaper()));
    if (p2!=NULL)
        ui->pushButton->setEnabled(true);
}

void MainWindow::on_openPaper2_clicked()
{
    p2 = new TPaper(ui->filename2->text().toStdString(),wl->getNum());
    p2->doc2vec(wl->getNum(),wl->getList());
    ui->title2->setText(QString::fromStdString(p2->getTitle()));
    ui->textEdit2->setText(QString::fromStdString(p2->getPaper()));
    if (p1!=NULL)
        ui->pushButton->setEnabled(true);
}

void MainWindow::on_pushButton_clicked()
{
    int* vect1 = p1->getTitleVec();
    int* vect2 = p2->getTitleVec();
    int* vect3 = p1->getVect();
    int* vect4 = p2->getVect();
    int word_num = wl->getNum();

    double sum_title=0;
    double sum_text=0;
    for (int i=0; i<word_num; i++)
    {
        int d = vect1[i]-vect2[i];
        sum_title += d*d;
        d = vect3[i]-vect4[i];
        sum_text += d*d;
    }
    ui->titleSim->setText(QString::number(sqrt(sum_title)));
    ui->textSim->setText(QString::number(sqrt(sum_text)));

}
```